林地放养土鸡新技术

赵昌廷　王　泉　编著

中国农业科学技术出版社

图书在版编目（CIP）数据

林地放养土鸡新技术／赵昌廷，王泉编著.—北京：
中国农业科学技术出版社，2013.1
ISBN 978 – 7 – 5116 – 1134 – 5

Ⅰ.①林…　Ⅱ.①赵…　②王…　Ⅲ.①鸡 – 饲养管理
Ⅳ.①S831.4

中国版本图书馆 CIP 数据核字（2012）第 270191 号

责任编辑	闫庆健　李冠桥
责任校对	贾晓红　郭苗苗

出　版　者　中国农业科学技术出版社
　　　　　　北京市中关村南大街 12 号　邮编：100081
电　　　话　(010)82106632(编辑室)　(010)82109704(发行部)
　　　　　　(010)82109709(读者服务部)
传　　　真　(010)82106632
网　　　址　http://www.castp.cn
经　销　者　各地新华书店
印　刷　者　北京华忠兴业印刷有限公司
开　　　本　850mm ×1 168mm　1/32
印　　　张　8.375
字　　　数　233 千字
版　　　次　2013 年 1 月第 1 版　2013 年 1 月第 1 次印刷
定　　　价　16.00 元

作者简介

赵昌廷，男，1955 年出生，山东东营人，高级畜牧师。主要著作：

1. 《实用畜禽饲料配方手册》
2. 《调整卡配制家禽饲料配方新技术》
3. 《巧配猪饲料》
4. 《巧配牛羊饲料》
5. 《巧配土鸡饲料》
6. 《巧配特种经济动物饲料》
7. 《巧配水产动物饲料》

王　泉，男，1964 年出生，山东潍坊人，高级讲师。主要著作：

《怎样养好乌骨鸡》

内容提要

本书共分为 15 节。第一节概述了土鸡饲养的方式、现状及现实的经济意义；第二节和第三节介绍了我国优质土鸡品种的特点以及生产性能；第四节和第五节介绍了土鸡场的建设、布局及饲养方式；第六节介绍了良种土鸡繁育技术；第七节至第九节介绍了土鸡的饲料、营养及使用"饲料配方调整表"调配全价饲料技术；第十节和第十一节介绍了土鸡饲养管理及放养林地的管理技术；第十二节和第十三节介绍了土鸡疾病防治的特点、要点和诊疗技术，以及药物使用配伍注意事项；第十四节介绍了土鸡养殖场的投资与经营；第十五节介绍了土鸡放养致富的成功案例。附录部分介绍了无公害饲养禁用的药物清单和允许使用的药物、饲料添加剂使用规范，介绍了我国蛋鸡、肉鸡的饲养标准，以及常用饲料的营养成分表。

本书可供广大土鸡养殖户阅读和应用，也可作为广大畜牧兽医技术人员指导土鸡放养场（户）实施标准化养殖的参考书。

前　言

随着我国经济的快速发展和人们物质生活水平的不断提高，其消费观念开始向崇尚自然、追求健康和注重安全的方向转变。林地放养土鸡以其贴近自然、体质健壮、产品优质和绿色、安全的特点，已成为我国养鸡业中的一个新兴产业，也成为农村经济增长的新亮点。我国的土鸡养殖虽然具有悠久的历史，但传统的饲养方法简单、粗放、分散，经济效益差，难以满足人们日益增长的物质生活需要，由此现代土鸡养殖业应运而生。把传统的放养与现代先进的养鸡技术有机结合，大大提高了产品产量，增加了经济效益。为了进一步完善和推广现代土鸡放养技术，而编写了《林地放养土鸡新技术》一书。

书中介绍了我国现有优质土鸡品种的基本外貌特征和主要生产性能，为养殖户选择适合当地放养条件的土鸡品种提供帮助。在掌握常规饲养管理技术的基础上，针对生态养殖中自配全价饲料难的问题，介绍了"饲料配方调整表"配料法。养殖户只要掌握了"调整表"的使用方法，通过增加和减少饲料的配比量，就能配制出土鸡的饲料配方；或者通过饲料与营养的调整，实现各饲养阶段的饲料配比和营养指标的自然过渡；或者通过调整加入廉价的饲料，调配出低成本的饲料配方。为养殖户根据土鸡的不同用途，科学配制各种营养物质齐全，饲料种类多样化的全价配合饲料；及时、灵活地调整饲料配方，提供了一条捷径。

针对放养土鸡疫病多、防治难的问题，介绍了各种疫病发生的特点，预防及诊治的要点。介绍了各种药物、添加剂的合理配伍，安全使用等方面的知识。

针对个体户办养鸡场不计成本，经营粗放的问题，介绍了土鸡场成本估算，盈亏估算的基本知识及方法。

本书全面系统地介绍了土鸡养殖的基本常识及技术,具有较强的实用性、针对性和可操作性。若有疏漏和不当之处,敬请广大读者批评指正。

编著者

2012 年 9 月

目　　录

一、土鸡养殖概述

（一）传统养殖千年传承

我国人民饲养土鸡已有上千年的历史，一个至今不能回避的现实，就是分散的、家庭式的、小规模的散养方式还普遍存在。特别是在西部地区、经济欠发达地区，有些土种畜禽还占据着主导地位，在天然草场放牧还是主要的饲养方式，如90%以上的羊，60%以上的肉牛，20%~30%的猪、鸡，仍然赖以放牧饲养。为什么散养如此有生命力？答案就是，农民利用简易的圈养条件或自然条件，利用自产的谷物副产品和家庭的剩饭残羹，利用闲暇的时间和随时随地的便利进行畜禽养殖，现金支出较少，用工计价为零，获得的永远是收益。农村劳动力过剩、自给式的饲料资源和灵活的经营方式，使散养畜禽具备明显的经济合理性。

事实上，畜禽自然放养是最接近生态养殖的一个层次，动物得到的福利待遇也是最高的。广大消费者更喜欢购买"土鸡"、"柴鸡蛋"，从侧面反映了林地放养的生态化特征。受经济实力和文化程度的影响，土鸡放养户更愿意接受成本低廉、操作简单、快速提高效益的实用型新技术。鉴于这种情况，林园养殖技术的推广必须简便、实用、经济、快速、高效。最好把各种复杂的术语变成通俗易懂的口诀，把各种高深的现代技术变成简捷、实用的工具。

（二）土鸡养殖技术现状

在经济发达的现代社会，人们的物质需求极度膨胀，传统的土鸡养殖方式已经不能适应现代社会要求，更不能适用于现代规模化、效益型、无污染的生态养殖理念。生搬传统散养方式所表现出来的弊端，主要有以下几点：

1. 鸡苗质量无保证

鸡苗质量的好坏，在很大程度上关系到养殖的成败。有些土鸡养殖户认为鸡的毛色越杂，越是真的土鸡。一些小的孵化房顺应这种意识，四处收购散养鸡种蛋进行孵化。用这样的种蛋孵出的雏鸡，整齐度差，常携带多种疫病。尤其是感染马立克氏病或白血病严重的雏鸡群，不但造成大批鸡因病被淘汰，而且也因林地污染，来年不能再继续养鸡。

2. 饲养管理不科学

由于放养土鸡管理难度大，大部分养鸡户采取粗放饲养。一般是早晨把鸡群放出，到傍晚鸡群回巢时撒些粒状饲料；或者喂一顿商品饲料。夏季为了让鸡吃到更多的鲜活动物饲料，夜间用灯光引诱昆虫令鸡捕食。这无疑是给长日光照的鸡群，又增加了人工光照，对母鸡生殖器官的正常发育或产蛋造成不利影响。如过早性成熟，鸡的体型大小相差悬殊，无明显的产蛋高峰期等。

3. 饲料营养不标准

土鸡养殖形成规模之后，怎样科学放养，饲喂什么样的饲料，已成为一个亟待解决的问题。许多养殖户饲喂单一的玉米、高粱、糠麸等；或者购买商品蛋鸡饲料与玉米、糠麸等按一定比例混合后喂鸡。造成鸡体营养不良，生长缓慢；产蛋量少，饲养成本大幅增加。

4. 饲养环境严重污染

由于林地面积小，土鸡放养密度大，致使大量粪便在林地表面蓄积。而养鸡户只管在林地内养鸡，不知道维护和改善环境卫生，造成环境污染严重。

5. 疫病防控难度大

在疫病防治方面，由于放养土鸡性野，到育成期之后捕捉比较困难，因捕捉造成的应激也比较大。于是许多饲养户怕麻烦不再给鸡注射疫苗，无疑为重大疫病的发生留下隐患。林地污染也为寄生虫病和肠道疾病的发生提供了有利条件。

6. 养殖效益无保证

林地放养土鸡如果管理不善，就会导致鸡群发病多，死亡率高，残淘鸡增多，鸡群成活率低。如果饲料营养不标准，就会导致鸡群生长缓慢，饲养期延长，饲料消耗增多，产蛋率低。这样的鸡群，很难获得好的经济效益。

（三）土鸡林地放养的意义

1. 满足人民的生活需要

随着人们生活水平的提高和对食品质量意识的增强，质量安全、口感好、风味独特的土鸡食品越来越受到青睐。虽然放养土鸡的价格不断攀升，但是市场上仍然供不应求。扩大林地放养土鸡的规模，实施科学化管理，标准化饲养，为社会提供更多更健康的优质土鸡，以满足人们对土鸡产品的需求。

2. 实现养殖与林地双丰收

土鸡在林地、果园放养，饲养密度低，生活环境好，自由觅食，活动量增加。在科学的饲养管理条件下，土鸡自由自在地生活在良好的自然环境中，体质健壮，成活率高，生长速度快。所生产的肉、蛋质量安全、风味独特、口感好、售价高。

林地适度规模养鸡，为林地、果园不断地施入优质的有机肥料，而且施肥均匀。同时，林地、果园得到及时的翻耕、松土，肥水不流失，营养充足。林园在精心的护理下，生长速度快，林木材质好，鲜果品质优。通过种养结合，科学管理，实现养鸡和种树双收益。

3. 促进农村经济的发展

发展农村经济必须先从提高农民收入入手。通过调整产业结构，利用农村的荒山、荒地、池塘、水湾、果园、林地，大力发展结合型的畜牧业、林果业、水产业和蔬菜业。把单一的种植、养殖整合为相互依赖、共同发展的生产经营模式。并根据市场需求，逐渐形成区域整体优势，使农村经济不断发展壮大。

（四）现代土鸡的高效养殖

利用现代先进的养鸡技术，按传统的放养方式，适度规模地饲养土鸡，应做好以下工作。

1. 放养土鸡良种化

放养的土鸡生产性能高低，直接影响养殖效益的好坏。土种鸡虽然不如现代培育的鸡生长快、产蛋多，但也有部分优良的品种，如产蛋率高的仙居鸡、绿壳蛋鸡；产肉率高的三黄鸡、麻鸡等。不要饲养杂色鸡，因为这样的鸡都是小型孵化作坊在各处收集的种蛋，孵出的雏鸡大小不一，生长速度有快有慢，生产能力差别大，管理难统一，不利于科学饲养。再者，种蛋来源广，品种杂，携带病原菌多，对疫病防治增加了难度。

2. 饲养管理科学化

土鸡放养不是放任不管，也不能管理过于粗放。要取得好的经济效益，就必须实施科学的饲养管理。如育雏期提供适宜的温暖环境，清新的空气，全价的配合饲料。青年鸡控制体重大小、膘情肥瘦、发育快慢，培育出健康、标准的新母鸡。产蛋期控制光照，提供全价营养的产蛋期饲料，并根据市场需求控制母鸡产蛋期和换羽休产期。

3. 疫病预防程序化

根据当地常见鸡病的发生情况，制订切实可行的疫病预防程序。根据防疫程序，合理安排疫苗的运输、保存及接种，认真做好每一项工作，确保鸡群的健康生长及正常产蛋。

4. 实施无公害饲养

在疫病防治过程中，由于饲养动物长期、大量地使用抗生素，使其抵抗力越来越差；而抗药病菌越来越多，从而导致抗生素的使用剂量越来越大，动物产品的药物残留越来越严重，对人类的健康造成威胁，也严重阻碍了养殖业的顺利发展。实施无公害饲养，是改变这一现象的唯一出路。

在林地放养土鸡的过程中，实施无公害饲养规程，为鸡群提供卫生清洁的环境；使用安全、绿色的饲料添加剂，配制无污染、无霉变的全价配合饲料；严格按着国家规定限制使用抗生素，生产无公害、绿色的土鸡产品。

5. 提高产品质量和风味

饲料是关系到动物产品质量和安全性的直接因素。控制饲料和添加剂中有毒有害物质的使用，保证饲料产品和饲料原料的安全和卫生。同时增加青绿饲料喂量，为鸡群提供丰富、天然的多种维生素，添加具有芳香气味的植物饲料添加剂，以提高鸡产品的品质和口感。

6. 实现效益和发展双赢

在林园放养土鸡，为树木提供了有机肥料。林地的翻耕、种草，避免了水土流失，从而促进了林木的快速生长。鸡群在天然氧吧的林园环境中生活，食性杂，运动量大，身体健康；生产的肉、蛋品质优良，风味鲜美，食用安全、放心，是人们为之青睐的动物食品，供不应求，为后来的持续发展奠定了良好基础。

二、土鸡的品种特点

（一）土鸡的生物学特性

1. 代谢旺盛

鸡的体温比较高，温度范围为 $40.5 \sim 42℃$；鸡的心跳很快，每分钟可达 $300 \sim 400$ 次，显著高于哺乳动物。因此，鸡耗氧量和排出二氧化碳的量也高于哺乳动物，而寿命则相对缩短。

2. 繁殖能力强

鸡是繁殖机能十分旺盛的动物，有的母鸡 100 多日龄开始产蛋，晚的也不过 180 天开产。虽然母鸡的右侧卵巢与输卵管退化，但左侧发达，卵巢能产生许多卵泡。一只高产蛋鸡可连续数日乃至数十日不歇窝，年产蛋 300 枚以上，是其体重的 10 倍以上。而公鸡的繁殖性能也很突出，一只健壮的青年公鸡每天可交配 $10 \sim 15$ 只母鸡，并且仍可使种蛋获得很高的受精率。公鸡的精子适应性强，可在母鸡的输卵管内存活 $5 \sim 10$ 天，最长甚至可达 24 天。

但是，土鸡的产蛋数显著低于现代培育的母鸡，一般年产蛋 100 枚以上，最优秀的土种母鸡年产蛋数也不过 200 枚左右。

3. 口腔中无牙齿

鸡的口腔中无牙齿，不能咀嚼食物。饲料的机械性消化主要是依赖肌胃壁的肌肉和胃中的砂粒把食物磨碎。

4. 消化道短

鸡的消化道比较短，仅为体长的 6 倍。因此，饲料通过消化道的时间比较短，对饲料的消化、吸收不完全，致使大量的营养物质被排出体外。

5. 对粗纤维消化率低

鸡的消化道内缺乏分解纤维素的酶，不能消化饲料中的粗纤维，所以，鸡的配合饲料中必须以精饲料为主。但是，土种鸡的耐粗饲能力比现代培育鸡种强，尤其是喜欢采食一些鲜嫩的青饲料，以满足自身的营养需要。

6. 抗病能力差

鸡没有淋巴结，缺少阻止病原体侵入身体内的防线。鸡的肺脏很小，有许多支气管直接与气囊连接，而气囊又分布于体内的各个部位。因此，通过空气传播的病原体可以沿着呼吸道进入肺和气囊，从而进入体内、肌肉及骨骼之中。再者，鸡的输卵管与粪尿排泄孔共同开口于泄殖腔，产出的蛋经过泄殖腔时容易受到污染；或者泄殖腔的感染容易波及输卵管。还有鸡的胸腹腔之间没有横膈膜，腹腔的感染容易波及到心肺。因此，当鸡的生活环境被有害气体或病原菌污染时，极易影响鸡体的健康状况。

7. 对饲料营养要求高

由于鸡的消化道存在着诸多缺陷，对饲料的消化率低；对营养的吸收率也低，如果饲料单一，营养不足；或者饲料配合不合理，营养不平衡，均会降低鸡的生长速度和产蛋数量。

8. 对环境变化敏感

鸡的体表长满羽毛，皮肤无汗腺，怕热不怕冷，尤其怕湿热的天气。鸡白天视觉灵敏而夜盲，趋光性强，所以，环境温度、湿度、光照的突然改变，均会影响鸡的健康；影响母鸡的产蛋性能和蛋品的质量。

9. 具有就巢性

就巢俗称"抱窝"，这是母鸡的一种繁殖后代的本能，只有现代人工培育的母鸡才丧失了这种本能。土种母鸡一般均有就巢性，每次就巢停止产蛋 10~20 天，对产蛋量影响很大。但是，抱窝次数多的母性强，自然孵化能力强，带雏能力强，雏鸡的成活率高。

10. 自然换羽

换羽是鸡的一种正常的生理现象，是羽毛组织衰老，新旧羽毛替换的过程，也是抵御自然界气温季节性变化的能力。鸡换羽期间表现采食量、活动量显著减少，精神不振；母鸡产蛋停止。经过一个阶段的休养，鸡体状况得到改善，生殖机能显著增强，为下一个产蛋期多产合格蛋打好基础。

11. 产品营养价值高

鸡蛋含有一个新生命所需要的全部营养物质，是人类理想的天然食品，营养学家则称它为"完全蛋白质模式"。鸡蛋含蛋白质14.7%左右，主要为卵白蛋白和卵球蛋白；含有8种人体必需氨基酸，并与人体蛋白的组成极为近似。含脂肪11%~15%，蛋黄中含有丰富的卵磷脂、固醇类、蛋黄素以及钙、磷、铁、维生素A、维生素D及B族维生素。鸡肉的蛋白质含量高达19%以上，营养也十分丰富。人体对鸡蛋、鸡肉的营养物质消化吸收率很高，不但是理想的强身补品，也是很好的健脑食品。

鸡蛋黄中含有较多的胆固醇，每百克中可高达1705毫克。因此，许多人怕吃鸡蛋引起胆固醇增高，从而导致动脉粥样硬化。近年来科学家们研究发现，鸡蛋中虽含有较多的胆固醇，但同时也含有丰富的卵磷脂。吸收入血液中的卵磷脂会使胆固醇和脂肪的颗粒变小，并保持悬浮状态，从而阻止了在血管壁上沉积。由此认为一般人每天吃1~2个鸡蛋，有利于健康。而胆固醇高的可少吃，但不可不吃。

（二）土鸡的生活习性

1. 群居性

土鸡的合群性很强，一般不单独行动。即便是刚出壳几天的雏鸡，一旦离群也会叫声不止。

2. 杂食性

土鸡食性广，常用的各种植物性饲料、动物性饲料，各种糟渣、鲜嫩的青绿饲料均可作为土鸡的饲料。尤其喜食鲜活的昆虫、蛹蛆、甲壳类动物以及小鱼、小虾等。

3. 觅食能力强

放养的土鸡活动范围广，采食面积大，可在活动范围内不知疲倦地觅食各种嫩草、青菜、草籽、树叶、野果、昆虫、蝇蛆、蚯蚓以及散落在地里的落果、作物籽实等。

4. 胆小易惊

土鸡胆小胜鼠，对突如其来的声响或走进鸡舍的陌生人、动物，尤其是红色的物件，均表现惊恐不安，甚至引起惊群，发生严重的应激反应。

5. 上架栖息

土鸡喜欢登高栖息，这可能是躲避天敌的一种自我保护行为。尤其是黑夜视力弱，登高栖息更有安全保障。

6. 认巢能力强

鸡能很快适应新的生活环境，在活动范围内能自动回到原来栖息处。同时，拒绝陌生鸡进入自己的领地，尤其是公鸡之间的争斗更为激烈。

7. 有一定的飞翔能力

放养的土鸡飞翔能力强。虽然不能远走高飞，但是也能上飞几米高，远飞几十米，乃至 100 余米。

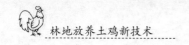

三、优质土鸡品种及生产性能

（一）蛋用土鸡品种及生产性能

1. 仙居鸡

又名梅林鸡、元宝鸡，产于浙江仙居县及临近的临海、天台、黄岩等县。仙居鸡属小型蛋用鸡种，有黄、黑、白3种羽色。黑羽体型大，黄羽次之，白羽略小。该鸡种羽毛紧凑、尾羽高翘、体型健壮、单冠直立、喙短。6月龄公鸡体重1 250g以上，母鸡950g以上。成年公鸡体重1 440g左右，母鸡1 250g左右。开产日龄150～180天；年产蛋150～180枚，蛋重44g，蛋壳以浅褐色为主。

2. 白耳黄鸡

又名白耳银鸡、江山白耳鸡、上饶地区白耳鸡。主产于江西省上饶地区广丰、上饶、玉山3县和浙江省的江山县，属我国稀有的白耳蛋用早熟鸡种。白耳黄鸡以"三黄一白"的外貌为标准，即黄羽、黄喙、黄脚、白耳。耳垂大，呈银白色；喙略弯，呈黄色或淡黄色；单冠直立。成年公鸡体重1 450g，母鸡1 190g。开产日龄150天，年产蛋180枚，蛋重54g，蛋壳呈深褐色。

3. 茶花鸡

即原鸡，是家鸡的祖先，因其啼声似"两杂茶花"而得名。茶花鸡体型娇小、可爱，是国家二级保护动物。公鸡体上部羽毛多为红色，下部黑褐色。而母鸡体上部羽毛多为黑褐色，上背黄色而有黑纹，胸部羽毛呈棕色。喉侧有一对肉垂，是该鸡独有的特征。分布于中国西南部及中国南部海南岛的热带常绿灌木林中的野生茶花鸡，巢穴筑于树根旁的地面上，年产卵 1～2 次，每窝 4～8 枚，多则 12 枚，蛋壳浅棕白色。

经人工驯养的茶花鸡生长快、饲养粗放、采食量少、抗病能力强，成活率高，不仅适应于热带、亚热带地区的气候，而且对高寒地区也具有良好的适应能力，在全国各地均可以饲养。成年公鸡体重 1～1.5kg，5 月龄开啼。母鸡体重 1～1.1kg，6 月龄开产，年产蛋 130～150 枚；蛋重约 38g，蛋壳深褐色。

4. 济宁百日鸡

济宁百日鸡属蛋用型鸡种，成年公鸡体重 1.3kg，母鸡体重 1.15kg。早熟个体能在百日龄左右开产，由此而得名。该鸡主产于山东省济宁市的市中区，分布于邻近的嘉祥县、金乡县、汶上县、泗水县、兖州市等地。

济宁百日鸡体型小而紧凑，头大小适中，体躯略长，头尾上举，背部呈 "U" 字形，皮肤颜色多为白色。公鸡体重略大，颈腿较长，红羽占 80%，其次黄羽，尾羽黑色且闪有绿色光泽。头型多为平头，凤头仅占 10%，单冠直立，冠高 3～4cm，冠、脸、肉垂鲜红色，胫主要有铁青和灰色两种，喙白色。母鸡羽毛紧贴，外形清秀，背腰平直，毛色有麻、黄、花等羽色，以麻鸡为多。麻鸡头颈羽麻花色，其羽面边缘为金黄色，中间为灰或黑色条斑，肩部和翼羽多为深浅不同的麻色，主、副翼羽末端及尾羽多见淡黑或黑色。

济宁百日鸡开产日龄最早为 80 天，一般 100～120 天，初产蛋重 29g，平均蛋重 40g。蛋重较小，蛋黄较大，蛋黄比例较大约占蛋重的 37% 左右，蛋壳浅褐色。在比较粗放的饲养条件下，母鸡年产蛋量为 130～180 枚，高产鸡达 200 枚以上。济宁百日鸡可利用 2～3 个产蛋年，就巢性多见于两年以上的母鸡，占 8% 左右。济宁百日鸡体型轻巧、觅食能力强，耗料少，产蛋早，抗病

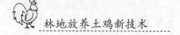

力强，适宜放牧饲养。

（二）肉用土鸡品种及生产性能

1. 河田鸡

主要产于福建长汀县河田镇，又名长汀河田鸡，是《中国家禽品种志》收录的全国 8 个肉鸡地方品种之一。河田鸡外观全身羽毛金黄发亮，具有"三黄三黑三叉冠"的特征。"三黄"即嘴黄、脚黄、皮肤黄；"三黑"即颈羽黑、翅羽黑、尾羽黑；"三叉冠"则为单冠直立后分叉。三叉状的冠是河田鸡的特有冠形，是其重要的识别标志。

河田鸡适宜在果园、竹林、树林等纯天然的环境中放养，其肉质细嫩、脂肪适宜，皮薄柔脆、肉汤清香。童子鸡饲养 110 日龄出栏，体重可达 1～1.25kg；小母鸡 100～120 日龄出栏，体重达 0.9～1.3kg；阉鸡 140～160 日龄出栏，体重达 1.5～2.25kg。

河田鸡成年公鸡体重 1.73kg，母鸡体重 1.21kg。母鸡 180 日龄左右开产，年产蛋量 100 个左右，蛋重为 43g，蛋壳以浅褐色为主，少数为灰白色。

2. 浦东鸡

主产上海浦东地区的原川沙和南汇、奉贤等县，因其成年公鸡可长到 4.5kg 以上而俗称"九斤黄"。浦东鸡体型较大，呈三角形，偏重产肉。成年公鸡体重 4kg，母鸡 3kg 左右。公鸡羽色有黄胸黄背、红胸红背和黑胸红背 3 种，单冠直立，冠齿多为 7 个；母鸡全身黄色，有深浅之分，羽片端部或边缘常有黑色斑点，因而形成深麻色或浅麻色。有的冠齿不清，耳叶红色，脚趾黄色。有胫羽和趾羽。早期生长速度慢，长羽生长也比较缓慢，特别是公鸡，通常需要 3～4 月龄全身羽毛才能长齐。

浦东鸡是我国较大型的黄羽肉用鸡种，其肉质肥嫩，但生长速度较慢，产蛋量不高。公鸡阉割后饲养 10 个月，体重可达 5 ～ 7kg。母鸡年产蛋量 100 ～ 130 枚，蛋重 58g，蛋壳为褐色。

3. 桃源鸡

以体型高大而驰名，故又称"桃源大种鸡"。产于湖南省桃源县中部，主要分布于沅江以北、延溪上游的三阳港、佘家坪一带。桃源鸡属肉用型品种，体型高大，体质结实，羽毛蓬松，体躯稍长、呈长方形。公鸡头颈高昂，尾羽上翘，姿态雄伟，勇猛好斗。母鸡性温驯，活泼好动，体略高，背较长而平直，后躯深圆，近似方形。公鸡头部大小适中，母鸡头部清秀；单冠，冠齿为 7 ～ 8 个，公鸡冠直立，母鸡冠倒向一侧；耳叶、肉垂鲜红，较发达。公鸡体羽呈金黄色或红色，主翼羽和尾羽呈黑色，梳羽金黄色或间有黑斑。母鸡羽色有黄色和麻色两个类型。黄羽型的背羽呈黄色，颈羽呈麻黄色。麻羽型则体羽麻色。黄、麻两型的主翼羽和尾羽均呈黑色，腹羽均呈黄色。喙、胫呈青灰色，皮肤白色。

成年公鸡体重为 3 342g，母鸡为 2 940g。开产日龄平均为 195 天，产蛋量较低，500 日龄平均产蛋（86.18 ± 48.57）枚，平均蛋重为 53.39g，蛋壳浅褐色。

4. 惠阳胡须鸡

原产于广东省惠阳县，在博罗、紫金、龙门和惠东地区均有分布。该鸡种的标准特征为额下有发达而张开的羽毛，形状似胡须而得名。"胡须"有乳白、淡黄、棕黄 3 种颜色。

惠阳胡须鸡属中型肉用品种，体质结实，头大颈粗，胸深背宽，胸肌发达，后躯丰满，体躯呈葫芦形。单冠直立，鲜红色，冠齿为 6 ～ 8 个；无肉垂或仅有痕迹；喙粗短而黄；虹彩橙黄色；耳叶红色。公鸡的颈羽、鞍羽、小镰羽为金黄色而富有光泽；背部羽毛枣红色；分有主尾羽和无主尾羽两种。主羽尾的颜色分棕、黄、黑 3 色，以黑色居多。母鸡眼大有神，全身羽毛黄色，主冀羽和尾羽有些黑色；尾羽不发达。

成年公鸡体重 2 ~ 2.5kg；母鸡体重 1.5 ~ 2kg。公鸡 12 周龄平均体重为 1.14kg，母鸡平均体重为 0.85kg。母鸡 6 月龄左右开产，年产蛋量约为 98 ~ 112 枚，平均蛋重 46g，蛋壳呈浅褐色。母鸡的就巢性特别强，一般每只每年就巢 10 次以上。

5. 清远麻鸡

原产于广东省中部的清远市，现已分布到邻近的花县、四会、佛岗等县及珠江三角洲的部分地区。清远麻鸡体型特征可概括为"一楔"、"二细"、"三麻身"。"一楔"指母鸡体型像楔形，前躯紧凑，后躯圆大；"二细"指头细、脚细；"三麻身"指母鸡背羽面主要有麻黄、麻棕、麻褐 3 种颜色。单冠直立，冠中等，冠齿为 5 ~ 6 个。冠、耳叶呈鲜红色，喙黄色。公鸡的头颈、背部羽毛为金黄色；胸羽、腹羽、尾羽及主翼羽为黑色；肩羽、蓑羽为枣红色。母鸡的头、颈部前 1/3 的羽毛呈深黄色；背部羽毛分黄、棕、褐 3 色，有黑色斑点，形成麻黄、麻棕、麻褐 3 种。

成年公鸡体重为 2 180g，母鸡为 1 750g。公鸡体质结实，结构匀称、灵活，配种能力强。母鸡 5 ~ 7 月龄开产，年产蛋 70 ~ 80 枚，平均蛋重 46.6g，蛋壳呈浅褐色。母鸡就巢性强，在自然放养条件下，年产蛋为 4 ~ 5 窝，每窝产 12 ~ 15 枚。清远麻鸡肥育性能良好，屠宰率高。在良好的饲养条件下，生长速度快，120 日龄的公鸡体重为 1 250g，母鸡为 1 000g，180 日龄可达到肉鸡上市的体重。

6. 霞烟鸡

霞烟鸡是"三黄鸡"中的一个品种，由于最早产于霞烟而得名。该鸡除了具有黄脚、黄嘴、黄毛的特点之外，每只鸡的脚底下有一个肉蹄。雏鸡的绒羽以深黄色为主，喙黄色，胫黄色或白色。成年鸡头部较大，单冠，肉垂、耳叶均鲜红色；喙基部深褐色，喙尖浅黄色。公鸡羽毛黄红色，颈羽颜色比胸背羽色深，主、副翼羽带黑斑或白斑，尾羽不发达。成年公鸡体重2 500g，母鸡1 800g。母鸡开产日龄170～180天，因就巢性强，年产蛋110枚左右，平均蛋重44g，蛋壳呈浅褐色。

霞烟鸡属肉用型鸡种，体躯短圆，腹部丰满，胸宽、胸深与骨盆宽三者相近，外形呈方形。一般饲养100天左右，体重可达1.25kg以上；阉鸡体重可达1.75kg以上。霞烟鸡经育肥饲养后肌间沉积脂肪，肉质嫩滑，肉味鲜美，深受消费者欢迎。

（三）兼用土鸡品种及生产性能

1. 萧山鸡

又名越鸡、沙地大种鸡，俗称"三黄鸡"，即黄脚、黄羽、黄皮肤。萧山鸡原产地是浙江省萧山县，主要分布于杭嘉湖及绍兴等地。初生雏鸡羽毛浅黄色，成年鸡单冠直立、中等大小，冠、肉垂、耳叶为红色。公鸡体格健壮，羽毛紧密，全身羽毛有红、黄两种，颈、翼、背部羽色较深，尾羽多呈黑色。母鸡体态匀称，全身羽毛基本为黄色，但也有麻色；颈、翼、尾部间有少量黑色羽毛。

萧山鸡体形较大，胸部肌肉特别发达，两脚粗壮结实，外形浑圆，是优良的肉蛋兼用型品种。萧山鸡早期生长速度较快，特别是2月龄阉割后生长更快。经阉割后放养150天，体重可达到5kg以上，被称作"红毛大阉鸡"。阉鸡育肥后肉嫩脂黄、鲜香味美，被誉为中国八大名鸡之一。

萧山鸡一般成年公鸡体重3～3.5kg，母鸡约2kg。饲养180天左右产蛋，年产蛋120～150枚，蛋重54～56g，蛋壳呈褐色。

2. 固始鸡

它是我国著名的地方鸡种，原产于河南省固始县，主要分布于沿淮河流域以南、大别山脉北麓的商城、新县、淮滨等地。固始鸡为黄羽鸡种，公鸡羽毛呈金黄色，母鸡羽毛为黄色或麻黄色；尾羽多为黑色，尾形有佛手尾、直尾两种。单冠直立，嘴呈青色或青黄色，腿、脚青色，无脚毛。青嘴、青腿是其独有的特征，与其他品种鸡杂交后即消失。

固始鸡为蛋肉兼用型，成年公鸡体重 2.1kg，母鸡 1.5kg。母鸡性成熟较晚，开产日龄为 158～205 天；年产蛋 130～200 枚，平均蛋重 50g；蛋壳厚，呈褐色，蛋黄呈鲜红色。固始鸡体躯呈三角形，耐粗饲，抗病力强，适宜野外放牧饲养；6 月龄体重可达 1 150～1 320g，肉质细嫩，味道鲜美，是我国宝贵的家禽品种资源之一。

3. 大骨鸡

主产于辽宁省庄河境内，又称"庄河大骨鸡"或"庄河鸡"。现分布于东沟、凤城、金县、新金、复县等地。据资料记载，大骨鸡是 200 多年以前由山东移民将寿光鸡带入辽宁，与当地大型鸡杂交、选育而成，是我国著名的肉蛋兼用型地方良种。该鸡体型大，胸深宽广，背宽而长，腿高粗壮，腹部丰满。公鸡羽毛棕红色，尾羽黑色并带绿色光泽。母鸡多呈麻黄色，头颈粗壮，眼大而明亮；公鸡单冠直立，母鸡单冠、冠齿较小。冠、耳叶、肉垂呈红色。成年公鸡体重 3.25～3.5kg，母鸡为 2.3～2.5kg。

大骨鸡产肉性能较好，皮下脂肪分布均匀，肉质鲜嫩。公鸡 6 月龄性成熟，体重达 2.2kg 左右；母鸡 180～210 日龄开产，以蛋大为突出特点，平均年产蛋 160 枚，蛋重 62～64g，有的重达 70g 以上。蛋壳韧厚，呈红褐色，蛋清浓稠，蛋黄橘红色。

4. 北京油鸡

又称中华宫廷黄鸡。其体躯中等，羽色美观，主要为赤褐色和黄色羽两种。赤褐色鸡体型较小，黄色鸡体型大。雏鸡绒毛呈淡黄或土黄色，很惹人喜爱。成年鸡为单冠，冠叶小而薄，在冠叶的前段常形成一个小的"S"状褶曲，冠齿不甚整齐。羽毛厚而蓬松，有冠羽、胫羽和髯羽，有些个体兼有趾羽，多数鸡的颌下或颊部生有髯须，故称为"三羽"。即"凤头、毛腿、胡子嘴"是北京油鸡的主要外貌特征。

北京油鸡的体躯中等，公鸡羽毛色泽鲜艳光亮，头部高昂，尾羽多为黑色；母鸡头、尾微翘，胫略短，体态敦实。成年公鸡体重 2 000 ~ 2 100g；母鸡 1 710 ~ 1 750g。

北京油鸡生长速度缓慢，初生体重 38.4g；平均体重 4 周龄 220g，8 周龄 549g，12 周龄 959.7g，16 周龄 1 228.7g，20 周龄公鸡 1 500g，母鸡 1 200g。皮肤微黄、紧凑，肌肉丰满，肌间脂肪分布良好，肉质细腻，肉味鲜美。母鸡 170 日龄开产，年产蛋 120 枚，蛋重 54g，蛋壳淡褐色。部母鸡有抱窝性。

北京油鸡外形独特，生活力强，遗传性能稳定，肉质和蛋质优良，是珍贵的蛋肉兼用型地方鸡种。

5. 芦花鸡

原产于山东汶上县的汶河两岸，现主要分布于该县的西北部相邻地区。该鸡因体表羽毛呈黑白相间的横斑羽，而被群众俗称"芦花鸡"。公鸡羽毛的斑纹白色宽于黑色；项羽和鞍羽多呈红色，尾羽呈黑色带有绿色光泽。母鸡羽毛的斑纹宽狭一致，头部和项羽边缘镶嵌橘红色或土黄色，羽毛紧密，清秀美观。该鸡头型多为平头，冠形以单冠最多，喙基部为黑色，边缘及尖端呈白色，皮肤颜色均为白色。

该鸡体型椭圆，颈部挺立，稍显高昂；前躯稍窄，背长而平直，后躯宽而丰满；腿较长，尾羽高翘，体形呈元宝状。公鸡体重约 4.5kg，母鸡 3.5kg。

芦花鸡属于瘦肉型，皮薄，皮下脂肪少，吃着嫩滑而不腻。母鸡性成熟期为 150 ~ 180 天；有就巢性的母鸡约占 3% ~ 5%。在一般饲养条件下，年产蛋 130 ~ 150 枚；在较好的饲养条件下可达 180 ~ 200 枚，平均蛋重 45g，蛋壳颜色多为粉红色，少数为白色。

6. 寿光鸡

原产于山东省寿光县稻田乡一带,以慈家村、伦家村饲养的鸡最好,所以又称"慈伦鸡"。主要分布于渤海湾南岸的益都、昌乐、潍县、临朐、诸城等县。该鸡属肉蛋兼型优良地方鸡种,体大、蛋大、屠宰率高、肉质好;同时还具有外貌特征一致,遗传性稳定的特性。寿光鸡的体型分大、中两种。大型鸡头大,眼大稍凹陷,外貌雄伟、体躯高大、骨骼粗壮、体长胸深、胸部发达、胫高而粗、近似于方形。成年鸡全身羽毛黑色,颈背面、前胸、背、鞍、腰、肩、翼羽、镰羽等呈深黑色,并闪绿色光泽;其他部位羽毛呈淡黑色。中型鸡头中等,脸清秀;公鸡单冠,大而直立;母鸡冠有大小之分。冠、肉垂、耳叶、脸部均呈红色,皮肤白色。雏鸡绒羽大部分为黑色,少数眼睑上、后部和喙角有黄白斑;颈侧、体侧、尾部呈灰色。

大型成年公鸡平均体重 3.8kg,母鸡 3.1kg。开产 240～270 日龄,年产蛋 90～120 枚,蛋重 65～75g;中型成年公鸡平均体重 3.6kg,母鸡 2.5kg,开产 190～210 日龄,年产蛋 120～150 个,蛋重 60～65g。蛋壳均为红褐色。

(四) 药用土鸡品种及生产性能

据《本草纲目》记载:"乌鸡者有白毛乌骨、黑毛乌骨、斑毛乌骨、白皮乌骨,骨肉全黑者入药更良"。

1. 白丝羽乌骨鸡

又名丝毛鸡、绒毛鸡、松毛鸡、白绒鸡、竹丝鸡等;因产于江西泰和县而得名"泰和鸡"或"泰和乌鸡"。具有丛冠、缨头、绿耳、胡须、丝毛、毛脚、五爪、乌皮、乌肉、乌骨十大特征,故称"十全"、"十锦"。全身羽毛洁白无疵,体型娇小玲珑,体态紧凑,外貌奇特艳丽,惹人喜爱。其药用、滋补、观赏价值闻名于世。

泰和鸡是我国珍贵的药用型地方鸡种，是中医主治妇科疾病的要药"乌鸡白凤丸"的主要原料，必须精心饲养。该鸡幼雏期体质弱，抗逆性差，需要提供舒适的温度和全价营养，保持环境清洁，空气新鲜。成年鸡对环境的适应的性比较强，患病少，耐热；但怕冷怕潮湿，饲养中应特别注意。泰和鸡胆小，一有异常动静就会造成惊群，影响生长发育和产蛋，应为其创造一个较安静的饲养环境。泰和鸡性情温顺，不善争斗；但活泼好动，觅食力强，适合放养。其食性广泛，一般的玉米、稻谷、大麦、小麦、糠麸及各种青绿饲料均是常用的饲料。为了提高乌鸡的药用价值，可增喂一些黑色饲料（如黑豆、黑米、黑芝麻等）和鲜活的动物性饲料。

泰和鸡体型较小，成年公鸡体重 1 300 ~ 1 500g，母鸡1 000 ~ 1 250g。公鸡平均 150 ~ 160 日龄性成熟；母鸡就巢性强，产蛋量少，170 ~ 180 日龄开产，年产蛋 100 枚左右，蛋重 40g 左右，蛋壳呈浅白色。

2. 黑丝羽乌骨鸡

又名黑凤乌鸡、黑羽药鸡，被誉为"中国黑宝"是我国特有的土鸡种源。黑凤乌鸡具有黑丝毛、乌皮、乌骨、乌肉、丛冠、凤头、绿耳、胡须、五爪、毛腿"十全"特征，而且其舌头、内脏，血液和脂肪等呈黑色或浅乌色，是药用乌鸡中的珍品。黑凤乌鸡全身俱黑，符合我国的市场需求，顺应世界食黑新潮，是我国传统创汇产品，深受中国香港地区，日本和东南亚地区的欢迎。

黑凤乌鸡体型较小，成年公鸡体重 1.25 ~ 1.5kg，母鸡 1.0 ~ 1.25kg。该鸡早期生长速度快，饲料报酬高，商品鸡 90 日龄可达到出售体重标准。母鸡 6 个月龄开产，就巢性强；年产蛋 140 ~ 160 枚，平均蛋重 40g，蛋壳多为棕褐色，少数为白色。

3. 江山白羽乌骨鸡

原产于浙江省江山市的坛石、城关、清湖、淤头等乡，以"一白"（全身羽毛洁白）、"五乌"（乌喙、乌舌、乌趾、乌蹼、乌皮）为其主要特征，是我国珍贵的鸡种之一。该鸡体型中等，呈三角形。单冠直立，肉髯发达，耳垂雀绿色，冠及肉髯绛紫色。全身羽毛洁白，按羽毛着生方式的不同，可分平羽和反羽两个类型。平羽型鸡全身羽毛平直紧贴，体态清秀灵巧；反羽型鸡全身羽毛沿轴向外、向上或向前反生或卷曲。主翼羽粗硬无光泽而末端重叠，鞍羽卷曲成菊花瓣状。公鸡尾羽不发达，母鸡尾羽上翘。多数趾部有毛。成年公鸡体重1.8～2.2kg，母鸡重1.4～1.8kg。江山白羽乌骨鸡属药、蛋、肉兼用型良种。其肉质鲜嫩，胶质多，营养丰富。食用滋补、肝肾，是制作乌鸡滋补酒的优质原料，也是制作妇科乌鸡白凤丸的良药。

江山白羽乌骨鸡平均初生重38g，60日龄体重442g，90日龄体重726g，180日龄体重可达到1 400g以上。公鸡120日龄性成熟；母鸡184日龄开产，平均年产蛋160枚，平均蛋重55g。母鸡就巢性较弱，可利用年限1～2年。

4. 余干乌黑鸡

因产于江西省余干县而得名，以全身（羽毛、喙、冠、皮、肉、骨、血、内脏）乌黑为主要特征。公鸡尾羽高翘，羽毛乌黑发亮；母鸡羽毛紧凑、清秀，两眼有神。单冠，冠齿一般6～7个，肉髯薄。成年公鸡体重1 500g左右，母鸡1 100g左右。

余干乌黑鸡属药肉兼用的地方品种，尤以药用价值而著称。经中国科学院遗传研究所血型因子测定，与泰和鸡及其他乌鸡的类型不同，具有突出的特点，是一个独特的优良乌鸡品种。其肉质鲜嫩，皮薄、骨细，营养丰富。富含多种维生素与微量元素；尤其是胆固醇含量特别低，是中老年人、产孕妇、久病体虚者，特别是心血管病人的滋补佳品。

余干乌黑鸡体型小，行动敏捷，善飞跃，抗病力强，觅食力强，饲料消耗少。公鸡开啼一般在 60~80 天；母鸡 180 日龄左右开产，就巢性较强，年产蛋约 150 枚，蛋重约 50g，蛋壳呈粉红色。

5. 绿壳蛋鸡

绿壳蛋鸡因产绿壳蛋而得名，其特征为五黑一绿，即黑毛、黑皮、黑肉、黑骨、黑内脏，更为奇特的是所产蛋绿色，集天然黑色食品和绿色食品为一体，是世界上罕见的土鸡品种。该鸡种体形较小，结实紧凑，行动敏捷，匀称秀丽，性成熟较早，产蛋量较高。成年公鸡体重 1.5~1.8kg，母鸡体重 1.1~1.4kg，年产蛋 160~180 枚，平均每枚蛋重 46g，蛋壳为绿色。

现代科学认为，黑色食品结构合理、营养较丰富，含有比较丰富的膳食纤维、不饱和脂肪酸、维生素、微量元素。黑色食品被列为继绿色食品之后的自然保健食品，在国际市场已形成强势的消费新潮。绿壳蛋鸡完全具备黑凤乌鸡的五黑特点，含有大量具有滋补价值的黑色素，人体必需的氨基酸、维生素以及抗癌元素硒、铁等矿物元素。其肉质乌黑、结实、味香、鲜美、口感好，具有滋补肝肾、大补气血、调经止带等功效。

目前，以五黑一绿乌鸡品种为基础，经杂交繁育出的麻羽系和黑羽系，保持了原有的鸡种特点，肉质提高，产蛋量也有所增加。

四、土鸡放养场地建设及布局

（一）放养林地的选择

选择放养土鸡的果园林地，一要观察自然环境，二要考虑自然条件和社会条件，三要考虑所选择的园林适合饲养什么样的土鸡品种。

1. 林地选择的基本要求

（1）远离人类居住区：放养林地要远离人群居住区和提供饮用水的水库、河流，以防止污染水源；避免土鸡群的吵叫声影响居民的正常生活。

（2）利于防疫：放养林地应选择远离其他畜牧场、屠宰场、制革场以及各种污水排泄渠道；更不能与其他养鸡户共同使用同一处林地，以防止患病动物的粪便、呼吸道分泌物、毛屑等，通过污染的水源或尘埃感染鸡群。

（3）地势高燥无污染：放养土鸡应选在地势高，干燥、无任何污染的林地。地表为沙壤土层，雨水过后能很快渗入地下，无污水蓄积。

（4）交通便利：林地通向外界的道路要畅通，以利于饲料等物质的运输。但是，养鸡林地不能紧靠主要公路，以免过往车辆惊扰鸡群；或将疫病带入林地传染鸡群。

（5）用电方便：放养鸡群也需要补充饲料，饲料的加工、调配需要用电；鸡舍、宿舍、场区等都需要用电照明。如果养鸡林地远离电源，会增加架设和维护线路的费用。

（6）有饮用水源：养鸡林地附近要有可供人和鸡群饮用或使

用的水源。否则就要设法引水或打井供水。

2. 根据土鸡品种选择林地

因林地面积不同，树木的品种不同，或树型大小不同，而适宜饲养的土鸡品种应不同。如树型低矮、稠密的果园，适宜饲养体型大，飞翔能力差的肉用型土鸡，以避免因为鸡的登高、飞翔而损坏花果。面积比较大的山林、经济林，灌木林，适宜饲养体型轻盈，飞翔能力强，善于登高枝的蛋用型土鸡；而面积比较小的防风林、绿化林，适宜饲养育肥土鸡。

图1　林下放养

（二）建筑物的布局

1. 房舍布局及基本要求

（1）饲养人员宿舍：宿舍应在鸡舍的上风一侧，并与鸡舍隔离；设有饲养人员出入的消毒通道，并防止外来人员或动物进入鸡舍区。

（2）饲料仓库及加工间：饲料仓库及加工间应在人员宿舍的一侧，并与鸡舍隔离，尽可能的远离鸡舍。

（3）鸡舍：鸡舍是放养鸡群夜间栖息、雨雪天活动的场所。应建造在林地的侧面，或者山林间的空闲地，东西走向，面向正南，并且要避开树荫，以免冬季遮挡阳光。种鸡舍（蛋鸡舍）和青年鸡舍应靠近林地，以便于鸡群出入。育雏舍应于大鸡舍隔离，可靠近宿舍区，便于饲养员昼夜管理。

（4）母鸡的产蛋窝：产蛋窝应建在母鸡舍之外，既便于母鸡由林中进入，也便于由舍内进入产蛋。如果放养林地面积大，为了便于母鸡产蛋，也可再在林地的分区之间建产蛋窝。但是，林间建产蛋窝由诸多弊端，其一不便于捡蛋；其二成为个别鸡的栖息地；其三为抱窝鸡提供了方便；其四漏捡的蛋成为敌害的美食。

2. 污染物无害化处理区

鸡粪和病死鸡是养鸡场的主要污染物，把粪便和病死鸡管理好，有利于环境卫生，减少疫病传播，是健康养鸡的关键环节。

（1）鸡粪发酵池：主要用于鸡粪的快速发酵，应设在鸡舍的粪便出口处。并且出粪口直接与发酵池相通，便于作业，减少运输环节，避免环境污染。

（2）沼气池：主要用于鸡粪的发酵处理，生产沼气，为鸡场提供照明、加温等所需要的能源。其位置也应设在鸡舍的粪便出口处，使清除的粪便直接进入沼气池。

（3）病鸡隔离室：病鸡隔离室应远离鸡舍和鸡群活动区域，避免疫病传播。但是，病鸡隔离室也要便于兽医人员去观察、治疗。

（4）病死鸡无害化处理池：病死鸡处理池应使用水泥构建，地下 1.5m 以上；必须能密闭、不渗漏，雨季不会被水淹没；冬季也能达到正常发酵的温度。处理池必须 2 个以上，轮换使用，真正达到无害化处理的效果。

（三）鸡舍的建造及类型

放养鸡舍主要有简易棚舍、塑料大棚、开放式地面平养鸡舍、开放式网上平养鸡舍、发酵床鸡舍等类型，养鸡户应根据自己的经济条件和本地的气候条件，合理选择。

1. 塑料大棚鸡舍

棚舍的建造四面为墙，顶面用竹竿、木杆、竹条或钢筋搭成弧形拱架，上面覆盖塑料薄膜。墙壁可用泥草砌建或建成夹层，以增强防寒、保温能力。棚舍的前墙高 0.5m，后墙高 1.5m，脊高 2.2～2.5m，棚脊到后墙的垂直距离为 3～4m，总跨度为 8～10m。棚舍的北墙每隔 3 米设置一个宽 1m，高 0.8m 的窗户。南墙每隔 1～1.5m 设置一个宽 0.5m，高 0.4m 的小门，供鸡群出入。东西两端设门，一则门通粪便处理区，另一侧门通居住区，供饲养员、饲料车出入。东西墙体上面形成坡面，搭建弧形拱架，并固定牢。拱架上面覆盖塑料薄膜，薄膜与墙体的接触处用泥土压实，以防止贼风进入。塑料薄膜上面每隔 0.5m 拉一根绳子，绳子两端固定牢，以防大风掀开薄膜。棚舍的前后面设置排水沟，及时排出雨水和薄膜表面滴落的水。棚内有照明设施、水槽、料槽，供夜晚补饲；设有梯式鸡架，供鸡栖息，并且可使粪便集中，便于清扫。

塑料大棚鸡舍利用塑料薄膜的良好透光性和密闭性，将太阳能辐射热和鸡体散发的热量保存下来，从而提高了棚舍内温度。

图 2　鸡舍外景

2. 开放式地面平养鸡舍

鸡舍的建造四面为墙，墙壁可用泥草砌建或砖砌成夹层，以增强防寒、保温能力。鸡舍的前、后墙高 2~2.5m，脊高 2.8~3.5m，跨度为 6~8m。鸡舍的南、北墙每隔 3m 设置一个窗户，南窗宽 1.6m，高 1.5m；北窗宽 1m，高 1.5m。南、北墙近地面处每隔 1.5m 设置一个宽 0.4~0.5m，高 0.3~0.4m 的小门，供鸡群出入和通风。鸡舍顶部应加厚或设隔热层。东西两端设门，一则门通向粪便处理区，另一侧门通居住区，供饲养员、饲料车出入。舍内有照明设施、水槽、料槽，供夜晚补饲；设有梯式鸡架，供鸡栖息，并且可使粪便集中，便于清扫。

3. 开放式网上平养鸡舍

鸡舍的构造与地面平养鸡舍基本相同，南、北墙上的窗户与网架离地面高 70cm，网片与窗台平行，利于风的对流。供鸡出入的窗外设有梯架，便于鸡群出入。搭建网架的材料要结实，支架要牢固，能承载人员行走，并且不妨碍地面清粪，而地面的通风口可适当小一些。

图3　鸡舍内景

4. 发酵床鸡舍

鸡舍的构造与开放式鸡舍基本相同，舍内修建发酵床。发酵

图4　塑料网

床有地下、半地下、地上等多种。发酵床的深度：南方为30cm，北方为40cm。

发酵床的功能是利用生物发酵所产的热为鸡提供暖床；利用强大优势的有益菌群，抑制有害菌群的繁殖，控制粪便的腐败发酵，优化生态环境。

（1）垫料制作：垫料常用硬度较大、发酵缓慢的原料，依次为锯末、稻壳、棉籽壳、花生壳、玉米芯、棉花秸、麦秸等。其中锯末、棉花秸透气性好，其他原料吸水性好。用量占垫料的70%~80%；营养性原料麦麸，稻糠，玉米粉等占20%~30%。另外按每1m² 添加深层黄土1kg，发酵菌液2kg。

基本原料中透气性原料与吸水性原料各占40%~50%，冬季增加透气性原料的用量；夏季增加吸水性原料的用量。

按垫料的含水量多少分为湿性垫料和干性垫料两种。湿性垫料大约含水50%，即垫料浸透水后手攥见水而不滴为准，并且经堆积发酵后才能使用。干性垫料不加水，原料与菌种混合均匀后即可铺垫，为了避免鸡群活动时扬尘，可对表层的垫料喷水湿润，以不扬尘为宜。干性垫料当与鸡粪混合后才激活菌种，开始发酵。

（2）发酵床的管理：发酵床管理的好坏，直接关系到使用效果和成败。只有认真做好各项管理工作，才能给鸡群创造一个良好的生活环境。

①及时掩埋鸡粪便。每天把鸡群放出之后清除垫料表面的鸡粪，埋入垫料下 15cm 左右。夏季可埋的集中一些，冬季可埋的分散一些。

②按时翻动垫料。发酵床表面的垫料经鸡群踩踏后板结，透气性降低，或者经鸡抓刨后高低不平。夏季需要 3 天左右翻动一次，可翻得深一些；冬季需要 4 天左右翻动一次，可翻得浅一些。

③及时补水。当鸡群在发酵床上活动时出现扬尘现象，应立即喷水，将表层垫料湿润不扬尘即可。

④及时补菌。根据垫料的发酵情况确定是否需要补菌。尤其是雨雪天鸡群不能放出，粪便增多，应补菌以加快发酵。补菌应与补水和翻动粪便结合进行。

⑤及时补充垫料。当发酵床垫料的厚度明显降低时，应及时补充。夏天湿度大，应多添加锯末、稻壳、棉籽壳等；冬季温度低发酵缓慢，多添加廉价、易得的稻壳、玉米秸、麦秸等，并同时补菌和翻动垫料。

⑥及时清除病源。当发现有的鸡发病时，立即抓到隔离间进行治疗观察。清除腹泻物后，如果污染轻则喷洒菌液，翻埋表层垫料，以抑制病菌繁殖；如果污染严重则清除表层垫料，添加新的垫料。

（四）常用的养鸡设备

先进的机械设备能为鸡群创造较为理想的生活环境，大幅度地提高生产效率。一般中小规模的养鸡场，更要重视选用经济、实用的养鸡设备。

1. 供暖设备

育雏阶段和严冬季节，要使用电暖、水暖、气暖、煤炉、火炕等设备，以提高鸡舍温度。只要能保证达到所需的温度，可土洋结合，因地制宜地自制供暖设备。

（1）地下式烟道：地下烟道供暖比较适用于中、小型鸡场的育雏，较大的育雏室可采用长烟道；较小的育雏室可采用环绕型烟道。烟道用砖或土坯砌成，进烟口应大些、低些，随着烟道的延伸而烟道逐渐抬高，以便于烟气的流通；出烟口从下到上逐渐变小，以利于排烟。为防止倒烟，烟筒的出烟口应高于屋脊等附近物体；并且在烟道和出烟口处的下方挖一个防风洞，当烟筒倒烟时，可起到一定的缓冲作用。烟筒内径的大小，应根据烟道的大小而定，内径太小则烟气流通不畅；内径太大则烟气上升力弱。

（2）火炕：火炕在搭建形式上与烟道基本相似，即火炕是由多条烟道组成。而各条烟道之间相通，可使烟气均匀传遍整个火炕。火灶则设在火炕的隔壁，可防火，安全性好。

（3）塑料保温棚：当在平养鸡舍内隔段用于育雏时，如果提高所需要温度比较困难，可用竹片制作长 2m，宽 60cm，高 50cm 的小塑料拱棚。覆盖棚的塑料膜靠地面部分可卷起，供鸡出入。塑料拱棚的数量可根据鸡的多少而定，按一定距离摆放在垫料上面。棚内悬挂 60 瓦的白炽灯，数量根据所需要的温度而定。拱棚之间摆放水塔和料桶，数量可根据鸡的多少而定。为了安全，应给灯泡加上灯罩。

（4）电热保温伞：电热保温伞用远红外加热板加热，温度调节灵活，控温准确。自制保温伞可用铁皮、铝皮或木板、纤维板；或用钢筋骨架加布料制成，热源可用电热丝或电热板。每个 2m 直径的伞面可育雏 500 只。

2. 通风设备

放养土鸡的鸡舍均为开放式，主要采取自然通风，利用门窗和天窗的开关来调节通风量。但是，北方地区冬季为了保温，门窗密闭后必须采用机械通风解决通风换气问题。机械通风有送气式和排气式两种。送气式通风是用通风机向鸡舍内强行输送新鲜空气，使舍内形成正压，将污浊空气排走。排气式通风是用通风机将鸡舍内的污浊空气强行抽出，使舍内形成负压，新鲜空气便由进气孔进入鸡舍。通风机械的种类和型号很多，可以根据实际情况选购。

3. 供水设备

供水设备主要有乳头式自动饮水器、吊塔式自动饮水器、钟形真空饮水器和水槽。

（1）乳头式自动饮水器：节水性能好，饮水不受尘土、细菌污染，干净、卫生。但是产品存在漏水问题，使饮水处长期潮湿或积水，为寄生虫的繁衍提供了场所。

（2）水槽：水槽是最传统的供水方式，离地面近，易被鸡群踩踏，受尘土、细菌污染严重，每天需要多次清洗。

（3）钟形真空饮水器：俗称"小水塔"，最合适雏鸡使用，但要定期加水，定期清洗。钟形真空饮水器有多种型号，要根据鸡体的大小进行配置。

（4）吊塔式自动饮水器：这种饮水器通过吊襻用绳索吊离地面，高度以鸡伸头够得着饮水为准。顶端的进水用塑料软管与主水管相连接，进来的水通过控制阀门流入饮水盘，既卫生又节水。适合在平养鸡舍内和林园里使用。

4. 喂料设备

主要使用料盘、食槽、吊桶、自动化喂料机等。料盘主要是为出壳后的雏鸡喂料。自动化喂料机也可用于平养鸡舍，但用于放养鸡则使用率偏低。而食槽和吊桶放置灵活，更适合用于放养鸡群。

（1）食槽：制作食槽要防止饲料浪费。食槽的大小、深浅要根据鸡体的大小设计多种，食槽口的边沿要设有护沿，中间安装横杆，高度以鸡头能伸入槽内采食，而脚爪不能进入槽内刨食为宜。食槽能被鸡群踩踏，饲料容易被污染；摆放在运动场地还要防雨。食槽内饲料不能添得太满，需要定时定量添料，工作量比较大。

（2）吊桶：使用吊桶喂鸡比使用食槽好得多，一是装料多，省工；二是离地面高，饲料被污染的机会少。吊放在运动场地时，只要在桶的上口安装上防雨顶盖便可。

（3）料车：使用食槽和吊桶喂鸡，需要配备专用的料车运送饲料，不可与清粪使用同一辆车子。

5. 产蛋设备

放养蛋鸡可采用二层式产蛋箱，按每 4 只母鸡提供一个箱位，上层的踏板距地面高度不超过 60cm。每只产蛋箱 30cm 宽，30cm 高，35~40cm 深。产蛋箱的两侧或背面可采用栅条形式，以保证产蛋箱内空气流通，以利于散热。底面铺垫为柔软的麦秸、稻草时，要注意勤换，避免鸡蛋（尤其是种蛋）污染。如果底面设计为坡形，坡度要小，外沿有约 8cm 高的缓冲挡板。鸡蛋产出后直接由箱内滚出，而不至于滚落到地面摔碎或相互碰撞而碎。

6. 笼具

土鸡育雏期可以使用立式多层育雏笼，占用鸡舍面积小，温度提升快，干净卫生，饲养管理方便。

7. 光照设备

鸡舍照明普遍使用白炽灯，即灯泡，并安装定时器，自动控制电灯的开启与关闭，保证了光照时数准确可靠。照明灯应安装反光板，提高照明效果。日光灯光线柔和均匀，而且节电，也可使用。

8. 常用工具

（1）清粪工具：平养鸡舍一般采用人工清粪，备有锨把、扫帚、小粪车。网床鸡舍可安装刮粪板机械清粪，但要有电力保证。刮粪板的钢丝绳容易被粪便腐蚀生锈而断裂，维修不方便，造价高。

（2）断喙器：已定型产品有 9QZ800 型、9QZ820 型等型号。使用时可调节断喙器的高度，以便于操作；加热时刀片温度最高达 1 020℃；不快时可经修磨后继续使用。

（3）维修工具：包括日常使用的电工工具、机械修理用具等。

9. 饲料加工设备

（1）饲料粉碎机：应选择切向进料的锤式粉碎机，使用范围广，可粉碎玉米等谷物饲料、饼类饲料，还能加工草粉以及贝壳粉等。

（2）饲料搅拌机：能把各种不同比例的饲料原料经搅拌混合均匀，调制成配合饲料。

（3）饲料颗粒机：把调制好的粉状配合饲料，通过加湿、加温，压制成颗粒状饲料，并且同时把湿颗粒饲料烘干。不要选用无烘干功能的机型。

（4）十字形切菜刀：取一根 1m 长的木棍，打磨光滑做刀柄。把 4 把菜刀按十字形固定在刀柄的一端，即组成十字形切菜刀。切菜时，菜板平放在地上，放一层青菜，操作人员一只手握刀柄切剁青菜，另一只手拿小爪钩把大的菜叶钩到菜板上。整个过程站立操作，比使用一把刀切菜省力，速度快。可用于小鸡或小群鸡饲喂青饲料，或者停电时的应急措施。

（5）青饲料切碎机：一般中、小规模的土鸡饲养场，可选用小型青饲料切碎机，配用功率较小，耗电量少。能通过调整定、动刀片之间的间隙，把青饲料切成所需大小的碎片，以满足饲养各龄鸡的要求。比人工切碎、剁碎青饲料及块根块茎类饲料省工省力，工作效率成倍提高。

10. 运输设备

配备运送饲料、鸡蛋、肥料等物质的机动车辆。运送饲料的车辆最好专用，否则要注意清洗消毒，避免饲料被污染。

五、饲养方式的选择

（一）小鸡的饲养方式

小鸡是指雏鸡至体重 0.5kg 左右。这个阶段的土鸡，育雏期主要是在舍内封闭式饲养，只有外界温度与舍内的温度相同时，才放入运动场活动，并逐渐增加活动时间，当雏鸡完全适应外界温度后再完全移到运动场饲养。小鸡在运动场驯养到 0.5kg 左右后再进行林地放养训练。而鸡舍只作为夜间栖息和躲避风寒、雨雪的地方。

1. 网床饲养与地面圈养

即育雏前期主要是在网床上饲养，以减少与粪便的接触，避免感染鸡伤寒、大肠杆菌等肠道疾病，提高成活率。育雏后期逐渐转入运动场饲养，增加与粪便接触的机会，以提高小鸡免疫力。

2. 笼养与地面放养

即育雏期在育雏笼内饲养，饲养密度大，节约空间，减少供温成本；同时也便于及时清扫粪便，保持舍内卫生。雏鸡脱温后再转入地面平养和运动场饲养，训练小鸡适应放养和增强抗感染的能力。

（二）大鸡的饲养方式

体重 0.5kg 以上的土鸡和成年鸡，则采取白天在林地里放养，夜晚在鸡舍里栖息或大风天、雨雪天在鸡舍内饲养的方式。

1. 地面平养与林地放养

土鸡地面平养环境污染严重，空气污浊不利于鸡体健康。为了减少地面被粪便污染，可铺垫一层干燥的粗沙土，以迅速吸干粪中的水分。地面平养也不适合土鸡好登高栖息的习性，可在鸡舍内摆放一些梯架供鸡栖息，并且可使粪便集中，便于清扫。白天林园放鸡的时间尽量延长，以减少在舍内的排粪量。下雨前要及时把鸡群招回；不要等鸡体被雨水淋湿了再招回鸡群，而增加鸡舍内的湿度。大雨过后要等林园地面的积水渗干后再放鸡，以避免喝了污水而染病。

2. 网床平养与林地放养

土鸡网床平养可避免与粪便的直接接触，减少疫病发生。同时也不用担心增加舍内的粪便污染，可更灵活地掌握林地放养时间。但是，网下的粪便积攒多了易腐败产生氨气，污染舍内环境。尤其是寒凉季节，鸡舍的门窗关闭比较严，更要及时清除粪便，增加通风，以保证舍内空气新鲜。

3. 发酵床饲养与林地放养

发酵床养鸡不用经常清扫粪便，更优于网床平养。无论是阴雨连绵的夏天，还是大雪封林的严冬，只要及时翻动垫料，保持适宜的干湿度，就不用担心因粪便蓄积而造成鸡舍内污染加重。

六、良种土鸡繁育技术

（一）土种鸡的培育与选择

繁育优良的地方土鸡品种，要进行多次认真地选择，精心地培育，以保持其原有的优良特性。

1. 种鸡的培育

培育种用鸡要比培育蛋用鸡管理细心，配合饲料的粗蛋白质、维生素、矿物元素含量高。种公鸡和种母鸡的饲料及营养需要有一定差异，母鸡育成期、产蛋期和休产期，可以适当增加青饲料的用量。而种公鸡只能饲喂少量青饲料，对维生素的需要用添加剂补充。母鸡产蛋期需要大量的钙质，配合饲料中配入大量矿物质；而种公鸡需要钙质少，应尽量限制其采食母鸡饲料。

2. 种鸡的选择

土种鸡的选择一般先由外貌来决定，选留的种鸡具有明显的本品种特征，体型、毛色不一致的，个体偏大或偏小的一律淘汰。

（1）种公鸡的选择：常言道："公鸡好、好一坡；母鸡好，好一窝。"可见种公鸡的选择比种母鸡的选择更重要。选择生长良好，体质健壮的优良土种公鸡，必须从不同的饲养阶段，进行多次挑选。

第一次选种：在雏鸡出壳后进行雌雄鉴别时，选留生殖器发育明显、活泼好动、健康状况良好的小公雏；不合格的淘汰或用于育肥。

第二次选种：在公鸡 6～8 周龄进行，主要选留那些体重较大，鸡冠鲜红，躯体发育正常的公鸡。淘汰外貌有缺陷（如胸骨、腿、爪、喙弯曲，生长发育慢，冠、髯发育不明显，胸部有囊肿）的公鸡。公母选留比例为 1：（8～10）。

第三次选种：在公鸡 17～18 周龄时进行，选留体重符合全群平均体重标准范围内的公鸡。表现冠、髯大而鲜红，羽毛生长良好，体型发育良好，腹部紧凑，腿、爪有力。具备公鸡争强好斗，雄姿霸气的神态。淘汰体重轻、体型松、个体小、胆量怯的公鸡。公母选留比例为 1：（10～15）。

（2）种母鸡的选择：留作种用的母鸡，主要看其体型是否符合本品种特征，有无残缺，冠子发育是否正常。凡体型松大或娇小，毛色杂，冠、髯发育慢，外貌有缺陷或伤残的母鸡，一律淘汰。

如果种母鸡群要留用第二个产蛋年，在第一个产蛋年结束之后，淘汰毛光亮（停产早）、抱窝勤、后腔脏（腹泻）、嗉下垂、肚子小（产蛋少）的母鸡。

3. 种鸡的合理利用

种公鸡和种母鸡的繁殖能力受年龄的影响很大，只有当公、母鸡处于同样的性活动状态，所产的种蛋才能有较高水平的受精率。为了提高种蛋的受精率，土鸡种公鸡一般只利用一个产蛋年，配种结束后则立即淘汰。种母鸡的产蛋量随年龄的增长而下降，第一年产蛋量最高，第二年比第一年下降 15%～25%，第三年下降 25%～35%，所以种母鸡一般利用 1～2 年，只有非常优秀的种母鸡群才可使用 3 年。两年龄以上的种母鸡，最好用青年公鸡与之交配，以保证获得较高的种蛋受精率。

（二）土种鸡的繁育方法

土鸡的繁育方法可分为纯种繁育和杂交繁育两种。

1. 纯种繁育

同一品种的公、母鸡进行交配繁殖，称"纯种繁育"。纯种繁育可很好地保持一个品种的优良性状，通过有目的的系统选育，提高该品种的生产能力和育种价值。但是，本品种繁育容易造成近亲繁殖，尤其是小规模的土鸡饲养场，近亲繁殖可引起生活能力和生产性能降低，如母鸡产蛋率、种蛋受精率和孵化率降低，鸡群体质变弱，发病率和死亡率增加。为了避免近亲繁殖，必须每隔几年从外地引进体质健壮，生产性能优良的同品种公鸡，进行血缘更新。

2. 杂交繁育

不同品种的公、母鸡进行交配繁殖，称"杂交繁育"。有两个或两个以上的土鸡品种进行杂交，所获得的后代具有亲代的某些外表特征和优良性能，丰富了遗传物质的基础和变异性，是改良现有品种和培育新品种的重要方法。

杂交一代表现生活力增强，成活率提高，生长发育加快，产肉产蛋增多，饲料消耗减少，适应性和抗病力增强等特点。利用杂交优势生产杂交土鸡，作为商品鸡饲养，是提高经济效益的有效途径。

（三） 土鸡的配种方法

1. 自然交配

土种鸡主要是放养和平养，一般都采取公母鸡混合饲养，自然交配的方式。为了避免因公鸡之间的相互争斗而影响配种，种鸡群不宜太大，一般 300 ~ 500 只为宜。

2. 人工授精

土种鸡采用人工授精，宜在晚间弱光下进行，可减少对鸡群的惊扰程度。土种鸡野性大，神经敏感，抓捕时易惊叫，不适宜人工授精。

（四）雏鸡孵化技术

1. 种蛋的选择

种蛋必须来自健康、产蛋量高的母鸡。患有严重传染病（尤其是白血病、马立克）和慢性传染病（如鸡白痢、慢性呼吸道病）的种鸡群；或者患营养缺乏（如维生素 E 、维生素 B_2 缺乏）的种鸡群所产的种蛋，均不宜留作种蛋。如果需要外购种蛋，应先调查供种蛋鸡场的饲养管理水平和种鸡群的健康状况，并签订种蛋供应合同。

再优良的种鸡群所产的蛋都会有不合格的种蛋，必须严格挑选。挑选方法如下：

（1）蛋壳必须清洁：蛋壳上粘有较多粪便或破蛋液的种蛋，不仅孵化率低，而且污染孵化器，造成合格种蛋污染。轻度污染的种蛋要认真擦拭干净，经消毒之后才能入孵。

（2）蛋重大小适中：蛋重过大可能是双黄蛋，过小的蛋可能无黄，都不能做种蛋用。

（3）蛋形为卵圆形：蛋形一头大一头小的为合格种蛋。圆形蛋、细长的蛋、两头尖的蛋、凸腰的蛋不能做种蛋用。

（4）蛋壳厚度适中：蛋壳过厚或过薄的蛋；蛋壳厚薄不均的皱纹蛋；砂皮蛋；蛋壳表面有出血斑点的蛋，都不能做种蛋用。

（5）蛋壳完好无损：有明显裂纹和破损的蛋，直接挑出。挑选时两手各拿 1 枚蛋，一边转动，一边互相轻轻碰撞，完整无损的蛋声音清脆，用肉眼看不到的裂纹蛋可听到破裂声。

（6）蛋壳颜色应符合本品种要求：如仙居鸡的蛋壳为浅褐色；固始鸡的蛋壳为褐色；芦花鸡的蛋壳以粉红色为主，少数为白色。如果蛋壳颜色差异明显，则母鸡群为杂交鸡，就不要苛求蛋壳颜色一致。

（7）种蛋光照透视：种蛋放置时间长或由外地购入，还应进行光照透视。气室过大，气室侧偏的是陈蛋；蛋黄上浮多为系带断裂，与运输过程中受到震动有关；蛋黄沉散多系种蛋保存时间过长，或者细菌侵入引起蛋黄膜破裂；血斑蛋或肉斑蛋，可见黑点或白点，并随着蛋的转动而移动。

2. 种蛋的保存

因为受精蛋中的胚胎在蛋的形成过程（输卵管）中已经开始发育，如果种蛋保存不当，也会导致孵化率下降，甚至造成无法孵化的后果。种蛋在保存过程中需要适宜的温度、湿度。

（1）种蛋保存的适宜温度：种蛋产出母体后因温度突然降低，胚胎发育暂时停止。当外界环境温度上升时胚胎又开始发育。但是外界温度的忽高忽低，则胚胎发育是不完全和不稳定的，容易引起胚胎早期死亡。鸡胚胎发育的临界温度是 23.9℃。当温度低于 23.9℃时，鸡胚胎发育处于静止状态。当温度长时间偏低（如 0℃）时，胚胎的活力严重下降，甚至死亡。但是种蛋的保存温度要比临界温度低，为了抑制细菌繁殖和蛋中酶的活性，种蛋保存的适宜温度为 13～18℃。

（2）种蛋保存的相对湿度：种蛋保存期间，蛋内水分通过气孔不断向外蒸发，使蛋重减轻。为了尽量减少蛋内水分蒸发，必须提高存储室里的湿度，一般相对湿度保持在 75%～80% 为宜。

（3）种蛋保存时间：种蛋的保存时间长短与保持温度有关。当温度在 25℃ 以下时，一般保存 5～7 天不会影响种蛋的孵化率；温度在 25℃ 以上时，保存不超过 5 天；温度超过 30℃ 时，种蛋应在 3 天内入孵。在有空调设备的种蛋存储室内温度适宜、恒定、种蛋保存两周以内，孵化率下降幅度很小；在两周以上则孵化率明显下降。

（4）种蛋保存期间的转蛋：种蛋保存期间一般要求大头向上，保存1周内不必转蛋。如果保存期超过1周，要求每天转蛋1~2次，防止胚胎与壳膜粘连，以免胚胎早期死亡。

有试验发现，种蛋小头向上保存1周以上，不转蛋，其孵化率高于大头向上保存，而且节省了劳力。

3. 种蛋的消毒

种蛋通过泄殖腔和产入蛋窝时，蛋壳表面会沾染上很多细菌和病毒，在孵化时污染孵化设备，传播各种疾病。为了防止疫病传播，种蛋入孵前必须进行消毒。种蛋消毒的方法有多种，可根据实际情况灵活选择。

（1）甲醛熏蒸消毒法：甲醛熏蒸消毒法是目前国内外最普遍使用的一种消毒方法，消毒效果良好。消毒用具可自制，即用小方木条做一个长宽大于蛋盘，高度视蛋盘码起的高度而定的立方体木罩，木框上面和四周用塑料薄膜封闭，底面敞开。蛋盘上排好种蛋后一层层码起，再把塑料木罩扣在蛋盘上面。按每立方米空间用甲醛溶液42ml和高锰酸钾21g计算用量。消毒时掀起木罩10~20cm，先把装有甲醛溶液的陶瓷或玻璃容器放到木罩里面，然后再向容器里投入高锰酸钾，迅速放下木框罩严，熏蒸20分钟即可。甲醛熏蒸只能杀灭种蛋表面的病菌，熏蒸前要把种蛋清洗干净，晾干蛋壳表面的水分。

甲醛溶液又名福尔马林，有致癌作用，应避免与人的皮肤接触。甲醛溶液与高锰酸钾反应剧烈，瞬间产生大量的有毒气体。操作人员动作要迅速，以免吸入有毒气体。

（2）新洁尔灭喷雾消毒法：消毒前把种蛋排放在蛋盘上，配制好0.1%的新洁尔灭容液，即取1份5%的新洁尔灭原液与50份水混合均匀，用喷雾器喷洒在蛋面上。要注意把种蛋和蛋盘全部喷湿，不留死角。等种蛋表面水分完全晾干后，再放入孵化机里进行孵化。

用新洁尔灭溶液消毒，不要与高锰酸钾、肥皂、碱类药品或碘剂混合使用，以免药物失效，影响消毒效果。

（3）碘溶液消毒法：取碘片10g或碘化钾15g，溶于1 000ml清水中，待完全溶解后再加入清水9 000ml，即为0.1%的碘溶液。将种蛋置于碘溶液中浸泡30～60秒钟，取出沥干后装盘入孵。

配制的0.1%碘溶液，连续浸泡消毒种蛋10次以后，溶液中碘浓度降低，如果需要继续使用，可延长浸泡时间或添加部分新配制的碘溶液。

（4）高锰酸钾消毒法：高锰酸钾配制成0.5%的水溶液，把种蛋放入浸泡1分钟，取出沥干后装盘入孵。

（5）三氧化氯泡沫消毒剂消毒法：使用40mg/kg（万分之零点四）的三氧化氯泡沫消毒剂，消毒种蛋5分钟，可减少蛋壳及蛋内细菌。

使用三氧化氯泡沫消毒剂消毒种蛋，不破坏蛋壳胶膜，而且安全、省力，省药。三氧化氯泡沫呈重叠状，附着于蛋壳表面时间长，杀菌彻底而对种蛋无伤害。特别是对受污染严重的土鸡种蛋，消毒效果也很好。

（6）紫外线照射消毒法：用紫外线光距离种蛋40cm，照射时间1分钟后，然后把种蛋翻过来再照射一次，或者用几个紫外线灯，从几个角度同时照射，效果更好。

紫外线照射消毒的效果与紫外线的强度、照射时间、照射的距离有关。缺点是种蛋正反面都要照射，比较麻烦。蛋架可遮挡紫外线光，影响消毒效果。

4. 种蛋的孵化技术

种蛋的孵化方法包括抱窝母鸡孵化、人工孵化和电孵化器孵化。而用抱窝母鸡孵化雏鸡，只适用于一家一户的散养鸡。

（1）人工孵化技术：人工孵化雏鸡的方法有许多，如火炕孵鸡法、水缸孵鸡方法、水袋孵鸡法、电热褥孵鸡法等。其中火炕孵鸡法适用于规模化养鸡生产，而其他孵化雏鸡的方法只适合于不成规模的散养鸡。人工孵化主要是依靠人的经验掌握胚胎发育所需要的温度和湿度，操作麻烦，技术性强，劳动强度大。

（2）机器孵化技术：机器孵化分全自动电孵化器和半自动电孵化器。由于孵化种蛋的数量不同，控温方式不同又分各种规格和型号的孵化器。在现代规模化养鸡生产中，主要是使用全自动电孵化器孵化雏鸡，操作简单，劳动强度小。目前，根据雏鸡孵化的给温制度，分为变温孵化和恒温孵化两种。

①变温孵化法：主张根据不同的孵化器、不同的环境温度和鸡的不同胚龄，给予不同的孵化温度。变温孵化把整个孵化期分四个阶段逐渐降温，在室温 15～20℃ 时，孵化温度设定为 1～6 天 38.2℃；7～12 天 38℃；13～18 天 37.8℃；19～21 天 37.5℃；在室温 22～28℃ 时，孵化温度设定为 1～6 天 38℃；7～12 天 37.8℃；13～18 天 37.3℃；19～21 天 36.9℃。种蛋入孵第一批时，先根据施温方案定温，然后根据看胎施温技术调整孵化温度（约每隔 3 天抽检 20 枚胚蛋，检查胚胎发育情况，调整孵化温度）。经过 1～2 批试孵，确定适合本机型的孵化温度。

变温孵化的操作要点是入孵第一批时，先参照施温方案定温。然后根据看胚施温技术，调整孵化温度（约每隔 3 天抽验 20 枚胚蛋，检查胚胎发育情况，调整孵化温度）经过 1～2 批试孵，确定适合本机型的孵化温度。

②恒温孵化法：把鸡胚的 21 天孵化期分为两个阶段定温，即孵化 1～19 天定温 37.8℃；19～21 天定温 37～37.5℃（或根据孵化器制造厂推荐的孵化温度）。恒温孵化必须把孵化室温度保持在 22～26℃。低于此温度时应当用暖气、热风、火炉等提温，如果室温仍达不到要求，则提高孵化温度 0.2～0.5℃；高于此温度时应开窗通风或送入冷风降温，如果降温效果不理想，则适当降低孵化温度 0.2～0.5℃。

5. 胚胎发育的条件

鸡胚在母鸡体外发育所需要的外界条件，主要有温度、湿度、通风和转蛋等。无论采用的孵化方法有再大的不同，鸡胚发育所需要的条件基本是相同的。

（1）温度：温度是鸡胚发育最重要的条件，只有适宜的温度才能保证胚胎正常发育，才能获得高的孵化率和优质雏鸡。鸡胚发育对环境温度有一定的适应能力，温度在 35~40.5℃ 的范围内都有一些种蛋能孵化出雏鸡。火炕孵化前 5 天温度保持在 39℃，后 16 天温度保持在 37~38℃。而使用电孵化器孵化，在孵化室温度控制为 24~26℃ 的前提下，立体孵化器内最适孵化温度是 37.8℃，出雏期间为 37~37.5℃。温度过高或过低均会影响胚胎的正常发育。当孵化温度过高时，胚胎发育迅速，孵化期缩短，胚胎死亡率增加，雏鸡质量下降。当孵化温度过低时，胚胎发育迟缓，孵化期延长，死亡率增加。

（2）相对湿度：鸡胚胎发育对环境相对湿度的适应范围比温度要宽些，一般为 40%~70%。立体孵化器最适湿度为 50%~60%，出雏器为 65%~75%。孵化室、出雏室相对湿度为 75%。在雏鸡啄壳之前提高湿度，对雏鸡出壳很重要。由于温度、湿度的作用，空气中的二氧化碳可使蛋壳变脆，有利于雏鸡破壳而出。

湿度过高过低都会影响胚胎的正常发育，影响雏鸡的孵化率和健康。湿度过低可使蛋内的水分过多蒸发，容易引起胚胎和壳膜黏连并造成雏鸡脱水。湿度过高会影响蛋内水分正常蒸发，雏鸡腹部膨大、松软，脐部愈合不良。

孵化温度只要符合鸡胚发育的自然规律，孵化器内加不加水都能获得正常的孵化效果。不加水孵化要略微降低孵化温度，加大通风量，以防止“自温超温”。不加水孵化既可省去加湿设备，节省能源消耗，又可延长孵化器的使用年限。

（3）通风换气：胚胎在孵化过程中，耗氧量和二氧化碳排出量，随着胚龄的增加而增加，容易造成氧气不足。除孵化的最初几天外，都必须不断地与外界进行气体交换。尤其是孵化 19 天之后胚胎开始用肺呼吸，耗氧量增多，必须加强通风供氧。孵化器中氧气和二氧化碳含量的多少，与孵化室内空气的新鲜程度有关。只要孵化器的通风系统设计合理，机器运转和人工操作正常，一般二氧化碳不会过高，也不要过度通风。

通风换气与温度和湿度三者之间关系密切。孵化室和孵化器内通风良好，温度适宜，湿度就小。如果通风不良，湿度就大；通风过度，则难以保证所需要的温度和湿度。

（4）翻蛋：翻蛋有助于胚胎运动，保持胎位正常。其目的是避免胚胎与壳膜黏连，使胚胎各部位受热均匀。种蛋孵化 1~17 天期间要求每隔 1~2 小时翻蛋 1 次，从孵化 18 天停止翻蛋。翻蛋的角度为 90°，即以水平位前俯后仰各为 45° 角。翻蛋时动作要轻、稳，防止振动。翻蛋是胚胎发育必不可少的操作，长期不翻蛋或不正常翻蛋，可降低孵化率，胚胎黏壳、畸形增多。据试验报道，如果整个孵化期不翻蛋，孵化率仅为 29%；前 7 天翻蛋，后 14 天不翻蛋，孵化率为 79%；前 14 天翻蛋，后 7 天不翻蛋，孵化率为 95%。

（5）凉蛋：凉蛋的目的是驱散孵化机内的余热，让胚胎得到更多的新鲜空气；同时突然的冷刺激，可促进胚胎发育。在天气较冷的季节，孵化器内通风良好，温度稳定，可以不凉蛋，对孵化率影响不大。而在高温季节，孵化箱内入孵蛋量较大，通风不良时需要进行凉蛋，尤其是孵化后期胚胎物质代谢加强，自温超温时应加强凉蛋，每天上午、下午各一次，每次 15~20 分钟。如果孵化器内超温而不进行凉蛋，则会引起死胚和弱雏增加，孵化率下降。

凉蛋的方法是把孵化机的气孔或门窗打开，关闭电源，让胚蛋温度下降。待胚蛋凉至用眼皮测温感觉微凉（32~35℃）时，即可徐徐升温，逐渐达到孵化所需要的温度。要注意的是同时高温高湿，对胚胎的危害更大。

（6）照蛋：照蛋的目的一是剔除无精蛋、死胎蛋；二是为了"看胎施温"。无精蛋俗称"白蛋"，即无胚胎的蛋。死胎蛋可见胚胎发育停止，明显小于正常发育的胚胎。看胎施温，即按照鸡胚发育的标准"蛋相"，查看鸡胚的发育快慢，以确定孵化温度的增加或降低。

6. 胚胎发育的主要特征

根据胚胎各胚龄的"标准蛋相"，通过照蛋可熟练掌握胚胎发育的特征，为正确制订施温方案打好基础。要掌握"看胎施温"，首先就要熟练掌握逐日胚龄发育特征图解。由于胚胎发育的快慢差异，一般有70%的胚蛋符合标准"蛋相"，仅少数发育稍快或稍慢，则认为定温适宜。如果达不到70%，而死胚蛋却很少，表明孵化温度偏低；如果超过70%，而胚胎血管充血，死胚率较高，表明孵化温度偏高。

种蛋在孵化过程中由于大小不同，蛋壳厚薄不同，或者在孵化器内受温不同，每天的"蛋相"均不相同，初学者一般较难掌握。实际运用中只要抓住3个典型的"蛋相"，分3个阶段调整温度，就能达到"看胎施温"的基本要求。

（1）"起眼"期：种蛋孵化到第5天随机取蛋30枚，先平放5分钟让胚胎上浮，然后进行照蛋看胚。发育正常的胚胎可看到明显的黑色眼点，若70%有明显的黑色眼点，表明孵化温度适宜，可略微降温0.2℃左右；或者维持原来温度到10~11天后再降温。若看到似孵化4天的"小蜘蛛"蛋相，应提高孵化温度0.2~0.5℃。

（2）"合拢"期：种蛋孵化到第10~11天，发育正常的胚胎，两侧尿囊血管在小头伸展并"合拢"。若第10天末有70%"合拢"，仅少数"合拢"略快或稍慢，说明用温正常；若有90%以上的种蛋尿囊血管"合拢"，表明孵化温度偏高；若第11天末仍有30%以上种蛋的尿囊血管未"合拢"，一般来说是孵化温度偏低造成，可维持原来孵化温度不变，或者提高温度0.2℃

左右。

（3）"封门"期：在种蛋孵化至 17 天，以小头对准光源，再也看不到发亮的部分，称为"封门"。如果小头"红屁股"面积小于 0.5cm，也可认为已经"封门"。若 17 天末有 70% 以上的胚蛋"封门"，孵化温度可降 0.2 ~ 0.5℃；若"封门"达不到 70%以上，则维持原来的温度不变。若有 20% 以上的"斜口"，即种蛋的气室向一侧倾斜称"斜口"，降温幅度可更大一些。

7. 雏鸡出壳及护理

种蛋孵化至 20 天雏鸡开始大批啄壳，20.5 天开始大量出雏。要随时捡出蛋壳，以免套住胚蛋影响雏鸡出壳。第 21 天开始把绒毛已经干燥蓬松的雏鸡拣出。当大部分雏鸡被拣出之后，应把孵化温度提高到下一批胚蛋所需要的度数。最后对未出壳的雏鸡实施助产，如帮助啄壳无力的雏鸡扩大啄洞，增加供氧；帮助破壳无力的雏鸡破损蛋壳。注意操作时动作要轻，不要直接扒去蛋壳。有的雏鸡身上粘有蛋壳、壳膜，可用 38℃ 左右的温水先浸泡软化，然后再清洗干净，放入孵化器吹干羽毛。

雏鸡出壳完毕后要尽快从孵化室运走，如果停留时间过长，会造成鸡体脱水，成活率下降。

8. 提高雏鸡孵化率和质量的其他措施

种蛋的运输、保存和孵化场条件，只是影响雏鸡孵化率和雏鸡质量的部分因素。而种鸡的健康状况，营养状况，也是非常重要的因素。

（1）种鸡健康是获得优质雏鸡的基础：种鸡的健康状况直接影响雏鸡的质量，如感染鸡白痢严重的种鸡群，其雏鸡患雏鸡白痢肯定也严重；感染白血病的种鸡群，肯定会感染其雏鸡。

（2）种鸡营养良好是获得优质雏鸡的保证：种鸡群喂给全价营养的日粮，除满足粗蛋白质、钙、磷需要，还要添加种鸡专用的维生素和微量元素，以提高种蛋的受精率和孵化率。如种鸡日粮中添加高水平的维生素 E，可增加卵黄囊中免疫增强因子维生素 E 的储备，以提高雏鸡的母源抗体水平，增强雏鸡的原发性免疫反应，保护雏鸡在这个阶段免受或少受病原微生物的侵袭。而在雏鸡日粮中添加维生素 E，不能被消化道很好地吸收利用。

众所周知，维生素 B_2（核黄素）是对禽蛋孵化率影响较普遍的维生素之一。如果种鸡日粮中核黄素缺乏，可导致蛋黄中核黄素含量较低，雏鸡出壳后脚趾卷曲。维生素 D_3 促进小肠对钙的吸收，促进骨骼的正常钙化及蛋壳形成，提高蛋壳质量。如果种鸡日粮中缺乏维生素 D_3，则蛋壳质量差，有些雏鸡因钙化不全而无力啄壳；或者雏鸡出壳后喙、腿爪软弱。

总之，胚胎的生长发育以及雏鸡出壳后的体重大小、活力强弱以及抗病能力，均取决于种蛋的营养储备，可直接影响孵化率和雏鸡质量。

9. 衡量孵化效果的指标

（1）受精率：是指受精蛋数（包括死精蛋和活胚蛋）占入孵蛋数的百分比。一般种鸡蛋受精率在 90% 以上。

受精率(%) = （受精蛋数/入孵蛋数）× 100

（2）早期死胚率：通常统计第一次照蛋时的死胚蛋数占受精蛋数的百分比，正常水平应低于 2.5%。

早期死胚率(%) = （死胚数/受精蛋数）× 100

（3）受精蛋孵化率：是指出壳雏鸡（包括健、弱、残和死雏）数占入孵受精蛋数的百分比，一般鸡的受精蛋孵化率可达 90% 以上，是衡量孵化效果的主要指标。

受精蛋孵化率(%) = （出壳的全部雏鸡数/入孵受精蛋数）× 100

（4）入孵蛋孵化率：是指出壳雏鸡数占入孵种蛋数的百分比。该项指标反映种鸡群和种蛋孵化的综合水平。

入孵蛋孵化率(%) = （出壳的全部雏鸡数/入孵蛋数）× 100

（5）健雏率：是指健雏数占总出雏数的百分比。一般售出的雏鸡均视为健雏。

健雏率(%)=(健雏数/出壳的全部雏数)×100

（6）死胎率：是指死胎蛋（未出壳的胚蛋）占受精蛋的百分比。一般在一批受精蛋出雏结束，清盘后进行统计。

死胎率(%)=(死胎蛋数/受精蛋数)×100

（五）初生雏鸡雌雄鉴别

对初生雏鸡进行雌雄鉴别的目的，就是为了进行公母分群饲养。因为公雏抢食能力强，生长快，不留作种用的公鸡可按育肥鸡饲养，提前出栏上市。而母雏抢食能力弱，生长发育慢，可避免因为公雏抢食而影响母雏的成活率，影响母雏的正常发育和整齐度。

初生雏鸡的雌雄鉴别方法有多种，但是土鸡雏的雌雄鉴别主要是采取人工翻肛鉴别法。

1. 翻肛鉴别公母的方法

翻开初生雏鸡的肛门，在泄殖腔口下方的中央有一个粒状的突起，称为生殖突起。其两侧斜向内方有呈八字形的皱襞，称为八字状襞。在胚胎发育初期，公母雏都有生殖突起，但母雏在胚胎发育后期开始退化，出壳前已消失。但是，有少数母雏的生殖突起退化不完全，仍有残留，在组织形态上与公雏的生殖突起仍有差异。因此，根据生殖突起的有无或形态的差异，可在雏鸡出壳 12 小时以内，在 100~200W 的白炽灯下，用肉眼即可分辨出雌雄。

鉴别方法：将雏鸡的背部靠紧左手的掌心，肛门向上，颈部被轻轻夹在小指和无名指之间。用左手的食指压住雏鸡的背部，用左手拇指轻压雏鸡腹部直肠下端部位，把直肠内粪便挤出，排入粪缸中。然后用右手拇指和食指按住肛门两侧，左手拇指配合，轻轻一挤，即可将肛门翻开。然后迅速在 100~200W 的灯光下进行观察、鉴别。光源要加灯罩，以免强光刺眼。

因为翻肛是一项技巧，其准确率很大程度取决于翻肛操作的熟练程度。如果正确掌握出壳雏鸡肛门雌雄鉴别的技术要领，准确率可以提高到98%以上，速度可达每小时1 200只，伤残死亡率可降到0.5%以下。所谓"七分手势，三分鉴别"。只有使肛门开张完全，生殖突起全部露出，才能准确识别。肛门翻开后，识别时的困难主要在于少数母雏有残留的异常型生殖突起，容易与公雏的生殖突起混淆，误将母雏判定为公雏，这就要依据母雏异常型生殖突起与公雏生殖突起在组织形态上的差异来正确区分。公雏的生殖突起充实，饱满，有光泽，血管发达，富有弹性。用指头轻轻压迫或左右伸张时不易变形，受刺激容易充血。母雏的生殖突起不饱满，有萎缩感，表面软而表现透明，缺乏弹力，易变形，但不易充血。

2. 辨冠判公母的方法

本法适用于单冠品种的土鸡。雏鸡出壳后首先根据鸡冠的左右倒向分群，公母分辨率可达70%以上，或者混群饲养到20日龄以上，再根据冠子发育情况分群。一般公鸡的冠子比母鸡的大、厚、颜色红润，而且每天光照时数越长，饲养天数越多则越明显。

七、土鸡的营养与饲料

（一）土鸡的饲养标准

土鸡的饲养标准包括国家标准、地方标准以及专业标准，如农业部（1986）批准并颁布的"中华人民共和国专业标准"。2004年在国家标准的基础上又进行了修改，制定了"中华人民共和国农业行业标准—鸡的饲养标准"，以及地方良种土鸡的饲养标准，如海南省地方标准规定的"文昌鸡的营养需要"；安徽省地方标准规定的"淮南麻黄鸡的营养标准"等。

1. 饲养标准的内容

饲养标准（附表二）中规定了几十项营养指标，有能量、蛋白质（粗蛋白质、可消化蛋白质）、粗脂肪、粗纤维、钙、磷（总磷、有效磷）、钠等，以及各种矿物元素（常量元素和微量元素）、各种氨基酸（必需氨基酸和非必需氨基酸）、各种维生素（脂溶性维生素和水溶性维生素）。每项营养指标都是根据鸡的营养需要而制订，缺乏或过量都会对鸡禽体产生不良影响。

饲养标准不是一成不变的，随着科学试验的进展，生产实践经验的积累，人类生活对物质结构的改变，饲养标准也要不断地更新和完善。

2. 饲养标准的执行

饲养标准在使用过程中受饲料种类、质量和饲养条件等诸多因素的影响，养鸡户应结合实际生产情况灵活掌握。饲养标准的项目虽然很多，但在饲料配制时实际涉及的主要有代谢能、粗蛋白质、钙、有效磷、蛋氨酸和赖氨酸、各种维生素和微量元素。确定需要量时要参考饲养标准，根据饲养条件灵活掌握，不可生搬硬套。

（1）能量指标：能量指标是鸡的重要营养指标之一。因饲养用途不同；年龄大小不同，生理状态不同，环境温度不同，而需要的能量指标有一定差别。例如鸡的育雏期和育肥期，冬季以及患热性病时，需要提高能量指标。只有在土鸡对能量需要得到满足时，其他营养物质才能充分发挥其营养作用。

过去，动物消耗的能量常用热量单位卡（cal）、千卡（kcal）、兆卡（Mcal）表示，因为不尽合理而废除。国际营养科学协会与国际生理科学协会建议改用热功单位焦耳（J）表示，为应用方便，常以千焦（kJ）、兆焦（MJ）作为计量单位，如1kg饲料的能量含量常用"MJ/kg"表示。

（2）蛋白质指标：蛋白质指标也是一项重要的营养指标，因鸡的品种、年龄、用途不同也有很大差异。生长期、产蛋期需要较高的蛋白质营养，并且生产性能越高，蛋白质的需要量越多，而蛋鸡育成期因为实施限制饲养，蛋白质指标定得比较低。其计量单位常用"%"；或"g"表示。

（3）氨基酸指标：在各种氨基酸指标中蛋氨酸和赖氨酸是必需氨基酸。饲料中各种氨基酸的满足与平衡很重要，不但可减少粗蛋白质的使用量，而且还可保证体内蛋白质的合成数量。因为胱氨酸可转化为蛋氨酸，二者合用可减少蛋氨酸的添加量，所以常用"蛋氨酸＋胱氨酸"指标，简称"蛋＋胱氨酸"。其计量单位常用"%"或"g"表示。

（4）钙、磷指标：钙和有效磷指标也是一项重要的营养指标。生长期钙、磷的比例要合理，应控制在（1～2）：1的范围。产蛋期蛋壳的形成需要大量的钙质，应根据产蛋率的高低灵活调整钙磷比例。其计量单位常用"%"或"g"表示。

（5）食盐指标：食盐指标其实是钠的指标。鸡对饲料中食盐的含量比较敏感，用量一般控制在0.35%以下。当饲料或饮水中添加口服补液盐、小苏打时，或者使用的鱼粉中含有盐分时，要考虑减少饲料中食盐的用量。食盐的计量单位常用"%"表示。

（6）维生素指标：鸡对各种维生素的需要，主要由添加剂或青绿饲料中获得。当大量饲喂青饲料时，可不再使用维生素添加剂，否则按需要量添加复合维生素制剂。使用维生素制剂时，不必考虑常用饲料中的维生素含量，只要按产品规定量添加即可。

（7）微量元素指标：鸡所需要的各种微量元素，主要由饲料添加剂中获得，应根据实际需要确定添加量，或者按产品规定用量添加。而饲料中所含的微量元素，一般不必考虑。放养的土鸡如果能保证各种青饲料的供应，也可满足对微量元素的需要。

（二）饲料的分类及营养特性

国际饲料分类法根据饲料的营养特性，将饲料分为粗饲料、青绿饲料、青贮饲料、能量饲料、蛋白质补充饲料、矿物质饲料、维生素饲料和饲料添加剂 8 大类。中国饲料分类法首先根据国际饲料分类原则将饲料分成 8 大类，然后结合中国传统的饲料分类习惯分为青绿饲料类、树叶类、青贮饲料类、块根（块茎、瓜果）类、干草类、农副产品类、谷实类、糠麸类、豆类、饼（粕）类、糟渣类、草籽树实类、动物性饲料类、矿物质饲料类、维生素饲料类、饲料添加剂及其他 16 亚类。了解饲料的分类，便于配制饲料配方时正确选择原料。

1. 能量饲料

按饲料的分类标准，干物质中粗纤维含量小于等于 18%，粗蛋白质含量小于 20% 的均属能量饲料，主要包括各种谷物籽实及其加工副产品；高淀粉含量的块根块茎；各种动、植物性油脂等。能量饲料是满足动物能量指标的主要来源。

（1）谷物籽实类：谷实类饲料主要有玉米、高粱、小麦及其次粉、大麦、燕麦、稻谷及其糙米和碎米等。这是一类淀粉含量高、消化率高、有效能值高，粗纤维含量除大麦、燕麦、稻谷略高而其他饲料均低的常用能量饲料。

①玉米：玉米适口性好，饲料利用率高。淀粉含量占70%以上，而粗蛋白质含量低、品质差，尤其是赖氨酸、蛋氨酸、色氨酸等必需氨基酸的含量较低；矿物元素含量低，缺乏维生素D和维生素K，B族维生素中仅B_1含量较高。玉米胚芽中富含维生素E；黄色玉米中富含胡萝卜素；高赖氨酸玉米品种的赖氨酸含量比普通玉米高70%~100%，营养价值提高。玉米常在配合饲料中占有50%以上的份额，所以又有"饲料之王"之称。

②高粱：高粱的各种养分含量与玉米相近，粗蛋白质含量略高，但消化利用率比玉米差。单宁是高粱中的抗营养因子，可使高粱的适口性和消化利用率降低。单宁含量在0.4%以下的品种为低单宁高粱，如高秆的红高粱和白高粱。单宁含量在1%以上的品种为高单宁高粱，如矮秆的褐高粱，饲料价值低，用量大大受限。高粱与玉米搭配使用可提高饲料利用率。

③小麦及小麦次粉：小麦比玉米的粗蛋白质含量高、品质好，用于配合饲料可节约蛋白质原料。维生素含量（除维生素A）较高，胚芽中富含维生素E，胚乳中富含胡萝卜素，能量值略低于玉米。小麦粉碎的越细，则配合饲料中的用量越少。

小麦次粉是面粉、胚芽及细麸皮的混合物，营养含量因麸皮与面粉的比例大小而不同。次粉中随着麸皮的比例增加，能量降低，而粗蛋白质和粗纤维的含量增加；麸皮的比例减少时则相反。次粉的饲喂量也因麸皮与面粉的比例大小而不同，麸皮的比例大时用量可增加；面粉的比例大时用量应减少。目前市场上出售的小麦次粉质量差别很大，细麸的比例可达50%左右，甚至还掺杂一定量的米糠。

④大麦：大麦的品种很多，按有无外壳分为有壳大麦和裸粒大麦两类。一般所称的大麦是指带有外壳的大麦，即皮麦和啤酒麦；而裸大麦又称裸麦和青稞。

大麦的粗蛋白质含量高，尤其赖氨酸含量是谷物饲料中最高的；所含矿物质主要是钾和磷，而磷的利用率比玉米的高。皮大麦的成熟程度不同，其饲料价值有一定差异。成熟程度越差，外壳的比率越高，则粗纤维含量越高，能量值越低。

⑤燕麦：在谷物饲料中以燕麦的粗纤维含量最高，淀粉含量最低；由于脂肪含量高，破壳之后易氧化酸败，不宜久贮。

⑥稻谷及糙米和碎米：稻谷因有外壳而粗纤维含量高，消化率低，营养价值大约是糙米的 80%。糙米是稻谷脱去外壳之后的产品；而碎米是加工精米之后的产品。与玉米相比其能量值略高，粗蛋白质略低，而 β 胡萝卜素含量极低。糙米比碎米的 B 族维生素含量高，但随着精制程度的提高而减少。糙米耐贮存，而碎米不耐贮存，易变质。

（2）糠麸类：糠麸是谷物加工后的副产品，属于能量饲料的主要有米糠和小麦麸、大麦麸。而砻糠（稻壳）、统糠（砻糠与米糠的混合物）和谷糠的粗纤维含量 25% 以上，应归属于粗饲料。糠麸是谷物的种皮、糊粉层、外层胚乳及胚芽的混合物，与其谷物相比较，粗蛋白质、粗纤维、矿物质、维生素（尤其是 B 族维生素）的含量有所提高；因淀粉含量很少而能量较低。糠麸的营养值因谷物的加工方法和加工精度不同而有一定差异。

①米糠：有全脂米糠和脱脂米糠之分，以加工精米后的副产品饲料价值高。全脂米糠含油高达 10%～18%，易氧化酸败或发热变霉，不宜久存；经提取油脂的脱脂米糠保存期延长。米糠可代替部分麦麸使用，但是米糠含钙多而含磷少。

②小麦麸：因小麦出粉率的高低而营养价值有一定差异，生产精粉所得麦麸能量值高；而生产面粉后又生产次粉所得的麦麸，其粗蛋白质、粗纤维含量提高，饲料价值降低。小麦麸的营养特点与米糠类似，但氨基酸组成较佳，含磷多，且磷的吸收率也优于其他糠麸。小麦麸适口性好，消化率高，但具有轻泻作用，禽群发生腹泻时应减少用量。

③大麦麸：其产品组成、营养特点及饲料价值与小麦麸相近，但淀粉含量少，适口性差。

④其他糠麸饲料：玉米皮、高粱糠也可用作饲料，但要注意其品质。含黄曲霉毒素高的玉米，其皮中的毒素含量可成倍增加，有变质现象的更不可饲用。高粱糠、谷糠适口性很差，应限量饲喂。

（3）块根、块茎类：这一类饲料主要有甘薯、马铃薯、木薯、甜菜等。营养特点是淀粉含量高，粗蛋白质和粗纤维含量低；缺乏钙和磷，而富含钾。提取淀粉后的残渣，经干燥处理后可适量用作种禽育成期、休产期的饲料。

（4）液体能量饲料：这一类饲料主要有动物油脂、乳清和植物油、糖蜜等，其营养特点是提供充足的能量。

①油脂：常用的动物油脂有猪油、牛油、羊油、鸡油等；植物油有大豆、花生油、棉籽油、菜籽油等。油脂是土鸡的高热能饲料，是必需脂肪酸的重要来源之一，可促进脂溶性维生素、蛋白质等营养成分的吸收利用。肉用土鸡的育肥饲料中需要补充一定量的油脂，以满足能量需要。当饲料中需要添加较多的油脂时，将动物油脂与植物油脂混合使用；或者动物油脂与熟制大豆粉按 1：5 混合使用，可使脂肪酸之间互补，提高油脂的利用率。

②糖蜜：是甘蔗和甜菜制糖后的副产品，含水分 20%~30%，糖蜜 50% 左右。糖蜜的代谢能 8.4MJ/kg；含少量蛋白质，其中多属非蛋白氮；矿物质含量高，主要是钠、氯、钾、镁，尤其是钾的含量最高。糖蜜因含盐类而具有轻泻作用，饲料中添加时应控制用量。

2. 蛋白质饲料

按饲料的分类标准，干物质中粗纤维含量小于等于 18%，粗蛋白质含量大于 20% 的均属蛋白质饲料。按饲料来源可分为植物性蛋白质饲料、动物性蛋白质饲料和单细胞蛋白质饲料。

（1）植物性蛋白质饲料：这一类饲料主要是油料作物籽实及其榨油后的副产品，即各种饼（粕）；是满足土鸡蛋白质需要的重要饲料来源。

①大豆及其饼（粕）：大豆饼是大豆经机械压榨提取油脂后的副产品，水分含量高，刚生产出来的新饼经风干后可失重10%左右；含油5%～8%。其饲料缺陷是易霉变、易酸败，影响饲料价值。

而大豆粕是大豆经溶剂萃取油脂后的副产品，因加热程度不同而呈淡黄色至淡褐色，具有烤黄豆香味，干燥后保存。大豆粕粗蛋白质含量高，必需氨基酸组成比例较好，消化利用率高。主要营养缺陷是蛋氨酸含量低，而赖氨酸含量高；钙多磷少。大豆粕的品质稳定，营养价值变异小，风味佳，适口性好，各种禽均喜采食，是使用最广泛、且很少限制用量的蛋白质饲料。

大豆的能量值比其饼、粕高，而粗蛋白质低，需经焙、炒、膨化、粉碎后使用。而生大豆和加热不足的大豆饼、粕含不良因子，不宜使用。

②棉籽饼（粕）：是棉籽经压榨或萃取油脂后的副产品。因加工工艺不同，其饲料价值和营养价值均有很大差异。一是棉籽脱壳程度，完全脱壳的称棉仁饼、粕，粗蛋白质含量41%以上；未脱壳的称棉籽饼粕，粗蛋白质含量在22%左右，能量值低，粗纤维含量高，饲料价值低。二是游离棉酚含量，压榨产品残油量高，游离棉酚因与赖氨酸结合而含量低，但也使赖氨酸减少，蛋白质的营养价值降低；萃取产品残油量低，但游离棉酚含量高；只有预压萃取产品的残油量和游离棉酚含量均低，蛋白质的品质也好，饲料价值和营养价值均高。

因为棉酚对蛋禽生殖器官的发育有不良影响，所以配合饲料中不宜使用游离棉酚含量高的棉籽饼（粕）。棉仁饼（粕）适口性差，经脱毒处理后再补足氨基酸，其饲料价值与大豆饼、粕接近，在土鸡饲料中可少量使用。

③菜籽饼（粕）：是菜籽经机器压榨或预压萃取油脂后的副产品。其蛋白质含量和消化率逊于大豆饼（粕）；所含淀粉不易消化，能量低；钙、磷含量高，磷的消化率也高；含硒量是饼（粕）类饲料中最高的；蛋氨酸和赖氨酸含量仅次于芝麻饼与大

豆饼（粕），而精氨酸含量很低。

菜籽饼（粕）中的有害成分芥子酸，可使脂肪代谢异常而影响幼鸡生长。经过脱毒处理的菜籽饼（粕），可少量使用。

④花生饼（粕）：是脱壳后的花生仁经机器压榨或溶剂提取油脂后的副产品，有效能值和粗蛋白质含量高，蛋氨酸和赖氨酸含量较低，而精氨酸含量是同类饲料中最高的。但花生蛋白质的品质较差，即使添加合成氨基酸仍不如大豆饼（粕）的饲料价值高。

花生饼（粕）香味浓，适口性好，各种禽均喜采食。但由于花生饼（粕）易污染黄曲霉菌毒素，而降低了饲用价值，要少量使用。

⑤亚麻籽饼（粕）：是亚麻籽经机器压榨或溶剂提取油脂后的副产品，在我国西北地区被广泛用作饲料。其蛋白质含量低，赖氨酸和蛋氨酸缺乏，而含色氨酸丰富；矿物质中钙、磷含量均高，并且是优良的天然硒源之一；碳水化合物中含有3%～10%的黏性胶质，在消化道内吸收大量水分而起缓泻作用。

亚麻籽饼（粕）的饲料价值比花生饼（粕）、芝麻饼高，与其他蛋白源饲料合用并补充合成氨基酸，可获得良好的饲喂效果。

⑥芝麻饼：是芝麻榨取香油之后的副产品。其饲料价值受榨油时的加热程度影响很大，芝麻加热过度所生产的饼，不但适口性差，而且造成维生素破坏，赖氨酸、精氨酸、色氨酸及胱氨酸的生物学价值降低，用量宜少。

⑦葵花籽饼（粕）：是向日葵籽实经机器压榨或溶剂提取油脂后的副产品。其营养价值受脱壳程度的影响很大，带壳越多则粗纤维含量越高，营养价值越低。脱壳较好的葵花籽饼（粕）与大豆饼（粕）相比较，粗蛋白质、蛋氨酸、胱氨酸、矿物质及B族维生素含量高，而赖氨酸、色氨酸含量低。葵花籽饼（粕）在仔禽饲料中不要使用，在大禽饲料中限量使用。

⑧玉米蛋白粉：是用玉米制造淀粉或糖浆后的面筋粉，粗蛋

白质含量40%~60%，蛋氨酸、胱氨酸及亮氨酸含量多，而赖氨酸、色氨酸明显不足。玉米蛋白粉适口性差，用量宜少。

⑨玉米胚芽饼（粕）：是玉米胚芽提取油脂后的副产品，粗蛋白质20%左右，氨基酸、矿物质含量均比玉米高，可适量用作饲料。

品质较差的饼（粕）类饲料，虽然用量较少，但几种配合使用可替代更多的大豆饼（粕），并能通过营养互补作用达到氨基酸的营养平衡。

（2）动物性蛋白质饲料：动物性蛋白质饲料主要有鱼粉、肉粉、肉骨粉、血粉、羽毛粉、蚕蛹粉、脱脂奶粉、昆虫粉等。这类饲料的共同特点是粗蛋白质含量高，钙、磷含量高，磷是可利用磷。

①鱼粉：是动物性饲料中使用最广的蛋白质饲料，粗蛋白质含量高，氨基酸组成合理，消化利用率高；富含维生素A、维生素D及B族维生素和未知促生长因子；钙、磷含量高且比例适宜；也是碘、硒等矿物元素的良好来源。

鱼粉因来源不同，原料质量不同，加工方法不同而营养价值差别很大。经脱脂处理的优质鱼粉含粗蛋白质60%以上，一般鱼粉含粗蛋白质45%以上；而等外鱼粉是用加工鱼类食品的下脚料或品质较差的杂鱼所生产，钙、磷含量高，粗蛋白质含量不足40%；有掺假现象的鱼粉则粗蛋白质含量更低。

②蚕蛹粉：其粗蛋白质和氨基酸含量与鱼粉相接近，而色氨酸含量比鱼粉高；脂肪含量较高，是优质的蛋白质饲料。但是，产品的质量受原料品质的影响较大，有腐臭味的产品可使肉、蛋产生不良气味，土鸡饲料中不宜使用。而新鲜、优质的产品也宜少用。

③肉骨粉：是由动物屠宰后的下脚料、杂骨，经高温消毒、干燥、粉碎而得，含粗蛋白质与鱼粉相近，含钙量较高；但其消化利用率比鱼粉低。产品的营养含量因骨骼所占比例的大小而差别很大，使用时要注意查看产品的标签；要注意配合饲料的钙磷

比例。

④血粉：其粗蛋白质、赖氨酸、色氨酸、组氨酸含量高，蛋氨酸缺乏。蛋白质的品质差，消化率低；氨基酸的消化率受加工工艺的影响很大，喷雾干燥所得产品的赖氨酸消化率90%左右；而蒸煮、干燥所得产品的赖氨酸消化率仅40%以上。血粉适口性差，可在大龄土鸡饲料中少量配用。

⑤羽毛粉：其粗蛋白质、胱氨酸含量很高，而蛋氨酸、赖氨酸、色氨酸含量则很低。羽毛粉的蛋白质品质最差，消化率最低，可在育成土鸡和成年土鸡的换羽期少量添加。

⑥虾粉：由虾头、虾壳、杂虾经干燥、粉碎而成；粗蛋白质含量中等，钙含量高；用作饲料适口性好，利用率仅次于鱼粉。

⑦昆虫粉：又称昆虫蛋白粉，是以蝇蛆，黄粉虫，蝗虫等为原料，经干燥、粉碎、加工而成；是一种新型的高蛋白质饲料添加剂。其蛋白质含量67%以上，含有17种氨基酸，丰富的微量元素，特别是含有抗菌蛋白、甲壳素、天然抗菌肽等物质。具有补充配合饲料的粗蛋白质；提高幼年土鸡成活率，促进生长；促进母土鸡产蛋；以及提高机体免疫力等功效。

（3）单细胞蛋白质饲料：是指用酵母菌、霉菌、细菌以及藻类生产的蛋白质饲料。目前，畜牧生产中使用最广泛的是饲料酵母粉。

酵母粉的粗蛋白质含量高，而粗脂肪含量低；赖氨酸、色氨酸、苏氨酸含量高，而蛋氨酸含量低；含维生素A少，但B族维生素相当丰富；含钙少，而磷、钾多。酵母蛋白质的消化率并不高，但其生物学价值高于植物性蛋白质。酵母粉可作为土鸡配合饲料的蛋白质原料，但其适口性较差，用量不宜多。

应当注意的是，酵母粉的营养价值因培养物不同而差异很大。利用造纸、淀粉工业废水，或石油工业副产品进行液态发酵，经分离酵母菌而生产的酵母粉，粗蛋白质含量在40%～50%以上；利用各种饼（粕）、玉米蛋白粉等做培养基生产的酵母粉，粗蛋白质含量40%左右；而利用各种糟渣做培养基生产的酵母粉，粗蛋白质含量20%～40%，饲料价值也差。

（4）氨基酸制剂：是由工业合成的产品。饲料生产中常用的有赖氨酸制剂和蛋氨酸制剂，以及蛋氨酸羟基类似物，其营养价值是补充配合饲料中赖氨酸和蛋氨酸的不足，平衡氨基酸指标，对提高配合饲料的质量具有重要作用。

蛋氨酸和赖氨酸是土鸡配合饲料的限制性氨基酸，满足需要量可促进蛋白质合成，节约蛋白质饲料的用量，提高饲养效果。

3. 矿物质饲料

是一类营养元素单一的饲料原料，按其在配合饲料中用量的多少，又分为常量矿物元素饲料和微量矿物元素饲料。因为微量元素的用量甚微，在配制配合饲料时不必计算饲料中的含量，只要按产品标签的规定用量添加即可，所以常列入添加剂的范畴。

常量矿物元素饲料主要有天然的石粉、石膏、食盐等；动物性的骨粉、贝壳粉、蛋壳粉等；以及工业合成的磷酸钙、磷酸氢钙、过磷酸钙、碳酸氢钠等。这一类饲料主要作为钙、磷、钠等元素的补充剂，可根据矿物元素含量多少分为钙源饲料、磷源饲料、食盐及其他矿物元素化合物。

（1）钙源饲料：常用的钙源饲料有石粉、贝壳粉、蛋壳粉及石膏等，主要作用是补充配合饲料中钙的不足，以平衡钙、磷比例。

①石粉：是由石灰石矿开采、粉碎、加工而成，又称石灰石粉；因其主要成分是碳酸钙，又称钙粉。石粉是最经济的钙源饲料。某些含砷量高的石灰石不能作为饲料，应避免使用。

②贝壳粉：是由牡蛎壳、蚌壳、蛤蜊壳等各种贝类外壳经粉碎、加工而成，主要成分是碳酸钙。粗制的贝壳粉常因掺杂沙石、泥土而使含钙量降低；利用加工厂废弃的贝壳加工的贝壳粉，常因贝壳内残留的肉质腐烂而变质，选购时应加以注意。

③蛋壳粉：是由蛋品加工厂废弃的禽蛋壳，经灭菌、干燥、粉碎而成，含钙30％以上，并含有少量的蛋白质和磷。蛋壳粉

的钙利用率高，是理想的钙源饲料。而孵化厂废弃的蛋壳，因壳中的钙元素大部分被胚胎吸收利用，已无饲用价值。

④石膏：有天然的和化学工业合成的两种，主要成分是硫酸钙，可提供钙和硫两种矿物元素。石膏的饲料价值良好，但因不经济而很少使用。未经去除砷、铝、氟等有毒成分的石膏产品不能用作饲料。

（2）磷源饲料：常用的磷源饲料主要有骨粉和磷酸钙、磷酸氢钙、磷酸二氢钙等磷酸盐类，其作用是补充配合饲料中钙、磷的不足，以平衡钙、磷比例。实际上，这些饲料也富含钙质，可提供钙和磷两种元素。

①骨粉：是以家畜的骨骼为原料，经蒸汽高压灭菌后干燥、粉碎而制成的产品。在加工中仅除去脂肪和肉屑的产品称作蒸制骨粉；提取骨胶后制成的产品称作脱胶骨粉。未经高压或蒸煮灭菌而制成的产品为生骨粉，易变质，并有携带病原微生物的危险，不宜用作饲料。

②磷酸盐类：磷酸一钙为白色结晶粉末，其利用率好于磷酸氢钙和磷酸钙。磷酸氢钙又称磷酸二钙或沉淀磷酸钙，为白色或灰白色的粉末或颗粒。磷酸钙又称磷酸三钙，纯品为白色粉末；由磷酸废液制取的产品成灰色或褐色，有臭味。磷酸盐类的利用率较佳，是良好的磷源饲料。

（3）食盐：饲用食盐含氯化钠95%以上，主要用于补充配合饲料中钠的不足。一般饲料中盐分含量很少，只有咸鱼粉、酱油渣中含量较多。土鸡对食盐过量十分敏感，很容易发生中毒，应严格控制配合饲料的含盐量。

4. 粗饲料

按饲料的分类标准，干物质中粗纤维含量大于等于18%的均属粗饲料，包括干草类、树叶类、农副产品类以及部分粗糠、酒糟等。粗饲料的特点是体积大，木质素、纤维素、半纤维素等难以消化的物质含量高，可利用能量低，而粗蛋白质、矿物质和维生素的含量因饲料品质的不同而差异很大。

（1）干草类：可饲喂土鸡的干草主要是人工种植的牧草，在青绿期收割后经干燥制成，由于保留了一定的青绿色故称"青干草"。如常用的苜蓿草粉，富含胡萝卜素，是维生素 A 的良好来源；富含 B 族维生素和铜、铁、锰、锌等矿物质元素，以及未知促生长因子（青草因子）；其粗蛋白质含量中等，赖氨酸含量较高，而蛋氨酸及胱氨酸不足。苜蓿草粉可在大龄土鸡的配合饲料中适量添加，有助消化。并能替代部分小麦麸的用量。

（2）树叶类：可配入土鸡配合饲料的树叶类饲料，主要有刺槐叶粉和松树叶粉，粗蛋白质含量高，营养价值与苜蓿相似。但槐叶粉的叶黄素含量高于苜蓿粉；而松针粉的胡萝卜素含量极其丰富，可作为各龄土鸡的天然维生素添加剂使用。

5. 青绿饲料

可饲喂土鸡的青绿饲料主要是各种牧草、野草、树叶、蔬菜、块根、块茎以及水生植物等。青饲料鲜嫩多汁，适口性好，消化率高；所含粗蛋白质品质好，含 B 族维生素和胡萝卜素丰富，钙、磷比例适宜。大量饲喂可促进生殖器官的发育，促进排卵，延长种禽利用年限。

（1）禾本科青绿饲料：主要有青割大麦、燕麦、黑麦等，一般在盛花期或孕穗期收割，切碎饲喂。

（2）豆科青绿饲料：主要有苜蓿、三叶草、紫云英等，一般在初花期或盛花期收割，切碎饲喂。

（3）青菜类饲料：包括蔬菜和野菜两部分，主要有苦荬菜、聚合草、牛皮菜、甘蓝叶、白菜叶、油菜叶、甜菜叶、甘薯叶、萝卜叶、胡萝卜和各种可食用的野菜。青菜的营养价值高，鲜嫩多汁；适口性好，各龄土鸡都喜欢采食。

（4）块根、块茎类饲料：主要有胡萝卜、萝卜、南瓜等，天然水分含量90%以上，干物质很少，又称多汁饲料。根茎类饲料易贮存，在冬春枯草季节常作为维生素饲料使用。

（5）水生植物饲料：包括人工放养的水葫芦、水花生、水浮莲、绿萍和自然生长的各种水草。这一类饲料繁殖快，产量高，饲用时间长；但因干物质含量甚少，不易贮存而用量受到限制。

6. 维生素饲料

是指工业合成的各种维生素制剂，而不包括富含维生素的各种天然饲料。因为维生素的用量甚微，在配制配合饲料时不必计算饲料中的含量，只要按产品标签的规定量添加即可，所以常列入添加剂的范畴。维生素饲料包括脂溶性维生素制剂和水溶性维生素制剂两部分。

（1）脂溶性维生素制剂：主要有维生素 E 粉、维生素 K_3 粉、维生素 AD_3 粉等。维生素 E 粉（又称生育粉）、维生素 A、维生素 D 粉在种鸡产蛋期和雏鸡生长期需要添加，以保证胚胎的正常发育和促进钙、磷的吸收；维生素 K_3 粉用于出血性疾病的治疗时，用量需要增加。维生素 E 广泛存在于青绿饲料中和谷实饲料中，只要注意供给不至于发生缺乏。维生素 A 仅存在于动物性饲料中，植物饲料中的胡萝卜素可转化为维生素 A，只要青绿、多汁饲料供应充足即可满足需要。

（2）水溶性维生素制剂：主要有复合 B 族维生素粉、维生素 B_1 粉、维生素 B_2 粉、维生素 C 粉、氯化胆碱等。一般饲料中只要按规定量添加复合维生素制剂，就不会缺乏，不必再添加单一制剂。但是，当雏鸡发生维生素 B_1 或维生素 B_2 缺乏症时，需要增加用量，以纠正因缺乏引起的病症；当疫苗接种或遇到应激时，需要增加维生素 C 粉的用量，以提高抵抗力；当饲料中添加脂肪时，应添加氯化胆碱，以利于脂肪的正常代谢。

7. 饲料添加剂

按其在配合饲料中的作用，可分为营养性和非营养性两种。添加剂的特点是用量少，作用大。使用时一般不用考虑饲料中的含量（氨基酸制剂除外），只要按产品的规定用量添加即可。

（1）营养性饲料添加剂：主要有微量元素制剂、维生素制剂、氨基酸制剂以及饲料级硫酸钠、硫酸镁、碳酸氢钠等。前3种是全价配合饲料中不可缺少的添加成分；而后3种一般根据需要确定添加量。

①微量元素制剂：微量元素是用量极微而又不可缺少的营养素，因饲料中缺乏而必须用添加剂补足的主要有铁、锌、铜、碘、硒等。微量元素是以化合物的形式存在，提供铁元素常用硫酸亚铁；提供铜元素的有硫酸铜、氧化铜、碳酸铜。可提供锌元素的有硫酸锌、氧化锌、碳酸锌；可提供碘元素的有碘化钾、碘酸钙以及加碘食盐；可提供硒元素的有硒酸钠、亚硒酸钠。配合饲料中如果添加复合制剂或预混料，只要按产品规定用量添加即可。

②十水合硫酸钠：中药名又称芒硝，为白色，味略咸，涩，是含有多个水分子的结晶体，加热可使水分析出；风干可因水分蒸发掉而呈粉末状。大剂量泻热通便；小剂量健胃。添加于饲料中可补充钠、硫的不足，而不增加氯。

③硫酸镁：呈无色柱状或针状的结晶体，无臭，具有苦味及咸味，无潮解性。大剂量泻热通便，小剂量健胃。添加于饲料中可补充镁和硫的不足。

④碳酸氢钠：俗称小苏打，为白色结晶性粉末，无臭，呈碱性。具有增加机体的碱储备，防治代谢性酸中毒的功效。碳酸氢钠可提供钠，使用时要注意减少食盐的用量。

（2）非营养性饲料添加剂：主要有生长促进剂、消化促进剂、饲料调味剂、饲料防霉剂以及不同功效的中草药添加剂等。

①生长促进剂：主要包括一些抗菌、驱虫的药物，具有促进生长，提高饲料利用率，降低发病率的作用。但是，由于长期、无限制地滥用抗菌药物，导致耐药菌株产生加快；使某些抗菌药物的使用效果降低或失效，给疫病的防治带来麻烦；动物产品的药物残留，直接对人类健康造成威胁。因此，药物性添加剂的合理使用，已经引起全社会的高度重视。

我国实施"无公害食品行动计划"，标志着农产品已进入质量安全体系建设的新阶段。养殖户生产食用、药用土鸡产品，必须严格遵守中华人民共和国农业部公布的《药物饲料添加剂使用规范》（见附表一），选用效果好、毒副作用小、残留低的药物和添加剂，并严格执行休药期。

②消化促进剂：主要有改善饲料消化率的酶制剂；改善肠道内细菌群平衡的微生态制剂（又称益生素）；以及可刺激消化液分泌的大蒜素、辣椒粉等。

酶制剂包括淀粉酶、蛋白酶、脂肪酶、植酸酶等不同的酶制剂或复合酶制剂，应根据不同的饲料种类而选用，如用大麦、黑麦作为主要能量饲料时应添加聚糖酶；以植物性饲料为主时，添加植酸酶可使植酸磷得到很好的利用。

③中草药添加剂：中草药具有天然性、多功能性、毒副作用小、不易产生抗药性等优点。其多功能性是指具有增强机体免疫力和抗应激作用，又有抗病原微生物和寄生虫的作用。使用中草药添加剂可减少或替代抗生素的用量，有利于生产绿色的土鸡食品。

④饲料防霉剂：添加于配合饲料中可防止饲料发霉变质，延长贮存期。常用的有丙酸钠、丙酸钙、山梨酸、山梨酸钾、富马酸等。

（三）饲料的加工与调制

饲料在配合之前须要进行加工与调制，以提高饲用价值，同时也便于鸡的采食。如饲料的脱毒、干燥、膨化、粉碎，青饲料的切碎等调制技术。

1. 饲料的脱毒技术

饲料中含有的毒害物质来自两个方面。一是饲料本身固有的，如棉籽饼（粕）中的游离棉酚；菜籽饼（粕）中的异硫氰酸盐；木薯表皮中的氢氰酸；马铃薯嫩芽及表皮中的龙葵素；生大豆及其饼（粕）中的抗胰蛋白酶。二是外界环境污染的，如被砷、铅等有害元素污染；被病原微生物污染等。对于这些含有毒害物质的饲料进行脱毒处理，不但可提高饲用的安全性，而且也增加了饲用量，扩大了饲料资源。

（1）菜籽饼（粕）的脱毒方法：

①清水浸泡法：把已粉碎的菜籽饼（粕）与清水按1∶5的比例装缸或水泥池中浸泡，每隔6小时换水一次，浸泡36小时之后沥干水分，摊晒、风干后贮存备用。

②坑埋发酵法：选择向阳、干燥、地势较高的地面，挖一个宽0.8m，深0.7～1.0m的长形土坑。先在坑的底部铺一层草，再把用水浸泡透的菜籽饼（粕）填满坑，顶端再盖一层草，然后用土埋20cm以上。待坑埋发酵两个月之后即可取用。该法去毒效果好，营养损失少。

③碱液浸泡法：把已粉碎的菜籽饼（粕）先用2%、5%、10%3种浓度的碳酸钠溶液浸泡30分钟、60分钟、90分钟，再用14%的碳酸钠溶液浸泡90分钟，然后沥干水分，经摊晒、风干后贮存备用。

（2）棉籽饼（粕）的脱毒方法：

①清水蒸煮法：把棉籽饼（粕）粉碎、加清水蒸煮16小时以上，脱毒率可达40%左右。

②硫酸亚铁水溶液蒸煮法：硫酸亚铁的用量按棉籽饼（粕）重量的0.5%～1.0%计算，水的用量以漫过棉籽饼（粕）为限量。置锅中煮沸16～24小时，脱毒率可达50%以上。

③硫酸亚铁水溶液浸泡法：把棉籽饼（粕）粉碎后装入缸或水泥池中，加入2.0%的硫酸亚铁水溶液，浸泡24小时后去除水分，晒干后贮存备用。

④硫酸亚铁生石灰水溶液脱毒法：按棉籽饼、粕的重量计算，硫酸亚铁0.5%～1.0%，生石灰1.0%～1.5%，水20%。分别配成水溶液，待沉淀后取上清液混合均匀。棉籽饼（粕）粉碎

后，一边泼洒混合溶液，一边调拌，直到均匀湿透后堆积、拍实，用塑料膜封盖。作用 16 小时以上，再把棉籽饼（粕）摊晒于水泥地面上，干燥后贮存备用。此法的脱毒率可达 50% 以上。

（3）木薯的脱毒方法：把木薯置锅中，加清水漫过木薯，不盖锅盖煮沸 3~4 小时，可使木薯中所含的氢氰酸被破坏。

（4）生大豆及其饼（粕）的无害处理：生大豆和熟制不充分的大豆饼（粕），经蒸、煮、炒或膨化等加热处理，均可破坏其中的有害物质。

2. 饲料的加工方法

单一饲料在收获之后，要根据其不同的贮存特点进行必要的加工、调制，以利于长期贮存，而不变质。在配制配合饲料之前，要根据其不同的饲喂特点进行必要的加工、调制，以利于动物采食，减少浪费。

（1）饲料的干燥：干燥是各种饲料最常用的，也是最简单的一道工序。饲料干燥的目的不但是为了便于长期贮存，更重要的是为了保持饲料的营养特性，避免发霉变质。籽实类饲料只要快速干透即可；而糠麸类饲料则不宜高温干燥，如暴晒；各种豆科牧草（如苜蓿、三叶草）、树叶（如刺槐叶、松树叶）、青菜叶（如白菜叶、萝卜叶、橄榄叶），经暴晒、阴干后制成青干饲料贮存备用。

（2）饲料的破碎：包括切短、压扁、膨化、粉碎等加工方法。

①粉碎：是多种饲料常采用的加工方法，但不宜磨得太细，其粗细度应根据鸡的体形大小而定。一般小型鸡或幼龄鸡配合饲料的颗粒直径约 1.5~2mm，相当于小米粒大小，以后随着日龄的增加，饲料的粒度也相应增加。

②膨化：是利用热喷技术把饲料熟制并使体积膨胀，主要用于粗饲料和豆类饲料的加工。

③切碎：是青饲料的加工方法，主要是便于土鸡采食，或者

利于与精饲料均匀混合，以增加青饲料的采食量。青饲料切碎喂鸡可避免被踩踏，减少浪费。

（3）饲料的混合：就是把多种饲料按一定比例均匀地混合在一起，以生产不同类型的配合饲料。因为不同种类的饲料，化学性质有颉颃作用，混合方法有所不同。

①预混饲料生产工艺：把一定比例的各种维生素和微量元素与一定量的载体物质（石粉、麸皮等）混合均匀。因为有的微量元素可使维生素失效，必须先分别用载体稀释，扩大到一定数量后再均匀混合。

②浓缩饲料生产工艺：把预混料与蛋白质饲料按一定比例混合均匀。因为预混料用量少，必须逐级扩大混合量。

③配合饲料生产工艺：把浓缩饲料与能量饲料按一定比例混合均匀。配合饲料是饲料生产中最简单的一道工艺，最适宜养殖户自配土鸡饲料。

把预混饲料与蛋白质饲料和能量饲料混合均匀，就是配合饲料生产工艺的全过程。

（四）饲料用量的大致确定

配合饲料中每一种饲料都有一个大致的配合比例范围，可为确定饲料的购买、贮存数量提供依据，避免出现饲料短缺或大量积压，保证饲料的均衡供应。

配制土鸡的配合饲料，必须根据饲料资源的余缺、价格的高低、适口性的好坏、品质的优劣确定用量大小。这对于大多数土鸡养殖户来说，会有一定的困难，可参考表1中提供的饲料大致用量范围，根据以下几个方面确定用量。

1. 根据生理阶段确定饲料用量

土鸡不同的生理阶段，对饲料品质的要求差异很大。幼龄期消化能力差，必须选用品质好、营养价值高、易消化的饲料；幼龄期生长快，产蛋期需要刺激输卵管和卵泡发育，所以要增加动物性饲料的用量；蛋鸡育成期须要控制膘情和生长速度，可增加糠麸、青、粗饲料的喂量，但是要避免使用含有毒素的饲料。

2. 根据饲料资源的余缺确定用量

在本地比较短缺的饲料，用量要少，以避免频繁更换饲料种类；而在本地比较充足的饲料，则尽量多用，以充分利用本地饲料资源，减少运输环节。

3. 根据饲料价格的高低确定用量

价格偏高的饲料（如鱼粉）要少用或不用；种鸡育成前期和休产期可不用鱼粉。当大豆饼（粕）的价格较高时，可使用其他廉价的蛋白质饲料替代，以降低饲料成本。

4. 根据饲料的适口性确定用量

鸡喜欢采食粒状饲料。黏性大的饲料，如麦类及其次粉，因粉碎过细，采食时会粘嘴，用量宜少。有些饲料含有外壳，如棉籽饼粕、菜籽饼粕、向日葵饼粕，适口性差，用量宜少。

5. 根据饲料的品质优劣确定用量

饲养优质的土鸡必须使用优质的饲料。被工业污染的饲料、农药残留的饲料、病原污染的饲料不能使用；含有害物质的饲料要经脱毒处理后再使用，用量要少。一般品质差的饲料适口性也差，用量要少。

6. 通过饲料多样化控制饲料用量

土鸡的配合饲料可通过增加替代饲料以减少基本饲料用量，降低饲料成本。如用高粱、大麦、小麦、碎米等替代部分玉米的用量；用花生粕、芝麻饼、玉米蛋白粉、菜籽粕、棉籽粕等替代部分大豆粕的用量；用肉粉、肉骨粉、酵母粉、昆虫粉等替代部分优质鱼粉的用量。

7. 根据土鸡的经济用途确定饲料用量

培育蛋用土鸡不能使用含有棉酚的棉籽饼（粕），以避免影响输卵管发育；后备期要限制能量饲料的用量，以避免过肥；增加青绿饲料的用量，以促进输卵管发育。饲养肉用土鸡要限量使用纤维素含量高的饲料，以免影响育肥效果；育肥后期要停止使用鱼粉、蚕蛹粉等，以免肉品产生异味。饲养药用土鸡必须使用优质的饲料，并且多种饲料合理搭配，以提高肉品的药用功效。

表 1　鸡常用饲料的大致配合比例

饲料及配比（%）	0～4周龄	5～8周龄	9～12周龄	13周龄以上	产蛋期	休产期
玉米	30～60	30～60	30～70	30～60	30～60	30～60
高粱	5～10	5～10	5～10	10～20	10～20	10～20
碎米	10～40	10～40	10～40	10～40	10～20	10～40
小麦	10～20	10～20	5～10	10～30	5～10	10～30
小麦麸	2～4	3～5	2～4	5～20	5～10	10～30
米糠	—	—	—	5～10	2～5	5～10
草粉	—	—	—	5～20	2～5	5～10
熟大豆粉	5～20	5～20	10～30	—	—	—
大豆粕	20～40	20～40	20～30	10～20	10～25	5～10
花生粕	2～3	2～4	2～4	3～5	3～5	3～5
棉籽粕	2～3	2～4	2～4	3～5	3～5	3～5
菜籽粕	2～3	2～4	2～4	3～5	3～5	3～5
芝麻饼	2～3	2～4	2～4	3～5	3～5	3～5
脱脂鱼粉	4～8	3～6	2～4	0～4	3～6	0～3
肉骨粉	1～3	1～3	1～3	2～4	2～4	1～2
酵母粉	2～4	2～4	2～4	2～4	2～4	2～4
磷酸氢钙	1～2	1～2	1～1.5	0.5～1	1～2	0.5～1
贝壳粉	1～2	1～2	1～1.5	0.5～1	3～5	0.5～1
石粉	1～2	1～2	1～1.5	0.5～1	3～5	0.5～1
动物油	2～4	2～5	2～4	—	—	—
青绿饲料	占精饲料采食量的 10～30					

（五）蛆虫饲料的开发与利用

饲养黄粉虫、蝇蛆、蚯蚓、蝗虫等，用作土鸡的饲料，可替代或减少鱼粉等动物性饲料的消耗，降低饲养成本。并且可提高土鸡肉蛋的品质、增加经济收入。

1. 蛆虫饲料的开发

（1）诱捕昆虫喂鸡：昆虫繁殖季节，在鸡舍前的运动场内设置荧光灯，捕杀各种昆虫喂鸡。同时也起到减少虫害，保护林木的作用。

（2）养殖蛆虫喂鸡：利用养鸡场产生的粪便、垃圾，经无害处理之后养殖蚯蚓、无菌蝇蛆；或用糠麸养殖黄粉虫等，以替代配合饲料中的优质鱼粉。

除此之外，也可到市场上收购廉价的鲜杂鱼、杂虾，煮熟后替代鱼粉喂鸡，其营养价值可优于等外鱼粉。

2. 蛆虫饲料的利用

（1）蛆虫的饲料价值

蛆虫是一种高脂肪、高蛋白含量的动物性饲料，富含各种必需氨基酸和微量元素，以及促生长因子。黄粉虫干品的粗蛋白质含量高达70%以上，高于进口鱼粉，是国产鱼粉的 $1.3 \sim 1.5$ 倍。而蝇蛆的粗蛋白质含量基本等同于国产鱼粉；蚯蚓因质量差异较大，粗蛋白质含量在 $40\% \sim 60\%$。并且增加蛆虫的饲喂量，不会造成鸡肉、蛋产品产生异味。

土鸡饲养过程中，饲喂适量的蛆虫可增强机体免疫力和抗病力；提高雏鸡的成活率和生长速度；提高母鸡的产蛋率和蛋品质量；提高肉品风味。

（2）蛆虫的饲喂方法及用量

黄粉虫饲养是以糠麸、秸秆粉等为饲料，可直接用来喂鸡。

而蝇蛆、蚯蚓饲养是以发酵、灭菌处理的动物粪便作为饲料，成本低廉；但是，喂鸡之前应清洗干净。尤其是蚯蚓，喂鸡之前应高温处理，避免感染病菌或宿主性寄生虫。蛆虫的饲喂量应根据蛆虫的产量及鸡的数量均衡供给，不可时有时无。通常占饲料量的3%~6%，即替代鱼粉的用量。鲜品常采用地面抛洒的方法饲喂；而干品则采取配合饲料的方法饲喂。

（3）蛆虫饲料的妙用

①提高雏鸡成活率：雏鸡开食后以蛆虫为主食，体质健壮，成活率可显著提高。尤其是个体偏小和虚弱的雏鸡，因为吃不到食或采食少，而生长受阻或衰弱致死。如果每天喂给适量蛆虫，鸡体健康状况可很快恢复。

②促进病鸡康复：患病土鸡每天分2~3次喂给（或人工填食）鲜活蛆虫，可提高药物治疗效果，病鸡康复快，治愈率显著提高。

③提高母鸡产蛋率：母鸡产蛋期饲喂适量蛆虫，可提高产蛋率10%左右。尤其是当饲料中粗蛋白质不足时，则饲喂效果更佳。

④提高种蛋受精率：种蛋孵化期给种鸡饲喂一定量的蛆虫，不但产蛋量增加，而且可提高种蛋的受精率和孵化率。

⑤提高鸡肉蛋品质：用蛆虫喂养土鸡，肉质好，风味鲜香；鸡蛋蛋清黏稠，蛋黄大、颜色深、口感好。

（六）青饲料的开发与利用

饲喂青饲料，是土鸡饲养过程中的重要环节，不但可减少饲料消耗，降低饲养成本；而且还可增加蛋黄颜色、提高肉、蛋的风味。

1. 青饲料用地的开发

（1）林间空地的利用：林木植株高大，根系发达，使林间闲置的空地日光照射时间短，强度弱；营养贫瘠。种植牧草应选择矮秆、多年生、耐荫、耐旱、耐贫瘠的优良品种，如多年生的紫花苜蓿、黑麦草、鸡脚草等。为了避免草地被鸡群践踏，应使用围网保护。

（2）林边空地的利用：林园边缘的空闲地也可种植多年生、耐旱、耐贫瘠的优良牧草品种，或者种植具有药效的植物，如益母草、鸡爪草等。

（3）周边水沟、池塘的利用：林园周边闲置的水沟、池塘，可种植水生植物饲料，如水葫芦、水花生、水浮莲等。

（4）建立蔬菜及青饲料园区：利用林园周边的土地，开发为蔬菜和青饲料园区。园区全部使用沼液或生物发酵处理的肥料，为饲养人员提供无公害的蔬菜；为鸡群提供安全、充足的青饲料。

2. 青饲料喂鸡的方法

（1）切碎拌料饲喂：即把青绿、多汁饲料洗净、沥干、切碎，与粉状配合饲料调拌均匀后喂鸡。该方法比较费时费工，但是青饲料浪费少。

（2）装网兜自由采食：即把青饲料洗净、沥干水分，装入网兜内悬挂在运动场或树林里，任鸡自由采食。该方法简便，增加悬挂高度可增加土鸡的运动量，增强体质，但是青饲料浪费多。

（七）益生菌发酵饲料

益生菌发酵饲料是指在人工控制条件下，通过微生物自身的代谢活动，将植物性饲料中的抗营养因子分解或转化，减少有毒害作用的物质，产生更多易被动物消化、吸收的高营养物质的饲料原料。制作发酵饲料的方法有多种，如发酵配合饲料；发酵糠麸糟渣饲料；发酵秸秆饲料等。用于制作发酵饲料的益生菌制剂种类繁多，应根据实际需要选择正规生产厂家的产品。

1. 益生菌发酵饲料

无论采用哪一种发酵饲料的方法，其共同点是不能全部使用发酵饲料喂鸡。发酵饲料一般仅占配合饲料的15%～30%，而且酸度越大则用量越少。另外，饲料在微生物的发酵过程中会被消耗大量的能量，使营养成分的比值发生改变，因此，从保持配合饲料营养水平基本不变的原则出发，只对品质差的饲料进行发酵，既扩大了饲料资源，提高了饲料利用率，又不会太多地改变配合饲料的营养结构。

（1）发酵饲料的原料及配比：用于制作发酵饲料的原料主要是各种小经济作物（如绿豆、小豆、花生、红薯）的茎叶、树叶（如刺槐树叶、榆树叶等）、草粉（如青干草粉、苜蓿草粉、聚合草粉）等，以及各种糟（如粮食酒糟、啤酒糟等）、渣（如水果渣、糖渣、醋渣、淀粉渣、柠檬酸渣、酱油渣、味精渣等）、糠（如谷糠、统糠、米糠）、麸（如大麦麸、小麦麸）等。除此之外，玉米粉、高粱粉、小麦次粉等则是必不可少的供能原料。

（2）发酵饲料的配比：发酵饲料的原料应以品质差的作物茎叶、树叶、草粉、糟渣为主，约占70%，糠麸15%，玉米粉15%。主要原料可用一种或多种，但是含粗纤维高饲料用量不能大于30%。

（3）发酵饲料的功效：发酵饲料呈酸性，含有大量益生菌，进入动物肠道内可抑制病原菌生长、繁殖，使动物消化道内形成良好的消化生理环境。生物发酵过程中产生大量易为动物吸收的有益物质，如氨基酸、有机酸、多醣类、各种维生素、各种生化酶、促生长因子、抗氧化物质、抗生素和抗病毒物质等，可提高动物的免疫功能，促进其更健康、更快地生长。

（4）饲料发酵方法：按以上原料配比称取待发酵饲料100kg，发酵剂按规定用量加入清水（一般冬天加80kg，夏天加120kg）稀释，充分搅拌、混合均匀，以手握挤压手指间见水而不滴为宜，并计算准确兑水量。发酵容器可用厚的塑料袋、塑料桶。一边装料一边压紧压实，装满后密封发酵。夏天发酵5天以上，冬天发酵15天以上，打开后有醋酸味和酒香味，则表明发酵成功。

2. 发酵饲料的保存与饲喂

（1）发酵饲料的保存：发酵饲料在密封状态下，可以长期保存而不变质。发酵容器开封后要一层层取用，并且用多少取多少，剩下的再重新密封保存。

（2）发酵饲料的饲喂：经发酵好的饲料应随用随取，取完后立即密封。这种主要由低值原料制作的发酵饲料，可替代全价饲料中的低值原料。

例如，饲养1 000只土鸡，每天饲喂风干配合饲料100kg，配合饲料中配有草粉5%、小麦麸10%，可由发酵饲料（折合风干）15%替代。如果发酵饲料中水分占50%，则鸡群每天的饲料量为：配合饲料85kg与发酵饲料30kg相混合。

八、调整表配料新技术

该项技术是电脑配方技术与试差配料法的巧妙结合。首先使用一种基本饲料与添加剂拟定一个饲料配方，并计算出拟定配方与各项营养指标的差额，然后使用调整表调整各项营养差额，加入所需要的饲料，即可配制出饲料配方。与试差配料法相比较，各项调整只需一次性完成，避免了反反复复计算的麻烦。

（一）调整表的原理及特点

1. 饲料配方调整表的原理

饲料配方调整表的数学原理是饲料配比增减法。无论是手工计算的饲料配方，还是电子计算机运算的饲料配方，都是通过各种饲料配比的有机组合来满足各项营养指标。当改变饲料配方中某种饲料的配比，或者增减饲料的种类时，为保持配合总量和各项营养指标的基本不变，就要调整各种相关饲料的配合比例，重新组成一个新的饲料配方。当改变饲料配方的某项营养指标时，各种相关的饲料也要通过增减配合比例，重新组成一个新的饲料配方。饲料配方的这一特点，是由各种饲料之间营养价值的互补性和按一定比例的可替代性所决定的。

根据饲料之间的这种经济特性，把土鸡常用饲料分为"基本饲料"和"替代饲料"。以基本饲料的主要营养值为元素，以替代饲料与基本饲料相应的营养值作为目标值，应用计算机配方技术的数学原理，计算出每一种替代饲料与各种基本饲料之间的配合比例增减关系，并将这种比例增减关系，设计成为《土鸡饲料配方饲料配比增减表》（见表2）。通过改变营养目标的数值，计算出各种基本饲料之间的配合比例增减关系，设计出了《土鸡饲料配方营养指标增减表》（见表3）。通过这两种饲料配方调整表，就可将饲料与饲料之间，饲料配比与营养含量之间复杂的变量关系，用各种饲料增加与减少的比例数表现出来。

2. 饲料配方调整表的特点

（1）饲料配比增减表的特点：饲料配比增减表，主要用于饲料配方的饲料种类和配合比例的调整。当饲料配方的某项营养指标（尤其是氨基酸和钙、磷指标）不能使用营养指标增减表调整时，则可使用饲料配比增减表，通过增减相关的饲料予以平衡。

饲料配比增减表中的"基本饲料"一栏由玉米、大豆粕、小麦麸、蛋氨酸制剂、赖氨酸制剂、石粉和磷酸氢钙7种不同营养特性的饲料组成；"替代饲料"一栏是常限量使用的各种饲料；表中的各行数字是替代饲料与基本饲料的增加（＋）或减少（－）的比例数。表中的每一种替代饲料与各种基本饲料的增减比例数之和等于零；所含6项主要营养成分（代谢能、粗蛋白质、蛋＋胱氨酸、赖氨酸、钙、有效磷），每一项的合计之值约等于零，见表3。

表2　土鸡饲料配方饲料配比增减表
（以风干物质为基础）

基本饲料 / 替代饲料(%)		玉米（%）	大豆粕（%）	小麦麸（%）	蛋氨酸制剂（%）	赖氨酸制剂（%）	石粉（%）	磷酸氢钙（%）
大麦	＋1	－ 0.6251	－ 0.0609	－ 0.3149	＋0.0001	—	＋0.0025	－ 0.0026
小麦	＋1	－ 0.8157	－ 0.1431	－ 0.0415	＋0.0004	＋0.0028	－ 0.0030	＋0.0001
高粱	＋1	－ 0.8283	＋0.0319	－ 0.2015	＋0.0006	＋0.0006	－ 0.0019	－ 0.0016
碎米	＋1	－ 1.0661	－ 0.0800	＋0.1474	＋0.0008	－ 0.0007	＋0.0007	－ 0.0023
稻谷	＋1	－ 0.6712	＋0.1156	－ 0.4414	－ 0.0006	－ 0.0016	＋0.0010	－ 0.0018
谷子	＋1	－ 0.7618	＋0.0238	－ 0.2609	－ 0.0007	＋0.0013	－ 0.0038	＋0.0021
次粉	＋1	－ 0.7918	－ 0.1261	－ 0.0821	＋0.0002	＋0.0004	－ 0.0003	＋0.0002
玉米胚芽饼	＋1	－ 0.3338	－ 0.1268	－ 0.5313	－ 0.0028	—	＋0.0157	－ 0.0210

（续表）

基本饲料 替代饲料（%）		玉米 （%）	大豆粕 （%）	小麦麸 （%）	蛋氨酸 制剂 （%）	赖氨酸 制剂 （%）	石粉 （%）	磷酸 氢钙 （%）
玉米蛋白料	+1	-0.1663	-0.1723	-0.6652	-0.0007	+0.0022	-0.0061	+0.0084
米糠	+1	-0.6297	-0.0562	-0.3123	+0.0001	-0.0028	-0.0023	+0.0032
米糠粕	+1	-0.2078	-0.0344	-0.7525	-0.0018	-0.0015	-0.0005	-0.0015
啤酒糟	+1	-0.2967	-0.3906	-0.3136	-0.0003	+0.0050	-0.0058	+0.0020
棉籽粕	+1	+0.1608	-0.9360	-0.2326	-0.0003	+0.0082	+0.0071	-0.0072
棉籽饼	+1	-0.3000	-0.7835	+0.0796	+0.0003	+0.0060	+0.0062	-0.0086
菜籽粕	+1	+0.2299	-0.7847	-0.4368	-0.0041	+0.0084	-0.00522	-0.0075
菜籽饼	+1	-0.3547	-0.7585	+0.1225	-0.0030	+0.0063	-0.0041	-0.0085
花生粕	+1	-0.0889	-1.1871	+0.2560	+0.0068	+0.0141	+0.0087	-0.0096
花生饼	+1	+0.1637	-1.0726	-0.1096	+0.0057	+0.0129	+0.0078	-0.0079
大豆粉（熟）	+1	-0.6334	-0.8904	+0.5284	+0.0018	-0.0020	+0.0062	-0.0106
玉米蛋白粉	+1	-0.5911	-1.1883	+0.7606	-0.0042	+0.0172	+0.0096	-0.0037
向日葵粕	+1	+0.0251	-0.6468	-0.3825	-0.0030	+0.0068	-0.0017	+0.0021
亚麻仁粕	+1	+0.1096	-0.6728	-0.4347	-0.0010	+0.0073	+0.0030	-0.0114
芝麻饼	+1	+0.0069	-0.8842	-0.0788	-0.0040	+0.0142	-0.0588	+0.0047
酵母粉	+1	+0.0059	-1.3428	+0.3369	+0.0029	-0.0029	+0.0194	-0.0194
进口鱼粉	+1	-0.1722	-1.7700	+1.1089	-0.0023	-0.0101	-0.0022	-0.1521
国产鱼粉	+1	-0.3466	-1.6007	+1.1684	-0.0012	-0.0055	-0.0451	-0.1693
等外鱼粉	+1	-0.0209	-0.9496	+0.1539	-0.0012	+0.0012	-0.1351	-0.0483
肉骨粉	+1	-0.2964	-1.3784	+1.0731	+0.0072	+0.0064	-0.0971	-0.3148
血粉	+1	+0.4568	-2.3413	+0.8854	+0.0081	-0.0159	+0.0164	-0.0095
羽毛粉	+1	+0.2539	-2.2007	+0.9250	-0.0114	+0.0321	+0.0311	-0.0300
骨粉	+1	-0.2358	-0.2545	+0.8279	+0.0010	+0.0020	-0.4568	-0.8838
贝壳粉	+1	-0.1043	+0.0211	+0.0376	+0.0001	-0.0003	-0.9547	+0.0005
苜蓿粉	+1	+0.4189	+0.0293	-1.4080	-0.0002	-0.0017	-0.0417	+0.0034
青干草粉	+1	+0.1832	+0.1750	-1.3570	—	—	-0.0156	+0.0144
动物油	+1	-3.6219	-0.3538	+2.9760	+0.0076	+0.0001	+0.0037	-0.0117

注：当替代饲料调整量为负值时，基本饲料调整比例的符号相应改变。

当使用该表向饲料配方中加入或减去某种饲料时，或者进行饲料替代时，或者改变某种饲料的配合比例时，而饲料配方的配合总量不变，所含6项主要营养指标基本保持在原有的水平。

（2）营养指标增减表的特点：营养指标增减表，主要用于饲料配方营养指标的调整。其中"基本饲料"一栏与饲料配比增减表的相同，而"营养调整量"一栏，主要有代谢能、粗蛋白质、蛋+胱氨酸、赖氨酸、钙、有效磷六项主要营养指标。表中的各行数字是各种基本饲料增加（+）或减少（-）的比例数，见表3。

表3　土鸡饲料配方营养指标增减表

（以风干物质为基础）

营养调整量 \ 基本饲料	玉米（%）	大豆粕（%）	小麦麸（%）	蛋氨酸制剂（%）	赖氨酸制剂（%）	石粉（%）	磷酸氢钙（%）
代谢能（MJ/kg）	+0.1	+1.3405	+0.3434	-1.6835	-0.0033	-0.0019	-0.0051	+0.0099
粗蛋白质（%）	+1.0	-1.4594	+3.2195	-1.6396	-0.0302	-0.0672	-0.0242	+0.0011
蛋+胱氨酸（%）	+0.1	+0.0711	+0.0768	-0.2498	+0.1017	-0.0006	-0.0013	+0.0021
赖氨酸（%）	+0.1	+0.0711	+0.0768	-0.2498	-0.0003	+0.1014	-0.0013	+0.0021
钙（%）	+0.1	+0.1992	+0.2151	-0.6994	-0.0009	-0.0017	+0.2820	+0.0057
有效磷（%）	+0.1	+0.1268	+0.1368	-0.4451	-0.0005	-0.0011	-0.3553	+0.5384

注：当营养调整量为负值时，饲料调整比例的符号相应改变。

当使用该表调整饲料配方的某项营养指标时，基本饲料中增加的比例数与减少的比例数之和等于零，所以饲料配合总量不变；六项主要营养指标中除被调整项的数值发生一定改变，而未调整的营养指标基本保持在原有的水平。

（二）调整表的使用方法

1. 饲料配比增减表的使用方法

（1）饲料加入（或减去）法：是向饲料配方中加入（或减去）一种或几种饲料原料；或者调整饲料配方中一种或几种饲料的配合比例的方法。当饲料配方中某种饲料的来源充足或短缺时，或者价格升高或降低时，就要及时调整该种饲料的用量。例如，饲料配方中的进口鱼粉用量较多、价格昂贵，欲减少3.0%。查表2中"替代饲料"一栏的进口鱼粉，将进口鱼粉减去1.0%与基本饲料的增（＋）减（－）比例数同乘以3倍，即可计算出进口鱼粉减去3.0%时，各种基本饲料应调整的比例数，见表4。

表4　饲料加减调整方法示例

基本饲料 替代饲料	玉米 （%）	大豆粕 （%）	小麦麸 （%）	蛋氨酸制剂 （%）
进口鱼粉 （－1.0）×3	（＋0.1722）×3 ＝＋0.5166	（＋1.7700）×3 ＝＋5.3100	（－1.1089）×3 ＝－3.3267	（＋0.0023）×3 ＝＋0.0069

基本饲料 替代饲料	赖氨酸制剂 （%）	石粉 （%）	磷酸氢钙 （%）	合计 （%）
	（＋0.0101）×3 ＝＋0.0303	（＋0.0022）×3 ＝＋0.0066	（＋0.1521）×3 ＝＋0.4563	0.0

即饲料配方中减少进口鱼粉3.0%，应同时减少小麦麸3.3267%，增加玉米0.5166%、大豆粕5.3100%、蛋氨酸制剂0.0069%、赖氨酸制剂0.0303%、石粉0.0066%、磷酸氢钙0.4563%，减少的饲料比例数与增加的饲料比例数相等，所含各项营养值基本不变。

（2）饲料替代法：是用一种饲料替代饲料配方中另一种饲料的方法，又分为部分替代和全部替代。例如，欲用酵母粉3.0%

替代饲料配方中等量的进口鱼粉。查表2中"替代饲料"一栏的进口鱼粉与酵母粉，计算出各种基本饲料的调整比例数，见表5。

表5　饲料替代调整方法示例

替代饲料 基本饲料	进口鱼粉 –3 （%）	酵母粉 +3 （%）	调整比例 （%）
玉米	（+0.1722）×3 = +0.5166	（–0.0005）×3 = –0.0015	0.5151
大豆粕	（+1.7700）×3 = +5.3100	（–1.3498）×3 = –4.0494	1.2606
小麦麸	（–1.1089）×3 = –3.3267	（+0.3596）×3 = +1.0788	–2.2479
蛋氨酸制剂	（+0.0023）×3 = +0.0069	（+0.0029）×3 = +0.0087	0.0156
赖氨酸制剂	（+0.0101）×3 = +0.0303	（–0.0029）×3 = –0.0087	0.0216
石粉	（+0.0022）×3 = +0.0066	（+0.0376）×3 = +0.1128	0.1194
磷酸氢钙	（+0.1521）×3 = +0.4563	（–0.0469）×3 = –0.1407	0.3156
合计	3.0	–3.0	0.0

即饲料配方中用酵母粉3.0%替代进口鱼粉3.0%的同时，应增加玉米0.5151%、大豆粕1.2606%、蛋氨酸制剂0.0156%、赖氨酸制剂0.0216%、石粉0.1194%、磷酸氢钙0.3156%，减少小麦麸2.2479%。增加的饲料比例数与减少的饲料比例数相等，所含各项营养值基本不变。

（3）评定饲料营养价格法：评定饲料价格的方法有市场价格评定法、配方电脑评定法和手工计算评定法。其中市场评定法最简单，可非常直观地反映出品质相差较大的饲料（如大豆粕与棉籽粕）的价格差别；但是，当两种品质比较接近的饲料（如菜籽粕与棉籽粕）市场价格基本相同时，则难以确定选用哪一种更合算。所以选择低价格的饲料，不能光看市场价格，还要看饲料的营养价值。常用的手算法如"皮特逊法"，是根据饲料的能量和粗蛋白质含量，通过计算求出饲料的适宜价比，而对饲料的其他养分未作考虑，因为考虑的项目越多则计算难度越大。只有计算机配方技术才能直接选择最低价格的饲料，配制出低成本的饲料配方，不过饲料的限量范围要掌握准确，否则会使最低价格的饲料配比偏高，使饲料组成不合理。

但是，不管哪一种选择饲料的方法，都必须以市场价格为基础。本文介绍的是使用"土鸡饲料配比增减表"，通过计算常用饲料的增减比例价格差，以评定饲料营养价格高低的方法。这种方法不但充分考虑到了饲料的多项营养值，而且可以比较直观地反映出饲料成本降低的程度，为配制低成本的饲料配方提供了简捷、实用的选料途径。

①饲料增减比例价格差的计算方法：使用"土鸡饲料配比增减表"，以替代饲料和基本饲料的增减比例为依据，以饲料的市场价格为基础价格，用每一种饲料的增减比例数乘以其市场价格，所得数值即为"比例价格"。将每一种替代饲料与各种基本饲料的比例价格合计，所得差额即为"比例价格差"。

例如，以基本饲料为主的土鸡饲料配方中，欲用小麦或高粱替代部分玉米的用量；用肉骨粉替代部分鱼粉的用量；用芝麻饼、棉籽粕或菜籽粕替代部分大豆粕的用量。计算该7种饲料（以小麦为例）的比例价格差额。

查"土鸡饲料配比增减表"，将各种饲料的市场价格（见表6）填入其名下。

计算当小麦加入1kg时，各种增加饲料的比例价格之和：

$1.20 \times 1.0 + 32.00 \times 0.0004 + 26.00 \times 0.0028 + 2.00 \times 0.0001 \approx 1.2858$

计算各种减少饲料的比例价格之和：

$1.20 \times 0.8157 + 2.80 \times 0.1431 + 1.00 \times 0.0415 + 0.20 \times 0.0030 \approx 1.4216$

计算增加饲料与减少饲料的比例价格差额：

$$(+1.2858) + (-1.4216) = -0.1358$$

计算饲料增加（或减少）的数量：

$0.8157 + 0.1431 + 0.0415 + 0.0030 = 1.0033 （kg）$

计算增加（或减少）每1kg饲料的比例价格差额：

$$(-0.1358) \div 1.0033 \approx -0.1354 (元/kg)$$

表 6　饲料增减比例价格差的计算示例

饲料（价格×比例）	玉米（1.20元）	大豆粕（3.00元）	小麦麸（0.80元）	蛋氨酸制剂（32.00元）	赖氨酸制剂（26.00元）	石粉（0.20元）	磷酸氢钙（2.00元）	比例价差（元/kg）
小麦 1.20×(+1)	×(-0.8157) =-0.9788	×(-0.1431) =-0.4293	×(-0.0415) =-0.0332	×(+0.0004) =+0.0128	×(+0.0028) =+0.0728	×(-0.0030) =-0.0006	×(+0.0001) =+0.0002	-0.1354
高粱 1.20×(+1)	×(-0.8283) =-0.9940	×(+0.0319) =+0.0957	×(-0.2015) =-0.1612	×(+0.0008) =+0.0256	×(+0.0006) =+0.0156	×(-0.0019) =-0.0004	×(-0.0016) =-0.0032	+0.1724
进口鱼粉 5.00×(+1)	×(-0.1722) =-0.2066	×(-1.7700) =-5.3100	×(+1.1089) =+0.8871	×(-0.0023) =-0.0736	×(-0.0101) =-0.2626	×(-0.0022) =-0.0004	×(-0.1521) =-0.3042	-0.1282
肉骨粉 2.00×(+1)	×(-0.2964) =-0.3557	×(-1.3784) =-4.1352	×(+1.0731) =+0.8585	×(+0.0072) =+0.2304	×(+0.0064) =+0.1664	×(-0.0971) =-0.0194	×(-0.3148) =-0.6296	-0.9031
芝麻饼 2.00×(+1)	×(+0.0069) =+0.0083	×(-0.8842) =-2.6526	×(-0.0788) =-0.0630	×(-0.0040) =-0.1280	×(+0.0142) =+0.3692	×(-0.0588) =-0.0118	×(+0.0047) =+0.0094	-1.2366
棉仔粕 1.20×(+1)	×(+0.1608) =+0.1930	×(-0.9360) =-2.8080	×(-0.2326) =-0.1861	×(-0.0003) =-0.0096	×(+0.0082) =+0.2132	×(+0.0071) =+0.0014	×(-0.0072) =-0.0144	-1.1993
菜仔粕 1.20×(+1)	×(+0.2299) =+0.2759	×(-0.7847) =-2.3541	×(-0.4368) =-0.3494	×(-0.0041) =-0.1312	×(+0.0084) =+0.2184	×(-0.0052) =-0.0010	×(-0.0075) =-0.0150	-0.9339

②低成本饲料的选择：经分析现有饲料的比例价格差额，以玉米、大豆粕等为主要原料的土鸡基础饲料配方，用芝麻饼、棉籽粕、菜籽粕替代大豆粕的用量，用肉骨粉替代大豆粕或鱼粉的用量，可显著降低饲料成本。当小麦与玉米的市场价格相等时，用小麦替代玉米，也可降低饲料成本；而高粱与玉米的市场价格相等时，用高粱替代玉米则提高饲料成本。

为了控制配合饲料的成本，要根据饲料的市场价格变化，及时计算出比例价格差额，调整饲料组成及配比，以提高饲养效益。

2. 营养指标增减表的使用方法

（1）单项营养值的调整：当饲料配方的某项营养值需要增加或减少一定数量时，查"土鸡营养指标增减表"中该项营养值的调整数量，计算调整倍数。例如，欲增加饲料配方的代谢能 0.2MJ/kg，计算饲料调整倍数：

$$0.2 \div 0.1 = 2(倍)$$

然后用调整倍数分别乘以基本饲料的增减比例，其乘积即为饲料的调整比例数，见表7。

表7　单项营养值调整方法示例

基本饲料 替代饲料	玉米 （%）	大豆粕 （%）	小麦麸 （%）	蛋氨酸制剂 （%）
代谢能 +0.2 （MJ/kg）	（+1.3405）×2 = +2.6810	（+0.3434）×2 = +0.6868	（-1.6835）×2 = -3.3670	（-0.0033）×2 = -0.0066

基本饲料 替代饲料	赖氨酸制剂 （%）	石粉 （%）	磷酸氢钙 （%）	合计 （%）
代谢能 +0.2 （MJ/kg）	（-0.0019）×2 = -0.0038	（-0.0051）×2 = -0.0102	（+0.0099）×2 = +0.0198	0.0

即饲料配方的代谢能增加 0.2MJ/kg，应增加玉米 2.6810%、大豆粕 0.6868%、磷酸氢钙 0.0198%；减少小麦麸 3.3670%、蛋氨酸制剂 0.0066%、赖氨酸制剂 0.0038%、石粉 0.0102%；

增加的饲料比例数与减少的饲料比例数相等。

查饲料营养成分表（附表三），核算代谢能增加的数量：

$13.56 \times 2.68\% + 9.62 \times 0.69\% - 6.82 \times 3.37\% = 0.19995$

即增加代谢能约 0.2MJ/kg，基本符合调整要求。

（2）多项营养值的调整：当饲料配方的几项营养值需要增加或减少一定数量时，查"土鸡营养指标增减表"中被调整营养项目的调整数量，计算调整倍数。例如，欲增加饲料配方的代谢能 0.2MJ/kg 和粗蛋白质 2.0%，计算饲料调整倍数均为 2 倍。计算饲料的调整比例数，见表 8。

表 8   多项营养值调整方法示例

营养调整\替代饲料	代谢能 + 0.2	粗蛋白质 + 2	调整比例（%）
玉米	（+1.3405）×2 = +2.6810	（-1.4594）×2 = -2.9188	-0.2378
大豆粕	（+0.3434）×2 = +0.6868	（+3.2195）×2 = +6.4390	7.1258
小麦麸	（-1.6835）×2 = -3.3670	（-1.6396）×2 = -3.2792	-6.6462
蛋氨酸制剂	（-0.0033）×2 = -0.0066	（-0.0302）×2 = -0.0604	-0.067
赖氨酸制剂	（-0.0019）×2 = -0.0038	（-0.0672）×2 = -0.1344	-0.1382
石粉	（-0.0051）×2 = -0.0102	（-0.0242）×2 = -0.0484	-0.0586
磷酸氢钙	（+0.0099）×2 = +0.0198	（+0.0011）×2 = +0.0022	0.022
合计	0.0	0.0	0.0

即饲料配方增加代谢能 0.2MJ/kg、粗蛋白质 2.0%，应同时增加大豆粕 7.1258%、磷酸氢钙 0.0220%，减少玉米 0.2378%、小麦麸 6.6462%、蛋氨酸制剂 0.0670%、赖氨酸制剂 0.1382%、石粉 0.0586%；增加的饲料比例数与减少的饲料比例数相等。

核算代谢能增加的数量：

$9.62 \times 7.13\% - 13.56 \times 0.24\% - 6.82 \times 6.65\% = 0.19983$（MJ/kg）

核算粗蛋白质增加的数量：

$43.0 \times 7.13\% - 8.7 \times 0.24\% - 15.7 \times 6.65\% = 2.00097$（%）

即增加代谢能约 0.2MJ/kg，粗蛋白质约 2.0%，基本符合调整要求。

3. 两表相配合的调整方法

饲料配方的配制，就是调整饲料配比和平衡营养差额的过程。因此，饲料配比增减表和营养指标增减表的使用，通常是相互配合的。例如，当饲料配方需要增加代谢能 0.2MJ/kg 和粗蛋白质 2.0% 时，使大豆粕的用量增多。若减少大豆粕的用量，可增加进口鱼粉 3.0% ，计算饲料的调整比例数，见表9。

表9　多项营养值调整方法示例

饲料配比 / 调整项目(%)	玉米(%)	大豆粕(%)	小麦麸(%)	蛋氨酸制剂(%)	赖氨酸制剂(%)	石粉(%)	磷酸氢钙(%)	进口鱼粉(%)	合计
代谢能 +0.2	+2.6810	+0.6868	-3.3670	-0.0066	-0.0038	-0.0102	+0.0198		
粗蛋白质 +2	-2.9188	+6.4390	-3.2792	-0.0604	-0.1344	-0.0484	+0.0022		
加鱼粉	-0.5166	-5.3100	+3.3267	-0.0069	-0.0303	-0.0066	-0.4563	+3.0	
合计比例数	-0.7544	+1.8158	-3.3195	-0.0739	-0.1685	-0.0652	-0.4343	+3.0	0.0

即增加进口鱼粉 3.0% 、大豆粕 1.82% ，同时减少玉米 0.75% 、小麦麸 3.32% ，可增加代谢能约 0.2MJ/kg 和粗蛋白质约 2.0% 。

九、自配土鸡全价饲料配方

为了保证土鸡饲料安全可靠，不含有公害的添加物质，可使用"饲料配方调整表"自配土鸡全价饲料配方。

（一）商品蛋鸡饲料的调配

调配商品蛋鸡的配合饲料，可根据不同的饲养阶段，灵活选择饲料及添加剂。如育雏期、育成期、成年鸡休产期，可使用市售的商品饲料或预混料。产蛋期为了保证蛋品的品质，则要求饲料优质、无污染，使用的添加剂绿色、无公害。

1. 配制饲料配方

参考我国蛋鸡的饲养标准（附表2-1，附表2-2），确定应满足的主要营养指标。使用饲料配方调整表，配制商品蛋用土鸡各个饲养阶段的饲料配方。基本步骤如下：

第一步，拟定饲料配方。拟定配方由玉米99.0%和饲料添加剂（包括复合维生素和微量元素等）1.0%组成。查常用饲料营养成分表（附表三），计算玉米99.0%可提供的营养数量，即代谢能13.42MJ/kg、粗蛋白质8.6%、蛋氨酸+胱氨酸0.39%、赖氨酸0.24%、钙0.02%、有效磷0.12%。

第二步，计算营养差额。参考蛋用土鸡的饲养标准，确定各个饲养阶段的营养指标。然后计算拟定配方的营养含量与蛋用土鸡0~4周龄营养指标的差额，再计算出各饲养阶段之间的营养指标差额，结果见表10。

表10　蛋用土鸡各饲养阶段的主要营养指标及差额

饲养阶段	代谢能（MJ/kg）	粗蛋白质（%）	蛋＋胱氨酸（%）	赖氨酸（%）	钙（%）	有效磷（%）
拟定配方	13.42	8.6	0.39	0.24	0.02	0.12
营养指标：						
0～6周龄	11.92	18	0.60	0.85	0.80	0.65
7～14周龄	11.72	16	0.53	0.64	0.70	0.50
15～20周龄	11.30	12	0.40	0.45	0.60	0.40
产蛋初期	11.51	13	0.45	0.50	2.50	0.30
产蛋率						
初产65%	11.51	14	0.53	0.62	3.20	0.30
65%～80%	11.51	15	0.57	0.66	3.40	0.32
＞80%	11.51	16.5	0.63	0.73	3.50	0.33
80%～65%	11.51	15	0.57	0.66	3.50	0.33
65%～停产	11.51	14	0.53	0.62	3.50	0.33
休产期	11.31	12	0.40	0.45	0.60	0.40
营养差额：						
0～6周龄	-1.50	+9.4	+0.21	+0.61	+0.78	+0.53
7～14周龄	-0.20	-2.0	-0.07	-0.21	-0.10	-0.15
15～20周龄	-0.42	-4.0	-0.13	-0.19	-0.10	-0.10
产蛋初期	+0.21	+1.0	+0.05	+0.05	+1.90	-0.10
产蛋率：						
初产65%	—	+1.0	+0.08	+0.12	+0.7	—
65%～80%	—	+1.0	+0.04	+0.04	+0.20	+0.01
＞80%	—	+1.50	+0.06	+0.07	+0.10	+0.01
80%～65%	—	-1.0	-0.06	-0.07	—	—
65%～停产	—	-1.0	-0.04	-0.04	—	—
休产期	-0.2	-2.0	-0.13	-0.17	-2.9	+0.07

　　第三步，配制饲料配方。以拟定配方的饲料配比为基础，使用饲料配方调整表（表2，表3）平衡营养差额；确定基本饲料的用量。并根据母鸡的日龄大小和产蛋率高低，确定鱼粉用量；根据母鸡的膘情肥瘦，确定油脂的添加量。调整过程及结果见表11。

表11 蛋用土鸡各饲养阶段饲料配方配制示例

饲料配比（%）	玉米	大豆粕	小麦麸	蛋氨酸制剂	赖氨酸制剂	石粉	磷酸氢钙	添加剂
拟定配方	99.0	—	—	—	—	—	—	1.0
代谢能-1.50	-20.11	-5.15	+25.25	+0.05	+0.03	+0.08	-0.15	—
粗蛋白+9.4	-13.72	30.26	-15.41	-0.28	-0.63	-0.23	+0.01	
蛋氨酸+胱								
氨酸 +0.21	+0.15	+0.16	-0.52	+0.21	—	—	—	
赖氨酸+0.61	+0.43	+0.47	-1.52	—	+0.62	-0.01	+0.01	
钙 +0.78	+1.55	+1.68	-5.46	—	-0.01	+2.20	+0.04	
有效磷+0.53	+0.67	+0.73	-2.36	—	-0.01	-1.88	+2.85	
小计	—	—		-0.02	-0.02			
国产鱼粉+4	-1.39	-6.40	+4.67	—	-0.02	-0.18	-0.68	
0～6周龄	66.58	21.75	4.65	-0.02*	-0.02*	-0.02*	2.08	1.0
代谢能-0.2	-2.68	-0.68	+3.37			+0.01	-0.02	
粗蛋白-2.0	+2.92	-6.44	+3.28	+0.06	+0.14	+0.04		
蛋+胱-0.07	-0.05	-0.05	+0.17	-0.07	—	—	—	
赖氨酸-0.21	-0.15	-0.16	+0.52	—	-0.21			
钙 -0.1	-0.20	-0.21	+0.70	—	—	-0.28	-0.01	
有效磷-0.15	-0.19	-0.21	+0.67	—	—	0.53	-0.80	
小计	—	—	—	-0.03	-0.09			
国产鱼粉-4	+1.39	+6.40	-4.67	—	+0.02	+0.18	+0.68	
7～14周龄	67.62	20.40	8.69	-0.03*	-0.07*	0.46	1.93	1.0
代谢能-0.42	-5.63	-1.44	+7.07	+0.01	+0.01	+0.02	-0.04	
粗蛋白-4.0	+5.84	-12.88	+6.56	+0.12	+0.28	+0.08		
蛋+胱-0.13	-0.09	-0.10	+0.32	-0.13	—	—	—	
赖氨酸-0.19	-0.13	-0.15	+0.47	—	-0.19			
钙-0.1	-0.20	-0.21	+0.70	—	—	-0.28	-0.01	
有效磷-0.1	-0.13	-0.14	+0.45	—	—	+0.36	-0.54	
15～20周龄	67.28	5.48	24.26	-0.03	0.03	0.64	1.34	1.0
粗蛋白+1.0	-1.46	+3.22	-1.64	-0.03	-0.07	-0.02		
蛋+胱+0.05	+0.03	+0.04	-0.12	+0.05	—			
赖氨酸+0.05	+0.03	+0.04	-0.12	—	+0.05			
钙+1.9	+3.78	+4.09	-13.29	-0.02	-0.03	+5.36	+0.11	

（续表）

饲料配比（%）	玉米	大豆粕	小麦麸	蛋氨酸制剂	赖氨酸制剂	石粉	磷酸氢钙	添加剂
有效磷-0.1	-0.13	-0.14	+0.45	—	—	+0.36	-0.54	—
国产鱼粉+2	-0.69	-3.20	+2.33	—	-0.01	-0.09	-0.34	—
产蛋初期	68.84	9.53	11.87	-0.03*	-0.03*	6.25	0.57	1.0
代谢能+0.1	+1.34	+0.34	-1.68	—	—	-0.01	+0.01	—
粗蛋白+1.0	-1.46	+3.22	-1.64	-0.03	-0.07	-0.02	—	
蛋+胱+0.08	+0.06	+0.06	-0.20	+0.08	—	—	—	
赖氨酸+0.12	+0.09	+0.09	-0.30	—	+0.12	—	—	
钙+0.7	+1.39	+1.51	-4.89	-0.01	-0.01	+1.97	+0.04	—
国产鱼粉+2	-0.69	-3.20	+2.33	—	-0.01	-0.09	-0.34	—
初产65%	69.57	11.55	5.49	0.01	0.00	8.10	0.28	1.0
代谢能+0.1 粗蛋白+1.0 国产鱼粉+2	-0.81	+0.36	-0.99	-0.03	-0.08	-0.12	-0.33	—
蛋+胱+0.04	+0.03	+0.03	-0.10	+0.04	—	—	—	
赖氨酸+0.04	+0.03	+0.03	-0.10	—	+0.04	—	—	
钙+0.2	+0.40	+0.43	-1.40	—	—	+0.56	+0.01	—
有效磷+0.02	+0.02	+0.03	-0.09	—	—	-0.07	+0.11	—
产蛋65%~80%	69.24	12.43	2.81	0.02	-0.04*	8.47	0.07	1.0
粗蛋白+1.5	-2.19	+4.83	-2.46	-0.04	-0.10	-0.04	—	
蛋+胱+0.06	+0.04	+0.04	-0.14	+0.06	—	—	—	
赖氨酸+0.07	+0.05	+0.05	-0.17	—	+0.07	—	—	
钙+0.1	+0.20	+0.22	-0.70	—	—	+0.28	—	
有效磷+0.01	+0.01	+0.02	-0.04	—	—	-0.04	+0.05	—
小计	—	—	-0.71	—				
油脂+1	-3.62	-0.35	2.97	+0.01	—	—	-0.01	—
产蛋>80%	63.73	17.24	2.27	0.05	-0.07*	8.67	0.11	1.0
粗蛋白-1.0	+1.46	-3.22	1.64	+0.03	+0.07	+0.02	—	
蛋+胱-0.06	-0.04	-0.04	+0.14	-0.06	—	—	—	
赖氨酸-0.07	-0.05	-0.05	0.17	—	-0.07	—	—	
80%~65%	65.10	13.93	4.22	0.02	-0.07*	8.69	0.11	1.0

（续表）

饲料配比（%）	玉米	大豆粕	小麦麸	蛋氨酸制剂	赖氨酸制剂	石粉	磷酸氢钙	添加剂
粗蛋白 - 1.0 蛋 + 胱 - 0.06 } 赖氨酸 - 0.07	+ 1.37	- 3.31	+ 1.95	- 0.03	—	+ 0.02	—	—
油脂 - 1	+ 3.62	+ 0.35	- 2.97	- 0.01	—	—	+ 0.01	—
产蛋 <65%	70.09	10.97	3.20	- 0.02*	- 0.07*	8.71	0.12	1.0
代谢能 - 0.2 粗蛋白 - 2.0 } 蛋 + 胱 - 0.13	+ 0.15	- 7.22	+ 6.97	- 0.07	0.15	+ 0.04	- 0.02	—
赖氨酸 - 0.17	- 0.12	- 0.13	+ 0.42	—	- 0.17	—	—	—
钙 - 2.9	- 5.78	- 6.24	+ 20.28	+ 0.03	+ 0.05	- 8.18	- 0.16	—
有效磷 + 0.07	+ 0.09	+ 0.09	- 0.31	—	—	- 0.25	+ 0.38	—
国产鱼粉 - 6	+ 2.08	+ 9.60	- 7.01	+ 0.01	+ 0.03	+ 0.27	+ 1.02	—
休产期	66.51	7.07	23.55	- 0.05*	- 0.01*	0.59	1.34	1.0

注：* 表示可减去的饲料数量。

第四步，列出饲料配方。调整结果中蛋氨酸、赖氨酸制剂和石粉应减去的数量，由小麦麸的用量中减去，以调整配合量为100%。当不使用国产鱼粉时，则添加食盐0.3%，减去等量小麦麸。列出基本饲料和国产鱼粉、油脂的配合比例，即为蛋用土鸡各阶段的全价饲料配方，见表12。

表12　蛋用土鸡各饲养阶段的全价饲料配方

饲料配比（%）	0~6周龄	7~14周龄	15~20周龄	产蛋初期	产蛋>65%	65%~80%	产蛋>80%	80%~65%	产蛋>65%	休产期
玉米	66.58	67.62	67.28	68.84	69.57	69.24	63.73	65.10	70.09	66.51
大豆粕	21.75	20.40	5.48	9.53	11.55	12.43	17.24	13.93	10.97	7.07
小麦麸	4.59	8.69	23.93	11.51	5.49	2.75	2.20	4.15	3.12	23.49
国产鱼粉	4.00	—	—	2.00	4.00	6.00	6.00	6.00	6.00	—
蛋氨酸制剂	—	—	—	—	0.01	0.02	0.05	0.02	—	—
赖氨酸制剂	—	—	0.03	—	—	—	—	—	—	—
石粉	—	0.46	0.64	6.25	8.10	8.47	8.67	8.69	8.71	0.59
磷酸氢钙	2.08	1.93	1.34	0.57	0.28	0.07	0.11	0.11	0.12	1.34

（续表）

饲料配比(%)	0~6周龄	7~14周龄	15~20周龄	产蛋初期	产蛋>65%	65%~80%	产蛋>80%	80%~65%	产蛋>65%	休产期
食盐	—	0.30	0.30	0.30	—	—	—	—	—	0.30
油脂	—	—	—	—	—	—	1.00	1.00	—	—
饲料添加剂	1.0	1.0	1.0	1.0	1.0	1.0	1.0	1.0	1.0	1.0
合计	100.0	100.0	100.0	100.0	100.0	100.0	100.0	100.0	100.0	100.0
代谢能(MJ/kg)	11.92	11.72	11.30	11.51	11.51	11.51	11.51	11.51	11.51	11.31
粗蛋白质(%)	18	16	12	13	14	15	17	15	14	12
蛋+胱氨酸(%)	0.62	0.56	0.43	0.48	0.53	0.57	0.63	0.57	0.57	0.45
赖氨酸(%)	0.87	0.71	0.45	0.53	0.62	0.70	0.80	0.73	0.70	0.46
钙(%)	0.81	0.70	0.60	0.50	3.20	3.40	3.50	3.50	3.50	0.60
有效磷(%)	0.65	0.50	0.40	0.30	0.30	0.32	0.33	0.33	0.33	0.40

2. 调整饲料配方

以基本饲料配制的土鸡饲料配方，可用小麦、高粱、碎米、玉米胚芽饼等替代部分玉米的用量。该套饲料配方各阶段的氨基酸含量均有所超标，可用花生粕、芝麻饼、玉米蛋白粉等替代部分大豆粕的用量。

例1：如果加入碎大米10.0%，计算饲料的增减比例数，见表13。

表13　用碎大米替代部分玉米的调整示例

饲料配比(%)	玉米	大豆粕	小麦麸	蛋氨酸制剂	赖氨酸制剂	石粉	磷酸氢钙	添加剂
0~6周龄	66.58	21.75	4.65	-0.02	-0.02	-0.02	2.08	1.0
碎米+10	-10.66	-0.8	1.47	0.01	-0.01	0.01	-0.02	—
调整结果	55.92	20.95	6.12	-0.01*	-0.03*	-0.01*	2.06	1.0
7~14周龄	67.62	20.4	8.69	-0.03	-0.07	0.46	1.93	1.0
碎米+10	-10.66	-0.8	1.47	0.01	-0.01	0.01	-0.02	—
调整结果	56.96	19.6	10.16	-0.02*	-0.08*	0.47	1.91	1.0

（续表）

饲料配比（%）	玉米	大豆粕	小麦麸	蛋氨酸制剂	赖氨酸制剂	石粉	磷酸氢钙	添加剂
15~20 周龄	67.28	5.48	24.26	-0.03	0.03	0.64	1.34	1.0
碎米+10	-10.66	-0.80	+1.47	+0.01	-0.01	+0.01	-0.02	—
调整结果	56.62	4.68	25.73	-0.02*	0.02	0.65	1.32	1.0
产蛋初期	68.84	9.53	11.87	-0.03	-0.03	6.25	0.57	1.0
碎米+10	-10.66	-0.80	+1.47	+0.01	-0.01	+0.01	-0.02	—
调整结果	58.18	8.73	13.34	-0.02*	-0.04*	6.26	0.55	1.0
产蛋<65%	69.57	11.55	5.49	0.01	0.00	8.10	0.28	1.0
碎米+10	-10.66	-0.80	+1.47	+0.01	-0.01	+0.01	-0.02	—
调整结果	58.91	10.75	6.96	0.02	-0.01*	8.11	0.26	1.0
65%~80%	69.24	12.43	2.81	0.02	-0.04	8.47	0.07	1.0
碎米+10	-10.66	-0.80	+1.47	+0.01	-0.01	+0.01	-0.02	—
调整结果	58.58	11.63	4.28	0.03	-0.05*	8.48	0.05	1.0
产蛋>80%	63.73	17.24	2.27	0.05	-0.07	8.67	0.11	1.0
碎米+10	-10.66	-0.80	+1.47	+0.01	-0.01	+0.01	-0.02	—
调整结果	53.07	16.44	3.74	0.06	-0.08*	8.68	0.09	1.0
80%~65%	65.10	13.93	4.22	0.02	-0.07	8.69	0.11	1.0
碎米+10	-10.66	-0.80	+1.47	+0.01	-0.01	+0.01	-0.02	—
调整结果	54.44	13.13	5.69	0.03	-0.08*	8.70	0.09	1.0
产蛋<65%	70.09	10.97	3.20	-0.02	-0.07	8.71	0.12	1.0
碎米+10	-10.66	-0.80	+1.47	+0.01	-0.01	+0.01	-0.02	—
调整结果	59.43	10.17	4.67	-0.01*	-0.08*	8.72	0.10	1.0
休产期	66.51	7.07	23.55	-0.05	-0.01	0.59	1.34	1.0
碎米+10	-10.66	-0.80	+1.47	+0.01	-0.01	+0.01	-0.02	—
调整结果	55.85	6.27	25.02	-0.04*	-0.02*	0.60	1.32	1.0

注：*表示应减去的饲料数量。

　　调整结果中应减去的饲料数量，由小麦麸的用量中减去，以调整配合量为100%。按饲料的增减比例数，调整基础饲料配方。

　　即得用碎米替代部分玉米的蛋用土鸡饲料配方：

　　（1）0~6周龄配方组成：玉米55.92%、碎米10.0%、大豆粕20.95%、国产鱼粉4.0%、小麦麸6.07%、磷酸氢钙2.06%、添加剂1.0%。

（2）7～14周龄配方组成：玉米56.96%、碎米10.0%、大豆粕19.60%、小麦麸10.06%、石粉0.47%、磷酸氢钙1.91%、国产鱼粉6.0%、添加剂1.0%。

（3）15～20周龄配方组成：玉米56.62%、碎米10.0%、大豆粕4.68%、小麦麸25.71%、赖氨酸制剂0.02%、石粉0.65%、磷酸氢钙1.32%、添加剂1.0%。

（4）产蛋初期的配方组成：玉米58.18%、碎米10.0%、大豆粕8.73%、国产鱼粉2.0%、小麦麸13.28%、石粉6.26%、磷酸氢钙0.55%、添加剂1.0%。

（5）产蛋率＞65%的配方组成：玉米58.91%、碎米10.0%、大豆粕10.75%、国产鱼粉4.0%、小麦麸6.95%、蛋氨酸制剂0.02%、石粉8.11%、磷酸氢钙0.26%、添加剂1.0%。

（6）产蛋率65%～80%的配方组成：玉米58.58%、碎米10.0%、大豆粕11.63%、国产鱼粉6.0%、小麦麸4.23%、蛋氨酸制剂0.03%、石粉8.48%、磷酸氢钙0.05%、添加剂1.0%。

（7）产蛋率＜80%的配方组成：玉米53.07%、碎米10.0%、大豆粕16.44%、国产鱼粉6.0%、小麦麸3.66%、油脂1%、蛋氨酸制剂0.06%、石粉8.68%、磷酸氢钙0.09%、添加剂1.0%。

（8）产蛋率80%～65%的配方组成：玉米54.44%、碎米10.0%、大豆粕13.13%、国产鱼粉6.0%、小麦麸5.61%、油脂1%、蛋氨酸制剂0.03%、石粉8.70%、磷酸氢钙0.09%、添加剂1.0%。

（9）产蛋率＞65%的配方组成：玉米59.43%、碎米10.0%、大豆粕10.17%、国产鱼粉6.0%、小麦麸4.58%、石粉8.72%、磷酸氢钙0.10%、添加剂1.0%。

（10）休产期的配方组成：玉米55.85%、碎米10.0%、大豆粕 6.27%、小麦麸 24.96%、石粉 0.60%、磷酸氢钙 1.32%、添加剂 1.0%。

例 2：如果平衡产蛋期饲料配方的氨基酸指标，可用花生粕 2.0%~5.0% 替代部分大豆粕的用量，调整结果见表 14。

表 14 平衡氨基酸指标的调整示例

饲料配比（%）	玉米	大豆粕	小麦麸	蛋氨酸制剂	赖氨酸制剂	石粉	磷酸氢钙	添加剂
产蛋初期	68.84	9.53	11.87	-0.03	-0.03	6.25	0.57	1.0
花生粕 +2	-0.18	-2.37	0.51	0.01	0.03	0.02	-0.02	—
调整结果	68.66	7.16	12.38	-0.02*	0.00	6.27	0.55	1.0
65%~80%	69.24	12.43	2.81	0.02	-0.04	8.47	0.07	1.0
花生粕 +3	-0.27	-3.56	0.77	0.02	0.00	0.03	-0.03	—
调整结果	68.97	8.87	3.58	0.04	0.00	8.50	0.04	1.0
产蛋 >80%	63.73	17.24	2.27	0.05	-0.07	8.67	0.11	1.0
花生粕 +5	-0.44	-5.93	1.28	0.03	0.07	0.04	-0.05	—
调整结果	63.29	11.31	3.55	0.08	0.00	8.71	0.06	1.0
80%~65%	65.1	13.93	4.22	0.02	-0.07	8.69	0.11	1.0
花生粕 +5	-0.44	-5.93	1.28	0.03	0.07	0.04	-0.05	—
调整结果	64.66	8.00	5.50	0.05	0.00	8.73	0.06	1.0
产蛋 <65%	70.09	10.97	3.20	-0.02	-0.07	8.71	0.12	1.0
花生粕 +5	-0.44	-5.93	1.28	0.03	0.07	0.04	-0.05	—
调整结果	69.55	5.04	4.48	0.01	0.00	8.75	0.07	1.0

产蛋期饲料配方经调整之后，赖氨酸含量符合指标要求，而满足蛋氨酸需要则添加蛋氨酸制剂。

即得蛋用土鸡产蛋期氨基酸平衡饲料配方：

（1）产蛋初期的配方组成：玉米 68.66%、大豆粕 7.16%、花生粕 2.0%、国产鱼粉 2.0%、小麦麸 12.38%、石粉 6.27%、磷酸氢钙 0.55%、添加剂 1.0%。

（2）产蛋率 65%~80% 的配方组成：玉米 68.97%、大豆粕

8.87％、花生粕 3.0％、国产鱼粉 6.0％、小麦麸 3.58％、蛋氨酸制剂 0.04％、石粉 8.50％、磷酸氢钙 0.04％、添加剂 1.0％。

（3）产蛋率 < 80％ 的配方组成：玉米 63.29％、大豆粕 13.31％、花生粕 5.0％、国产鱼粉 6.0％、小麦麸 3.55％、油脂 1％、蛋氨酸制剂 0.08％、石粉 8.71％、磷酸氢钙 0.06％、添加剂 1.0％。

（4）产蛋率 80％~65％ 的配方组成：玉米 64.66％、大豆粕 8.0％、花生粕 5.0％、国产鱼粉 6.0％、小麦麸 5.50％、油脂 1％、蛋氨酸制剂 0.05％、石粉 8.73％、磷酸氢钙 0.06％、添加剂 1.0％。

（5）产蛋率 > 65％ 的配方组成：玉米 69.55％、大豆粕 5.04％、花生粕 5.0％、国产鱼粉 6.0％、小麦麸 4.48％、石粉 8.75％、磷酸氢钙 0.07％、添加剂 1.0％。

（二）蛋用种鸡饲料的调配

蛋用种鸡从开始进入产蛋期，配合饲料的营养水平就应高于商品蛋鸡饲料，尤其是维生素 A、维生素 D、维生素 E 的含量更要显著地提高。

1. 配制饲料配方

以商品蛋鸡产蛋期的饲料配方为基础，增加粗蛋白质 1％，蛋氨酸 0.1％、赖氨酸 0.1％，使用种鸡专用复合维生素和微量元素添加剂；或者另外按产品规定量添加维生素 E 粉和维生素 AD_3 粉。调配过程见表 15。

表 15　蛋用种鸡产蛋期饲料配方配制示例

饲料配比（％）	玉米	大豆粕	小麦麸	蛋氨酸制剂	赖氨酸制剂	石粉	磷酸氢钙	添加剂
产蛋初期	68.84	9.53	11.87	-0.03	-0.03	6.25	0.57	1.0
粗蛋白质 +1	-1.46	+3.22	-1.64	-0.03	-0.07	-0.02	—	

（续表）

饲料配比（%）	玉米	大豆粕	小麦麸	蛋氨酸制剂	赖氨酸制剂	石粉	磷酸氢钙	添加剂
蛋+胱 +0.1	+0.07	+0.08	-0.25	+0.10	—		—	
赖氨酸+0.1	+0.07	+0.08	-0.25	—	+0.10			
种用土鸡料	67.52	12.91	9.73	0.04	0.0	6.23	0.57	1.0
产蛋<65%	69.57	11.55	5.49	0.01	—	8.1	0.28	1.0
粗蛋白质+1 蛋+胱 +0.1 赖氨酸+0.1 }	-1.32	+3.38	-2.14	+0.07	+0.03	-0.02	—	
种用土鸡料	68.25	14.93	3.35	0.08	0.03	8.08	0.28	1.0
65%~80%	69.24	12.43	2.81	0.02	-0.04	8.47	0.07	1.0
粗蛋白质+1 蛋+胱 +0.1 赖氨酸+0.1 }	-1.32	+3.38	-2.14	+0.07	+0.03	-0.02	—	
种用土鸡料	67.92	15.81	0.67	0.09	-0.01*	8.45	0.07	1.0
产蛋>80%	63.73	17.24	2.27	0.05	-0.07	8.67	0.11	1.0
粗蛋白质+1 蛋+胱 +0.1 赖氨酸+0.1 }	-1.32	+3.38	-2.14	+0.07	+0.03	-0.02	—	
种用土鸡料	62.41	20.62	0.13	0.12	-0.04*	8.65	0.11	1.0
80%~65%	65.1	13.93	4.22	0.02	0.07	8.69	0.11	1.0
粗蛋白质+1 蛋+胱 +0.1 赖氨酸+0.1 }	-1.32	+3.38	-2.14	+0.07	+0.03	-0.02	—	
种用土鸡料	63.78	17.31	2.08	0.09	-0.04*	8.67	0.11	1.0
产蛋<65%	70.09	10.97	3.2	-0.02	-0.07	8.71	0.12	1.0
粗蛋白质+1 蛋+胱 +0.1 赖氨酸+0.1 }	-1.32	+3.38	-2.14	+0.07	+0.03	-0.02	—	
种用土鸡料	68.77	14.35	1.06	0.05	-0.04*	8.69	0.12	1.0

注：* 表示应减去的饲料数量。

经调配的蛋用种鸡产蛋期饲料配方，营养含量增加；而饲料组成未变，其中少量赖氨酸制剂的负值，由小麦麸的用量中减去，以调整配合量为100%。调配的蛋用种鸡产蛋期饲料配方见表16。

表16　蛋用种鸡产蛋期饲料配方

饲料配比 (%)	产蛋初期	<65%	65%~80%	>80%	80%~65%	<65%
玉米	67.52	68.25	67.92	62.41	63.78	68.77
大豆粕	12.91	14.93	15.81	20.62	17.31	14.35
小麦麸	9.73	3.35	0.66	0.09	2.04	1.02
国产鱼粉	2	4	6	6	6	6
蛋氨酸制剂	0.04	0.08	0.09	0.12	0.09	0.05
赖氨酸制剂	—	0.03	—	—	—	—
油脂	—	—	—	1.0	1.0	—
石粉	6.23	8.08	8.45	8.65	8.67	8.69
磷酸氢钙	0.57	0.28	0.07	0.11	0.11	0.12
食盐	0.3	—	—	—	—	—
专用添加剂	1.0	1.0	1.0	1.0	1.0	1.0
合计	100.0	100.0	100.0	100.0	100.0	100.0
代谢能（MJ/kg）	11.51	11.51	11.51	11.51	11.51	11.51
粗蛋白质（%）	14.0	15.0	16.0	17.5	16.0	15.0
蛋+胱氨酸(%)	0.58	0.63	0.67	0.73	0.67	0.67
赖氨酸（%）	0.63	0.72	0.80	0.90	0.83	0.80
钙（%）	0.50	3.20	3.40	3.50	3.50	3.50
有效磷（%）	0.30	0.30	0.32	0.33	0.33	0.33

2. 调整饲料配方

蛋用种鸡产蛋期饲料配方中玉米、大豆粕用量多，而小麦麸用量少，可加入碎米、玉米蛋白粉、花生粕等。如果加入碎米20%、玉米蛋白粉10%，调整过程见表17。

表 17　蛋用种鸡产蛋期饲料配方调整示例

饲料配比（%）	玉米	大豆粕	小麦麸	蛋氨酸制剂	赖氨酸制剂	石粉	磷酸氢钙	添加剂
产蛋初期	67.52	12.91	9.73	0.04	—	6.23	0.57	1.0
碎米＋20	−21.32	−1.6	＋2.95	＋0.02	−0.01	＋0.01	−0.05	—
玉米蛋白＋5	−2.95	−5.94	＋3.81	−0.02	＋0.08	＋0.04	−0.02	—
调整结果	43.25	5.37	16.49	0.04	0.07	6.28	0.5	1.0
产蛋＜65%	68.25	14.93	3.35	0.08	0.03	8.08	0.28	1.0
碎米＋20 玉米蛋白＋5	−24.27	−7.54	＋6.76		＋0.07	＋0.05	−0.07	
调整结果	43.98	7.39	10.11	0.08	0.10	8.13	0.21	1.0
65%~80%	67.92	15.81	0.67	0.09	−0.01	8.45	0.07	1.0
碎米＋20 玉米蛋白＋5	−24.27	−7.54	＋6.76	—	＋0.07	＋0.05	−0.07	
调整结果	43.65	8.27	7.43	0.09	0.06	8.50	0.00	1.0
产蛋＞80%	62.41	20.62	0.13	0.12	−0.04	8.65	0.11	1.0
碎米＋20 玉米蛋白＋5	−24.27	−7.54	＋6.76	—	＋0.07	＋0.05	−0.07	
油脂−1	＋3.62	＋0.35	−2.97	−0.01			＋0.01	
调整结果	41.76	13.43	3.92	0.11	0.03	8.7	0.05	1.0
80%~65%	63.78	17.31	2.08	0.09	−0.04	8.67	0.11	1.0
碎米＋20 玉米蛋白＋5	−20.65	−7.19	＋3.79	−0.01	＋0.07	＋0.05	−0.06	
油脂−1								
调整结果	43.13	10.12	5.87	0.08	0.03	8.72	0.05	1.0
产蛋＜65%	68.77	14.35	1.06	0.05	−0.04	8.69	0.12	1.0
碎米＋20 玉米蛋白＋5	−24.27	−7.54	＋6.76		＋0.07	＋0.05	−0.07	
调整结果	44.50	6.81	7.82	0.05	0.03	8.74	0.05	1.0

即调整后的蛋用种鸡产蛋期饲料配方：

（1）产蛋初期的配方组成：玉米 43.25%、碎米 20%、玉米蛋白粉 5%、大豆粕 5.37%、国产鱼粉 2.0%、小麦麸 16.49%、蛋氨酸制剂 0.04%、赖氨酸制剂 0.07%、石粉 6.28%、磷酸氢钙 0.50%、食盐 0.30%、种鸡专用添加剂 1.0%。

（2）产蛋率 >65% 的配方组成：玉米 43.98%、碎米 20%、玉米蛋白粉 5%、大豆粕 7.39%、国产鱼粉 4.0%、小麦麸 10.11%、蛋氨酸制剂 0.08%、赖氨酸制剂 0.10%、石粉 8.13%、磷酸氢钙 0.21%、种鸡专用添加剂 1.0%。

（3）产蛋率 65%~80% 的配方组成：玉米 43.65%、碎米 20%、玉米蛋白粉 5%、大豆粕 8.27%、国产鱼粉 4.0%、小麦麸 7.43%、蛋氨酸制剂 0.09%、赖氨酸制剂 0.06%、石粉 8.50%、种鸡专用添加剂 1.0%。

（4）产蛋率 <80% 的配方组成：玉米 41.76%、碎米 20%、玉米蛋白粉 5%、大豆粕 13.43%、国产鱼粉 6.0%、小麦麸 3.92%、蛋氨酸制剂 0.11%、赖氨酸制剂 0.03%、石粉 8.70%、磷酸氢钙 0.05%、种鸡专用添加剂 1.0%。

（5）产蛋率 80%~65% 的配方组成：玉米 43.13%、碎米 20%、玉米蛋白粉 5%、大豆粕 10.12%、国产鱼粉 6.0%、小麦麸 5.87%、蛋氨酸制剂 0.08%、赖氨酸制剂 0.03%、石粉 8.72%、磷酸氢钙 0.05%、种鸡专用添加剂 1.0%。

（6）产蛋率 <65% 的配方组成：玉米 44.50%、碎米 20%、玉米蛋白粉 5%、大豆粕 6.81%、国产鱼粉 6.0%、小麦麸 7.82%、蛋氨酸制剂 0.05%、赖氨酸制剂 0.03%、石粉 8.74%、磷酸氢钙 0.05%、种鸡专用添加剂 1.0%。

（三）肉用种鸡饲料的调配

肉用种鸡的配合饲料中各种营养物质含量高，而能量含量低。特别是育成期和产蛋期。通过限制饲料的能量水平，以控制肉用种鸡的膘情。否则就要采取限量饲喂，或者饲料中配入米糠、草粉等以限制能量水平。

1. 配制饲料配方

配制肉用种鸡的饲料配方，先计算出肉用种鸡与商品蛋鸡各个饲养阶段的营养指标差额，见表18。

表18　肉用与蛋用种鸡的主要营养指标及差额

饲养阶段	代谢能（MJ/kg）	粗蛋白质（%）	蛋+胱氨酸（%）	赖氨酸（%）	钙（%）	有效磷（%）
蛋用种鸡：						
0~6 周龄	11.92	18	0.60	0.85	0.80	0.65
7~14 周龄	11.72	16	0.53	0.64	0.70	0.33
15~20 周龄	11.30	120	0.40	0.45	0.60	0.33
产蛋 >80%	11.51	16.5	0.63	0.73	3.50	0.43
80%~65%	11.51	15	0.57	0.66	3.50	0.40
肉用种鸡：						
0~6 周龄	11.92	18.5	0.75	0.95	1.00	0.45
7~13 周龄*	11.51	16.5	0.70	0.90	0.90	0.40
15~20 周龄	11.09	15	0.65	0.85	0.80	0.40
产蛋上升期	11.09	16.5	0.70	0.90	3.20	0.45
产蛋下降期	10.88	16.0	0.70	0.90	3.00	0.45
营养差额：						
0~6 周龄	—	+0.50	+0.15	+0.10	+0.20	-0.20
7~13 周龄	-0.21	+0.50	+0.17	+0.26	+0.20	+0.07
15~20 周龄	-0.21	+3.00	+0.25	+0.40	+0.20	+0.07
产蛋上升期	-0.42		+0.07	+0.17	-0.30	+0.02
产蛋下降期	-0.63	+1.00	+0.13	+0.24	-0.50	+0.05

注：*该项是上下营养指标的平均数。

以配制的商品蛋鸡饲料配方（表11）为基础，调整营养差额。为控制膘情，减去油脂用量，限制国产鱼粉用量，并增加苜蓿草粉3%~6%以替代部分小麦麸的用量。使用肉用种鸡专用复合维生素和微量元素添加剂，调配过程见表19。

表19 肉用种鸡饲料配方配制示例

饲料配比（%）	玉米	大豆粕	小麦麸	蛋氨酸制剂	赖氨酸制剂	石粉	磷酸氢钙	国产鱼粉	添加剂
借鉴配方	66.58	21.75	4.65	-0.02	-0.02	-0.02	2.08	4.0	1.0
粗蛋白+0.5	-0.73	+1.61	-0.82	-0.02	-0.03	-0.01	—	—	—
蛋+胱+0.15	+0.10	+0.12	-0.37	+0.15	—	—	—	—	—
赖氨酸+0.1	+0.07	+0.08	-0.25	—	+0.10	—	—	—	—
钙+0.2	+0.40	+0.43	-1.40	—	—	+0.56	+0.01	—	—
有效磷-0.2	-0.25	-0.27	+0.89	—	—	+0.71	-1.08	—	—
0~6周龄	66.17	23.72	2.70	0.11	0.05	1.24	1.01	4.0	1.0
借鉴配方	67.62	20.4	8.69	-0.03	-0.07	0.46	1.93	—	1.0
代谢能-0.21	-2.82	-0.72	+3.54	+0.01	—	+0.01	-0.02	—	—
粗蛋白+0.5	-0.73	+1.61	-0.82	-0.02	-0.03	-0.01	—	—	—
蛋+胱+0.17	+0.12	+0.13	-0.42	+0.17	—	—	—	—	—
赖氨酸+0.26	+0.19	+0.2	-0.65	—	+0.26	—	—	—	—
钙+0.2	+0.40	+0.43	-1.40	—	—	+0.56	+0.01	—	—
有效磷+0.07	+0.09	+0.10	-0.31	—	—	-0.25	+0.37	—	—
小计	—	—	+8.63						
苜蓿粉+3	+1.26	+0.09	-4.22	—	-0.01	-0.13	+0.01	—	—
7~13周龄	66.13	22.24	4.41	0.13	0.15	0.64	2.3	—	1.0
借鉴配方	67.28	5.48	24.26	-0.03	0.03	0.64	1.34	—	1.0
代谢能-0.21	-2.82	-0.72	+3.54	+0.01	—	+0.01	-0.02	—	—
粗蛋白+3	-4.38	+9.66	-4.92	-0.09	-0.20	-0.07	—	—	—
蛋+胱+0.25	+0.18	+0.19	-0.62	+0.25	—	—	—	—	—
赖氨酸+0.4	+0.28	+0.31	-1.00	—	+0.41	—	—	—	—
钙+0.2	+0.40	+0.43	-1.40	—	—	+0.56	+0.01	—	—
有效磷+0.07	+0.09	+0.10	-0.31	—	—	-0.25	+0.37	—	—
小计	—	—	19.55						
苜蓿粉+6	+2.51	+0.18	-8.45	—	-0.01	-0.25	+0.02	—	—
14~20周龄	63.54	15.63	11.10	0.14	0.23	0.64	1.82	—	1.0
借鉴配方	63.73	17.24	2.27	0.05	-0.07	8.67	0.11	6.0	—
代谢能-0.42	-5.64	-1.44	+7.08	+0.01	+0.01	+0.02	-0.04	—	—

(续表)

饲料配比 （％）	玉米	大豆粕	小麦麸	蛋氨酸制剂	赖氨酸制剂	石粉	磷酸氢钙	国产鱼粉	添加剂
蛋＋胱＋0.07	+0.05	+0.05	−0.17	+0.07	—	—	—	—	—
赖氨酸＋0.17	+0.12	+0.13	−0.42	—	+0.17	—	—	—	—
钙 −0.3	−0.60	−0.65	+2.10	—	+0.01	−0.85	−0.01	—	—
有效磷＋0.02	+0.02	+0.03	−0.09	—	—	−0.07	+0.11	—	—
小计	—	—	10.77	—	—	—	—	—	—
减鱼粉	+1.04	+4.80	−3.51	—	+0.02	+0.14	+0.51	−3.0	—
油脂−1	+3.62	+0.35	−2.97	−0.01	—	—	+0.01	—	—
产蛋上升期	62.34	20.51	4.29	0.12	0.14	7.91	0.69	3.0	1.0
借鉴配方	65.10	13.93	4.22	0.02	−0.07	8.69	0.11	6.0	—
代谢能−0.63	−8.45	−2.16	+10.61	+0.02	+0.01	+0.03	−0.06	—	—
粗蛋白＋1	−1.46	+3.22	−1.64	−0.03	−0.07	−0.02	—	—	—
蛋＋胱＋0.13	+0.09	+0.10	−0.32	+0.13	—	—	—	—	—
赖氨酸＋0.24	+0.17	+0.18	−0.59	—	+0.24	—	—	—	—
钙 −0.5	−1.00	−1.08	+3.49	—	+0.03	−1.41	−0.03	—	—
有效磷＋0.05	+0.06	+0.07	−0.22	—	—	−0.18	+0.27	—	—
小计	—	—	15.55	—	—	—	—	—	—
减鱼粉	+1.04	+4.80	−3.51	—	+0.02	+0.14	+0.51	−3.0	—
油脂−1	+3.62	+0.35	−2.97	−0.01	—	—	+0.01	—	—
苜蓿粉＋3	+1.26	+0.09	−4.22	—	−0.01	−0.13	+0.01	—	—
产蛋下降期	60.43	19.50	4.85	0.13	0.15	7.12	0.82	3.0	1.0

配制的肉用种鸡饲料配方，饲料配比比较合理，营养平衡，只是个饲养阶段均需要添加氨基酸制剂，以满足氨基酸指标，见表20。

表20　肉用种鸡饲料配方

饲料配比 （％）	0～6 周龄	7～13 周龄	14～20 周龄	产蛋 上升期	产蛋 下降期
玉米	66.17	66.13	63.54	62.34	60.43
大豆粕	23.72	22.24	15.63	20.51	19.50
小麦麸	2.70	4.41	11.10	4.29	4.85

（续表）

饲料配比（%）	0～6周龄	7～13周龄	14～20周龄	产蛋上升期	产蛋下降期
国产鱼粉	4.00	—	—	3.00	3.00
苜蓿粉	—	3.00	6.00	3.00	3.00
石粉	1.24	0.64	0.64	7.91	7.12
磷酸氢钙	1.01	2.30	1.82	0.69	0.82
蛋氨酸制剂	0.11	0.13	0.14	0.12	0.13
赖氨酸制剂	0.05	0.15	0.23	0.14	0.15
1%添加剂	1.00	1.00	1.00	1.00	1.00
合计	100.00	100.00	100.00	100.00	100.00
代谢能（MJ/kg）	11.92	11.51	11.09	11.09	10.88
粗蛋白质	18.50	16.50	15.00	16.50	16.00
蛋氨酸制剂	0.75	0.70	0.65	0.70	0.70
赖氨酸制剂	0.95	0.90	0.85	0.90	0.90
钙	1.00	0.90	0.80	3.20	3.00
有效磷	0.45	0.40	0.40	0.45	0.45

2. 调整饲料配方

为了降低饲料成本，可加入价格比较低廉的玉米胚芽饼、啤酒糟、芝麻饼、酵母粉等，以替代玉米、大豆粕、小麦麸等基本饲料。如果加入玉米胚芽饼10%、酵母粉6%，调整结果见表21。

表21　肉用种鸡饲料配方调整示例

饲料配比（%）	玉米	大豆粕	小麦麸	蛋氨酸制剂	赖氨酸制剂	石粉	磷酸氢钙	胚芽饼	酵母粉
0～6周龄	66.17	23.72	2.70	0.11	0.05	1.24	1.01	—	—
玉米胚芽饼	-2.00	-0.75	-3.19	-0.02	—	0.09	-0.13	6.0	—
加酵母粉	0.04	-8.06	2.02	0.02	-0.02	0.12	-0.12	—	6.0
调整结果	64.21	14.91	1.53	0.11	0.03	1.45	0.76	6.00	6.0
7～13周龄	66.13	22.24	4.41	0.13	0.15	0.64	2.30	—	—
玉米胚芽饼	-3.34	-1.27	-5.31	-0.03	—	0.16	-0.21	10.0	—

（续表）

饲料配比（%）	玉米	大豆粕	小麦麸	蛋氨酸制剂	赖氨酸制剂	石粉	磷酸氢钙	胚芽饼	酵母粉
加酵母粉	0.04	-8.06	2.02	0.02	-0.02	0.12	-0.12	—	6.0
调整结果	62.83	12.91	1.12	0.12	0.13	0.92	1.97	10.0	6.0
14~20周龄	63.54	15.63	11.10	0.14	0.23	0.64	1.82	—	—
玉米胚芽饼}加酵母粉	-3.30	-9.33	-3.29	-0.01	-0.02	0.28	-0.33	10.0	6.0
调整结果	61.24	6.30	7.81	0.13	0.21	0.92	1.49	10.0	6.0
产蛋上升期	62.34	20.51	4.29	0.12	0.14	7.91	0.69	—	—
玉米胚芽饼}加酵母粉	-3.30	-9.33	-3.29	-0.01	-0.02	0.28	-0.33	10.0	6.0
调整结果	59.04	11.18	1.0	0.11	0.12	8.19	0.36	10.0	6.0
产蛋下降期	60.43	19.50	4.85	0.13	0.15	7.12	0.82	—	—
玉米胚芽饼}加酵母粉	-3.30	-9.33	-3.29	-0.01	-0.02	0.28	-0.33	10.00	6.0
调整结果	57.13	10.17	1.56	0.12	0.13	7.40	0.49	10.00	6.0

即用廉价饲料调整后的肉用种鸡饲料配方：

（1）0~6周龄配方组成：玉米 64.21%、大豆粕 14.91%、玉米胚芽饼 6.0%、酵母粉 6.0%、国产鱼粉 4.0%、小麦麸 1.53%、蛋氨酸制剂 0.11%、赖氨酸制剂 0.03%、石粉 1.45%、磷酸氢钙 0.76%、添加剂 1.0%。

（2）7~13周龄配方组成：玉米 62.83%、大豆粕 12.91%、玉米胚芽饼 10.0%、酵母粉 6.0%、小麦麸 1.12%、蛋氨酸制剂 0.12%、赖氨酸制剂 0.13%、石粉 0.92%、磷酸氢钙 1.97%、添加剂 1.0%。

（3）14~20周龄配方组成：玉米 61.24%、大豆粕 6.30%、玉米胚芽饼 10.0%、酵母粉 6.0%、小麦麸 7.81%、蛋氨酸制剂 0.13%、赖氨酸制剂 0.21%、石粉 0.92%、磷酸氢钙 1.49%、添加剂 1.0%。

（4）产蛋上升期配方组成：玉米 59.04%、大豆粕 11.18%、玉米胚芽饼 10.0%、酵母粉 6.0%、国产鱼粉 3.0%、小麦麸 1.0%、蛋氨酸制剂 0.11%、赖氨酸制剂 0.12%、石粉 8.19%、磷酸氢钙 0.36%、添加剂 1.0%。

（5）产蛋下降期配方组成：玉米 57.13%、大豆粕 10.17%、玉米胚芽饼 10.0%、酵母粉 6.0%、国产鱼粉 3.0%、小麦麸 1.56%、蛋氨酸制剂 0.12%、赖氨酸制剂 0.13%、石粉 7.40%、磷酸氢钙 0.49%、添加剂 1.0%。

（四）肉用土鸡饲料的调配

配制肉用土鸡的饲料配方，则以蛋用土鸡 0～6 周龄的饲料配方为基础，并且根据实际需要调整营养指标或饲料组成。

1. 配制饲料配方

计算肉用土鸡与蛋用土鸡 0～3 周龄营养指标的差额；计算各饲养阶段营养指标的差额，结果见表 22。

表 22　肉用黄鸡的主要营养指标及差额

饲养阶段	代谢能（MJ/kg）	粗蛋白质（%）	蛋+胱氨酸（%）	赖氨酸（%）	钙（%）	有效磷（%）
拟定配方	11.92	18	0.60	0.85	0.80	0.65
营养指标：						
0～3 周龄	11.97	20	0.72	1.13	1.00	0.5
4～5 周龄	12.35	18	0.64	1.00	0.95	0.45
6 周龄以上	12.77	16	0.60	0.93	0.85	0.42
营养差额：						
0～3 周龄	0.05	2	0.12	0.28	0.20	-0.15
4～5 周龄	0.38	-2	-0.08	-0.13	-0.05	-0.05
6 周龄以上	0.42	-2	-0.04	-0.07	-0.10	-0.03

以蛋用土鸡 0～6 周龄的饲料配方为基础，调整营养差额；

同时调整国产鱼粉的用量。当小麦麸出现负值时，增加油脂，以满足能量需要，提高增重速度。调整过程见表23。

表23　肉用黄鸡育肥饲料配方配制示例

饲料配比（%）	玉米	大豆粕	小麦麸	蛋氨酸制剂	赖氨酸制剂	石粉	磷酸氢钙	国产鱼粉	油脂
育雏期配方	66.58	21.75	4.65	-0.02	-0.02	-0.02	2.08	4.0	
代谢能 +0.05	+0.67	+0.17	-0.84	—	—	—			
粗蛋白 +2	-2.92	+6.44	-3.28	-0.06	-0.13	-0.05			
蛋+胱 +0.12	+0.09	+0.09	-0.30	+0.12					
赖氨酸 +0.28	+0.20	+0.22	-0.70	—	+0.28				
钙 +0.2	+0.40	+0.43	-1.40	—	—	+0.56	+0.01		
有效磷 +0.15	+0.19	+0.21	-0.67			-0.53	+0.80		
小计	—	—	-2.54						
加国产鱼粉	-0.87	-4.00	+2.91		-0.01	-0.11	-0.42	+2.5	
0~3周龄	64.34	25.31	0.37	0.04	0.12	-0.15*	2.47	6.5	
代谢能 +0.38	+5.09	+1.31	-6.40	-0.01	-0.01	-0.02	+0.04	—	
粗蛋白 -2	+2.92	-6.44	+3.28	+0.06	+0.13	+0.05			
蛋+胱 -0.08	-0.06	-0.06	+0.20	-0.08					
赖氨酸 -0.13	-0.09	-0.10	+0.32	—	-0.13				
钙 -0.05	-0.10	-0.11	+0.35			-0.14			
有效磷 -0.05	-0.06	-0.07	+0.22			+0.18	-0.27		
小计	—	—	-1.66						
加油脂	-7.24	-0.71	+5.95	+0.01		+0.01	-0.02	—	+2.0
减国产鱼粉	+0.69	+3.20	-2.33		+0.01	+0.09	+0.34	-2.00	
4~5周龄	65.49	22.33	1.96	0.02	0.12	0.02	2.56	4.50	2.0
代谢能 +0.42	+5.63	+1.44	-7.07	-0.01	-0.01	-0.02	+0.04	—	
粗蛋白 -2	+2.92	-6.44	+3.28	+0.06	+0.13	+0.05			
蛋+胱 -0.04	-0.03	-0.03	+0.10						
赖氨酸 -0.07	-0.04	-0.05	+0.16	—	-0.07				
钙 -0.1	-0.20	-0.22	+0.70			-0.28			
有效磷 -0.03	-0.04	-0.04	+0.13			0.11	-0.16		
减国产鱼粉	+1.56	+7.20	-5.26	+0.01	+0.02	+0.21	+0.76	-4.50	
小计	—	—	-6.0						
加油脂	-7.61	-0.74	+6.25	+0.01		+0.01	-0.02		2.1
6周龄以上	67.68	23.45	0.25	0.05	0.19	0.10	3.18	0.00	4.10

即得肉用三黄鸡的饲料配方：

（1）0～3周龄配方组成：玉米64.34%、大豆粕25.31%、国产鱼粉6.5%、小麦麸0.22%（减去负值0.15）、蛋氨酸制剂0.04%、赖氨酸制剂0.12%、磷酸氢钙2.47%、添加剂1.0%。

（2）4～5周龄配方组成：玉米65.49%、大豆粕22.33%、国产鱼粉4.5%、小麦麸1.96%、油脂2.0%、蛋氨酸制剂0.02%、赖氨酸制剂0.12%、石粉0.02%、磷酸氢钙2.56%、添加剂1.0%。

（3）6周龄以上配方组成：玉米67.68%、大豆粕23.45%、小麦麸0.25%、油脂4.10%、蛋氨酸制剂0.05%、赖氨酸制剂0.19%、石粉0.10%、磷酸氢钙3.18%、添加剂1.0%。

2. 调整饲料配方

肉用三黄鸡的能量指标比较高，鸡体膘情过肥，脂肪过多，不适合市场需求，应降低能量指标。如果4周龄以上的配合饲料中不添加油脂，计算代谢能减少的数量，调整结果见表24。

表24　肉用三黄鸡降低能量指标的调整示例

饲料配比（%）	玉米	大豆粕	小麦麸	蛋氨酸制剂	赖氨酸制剂	石粉	磷酸氢钙	油脂
4～5周龄	65.49	22.33	1.96	0.02	0.12	0.02	2.56	2.00
减油脂	+7.24	+0.71	-5.95	-0.01	—	-0.01	+0.02	-2.00
小计	—	—	-3.99	—	—	—	—	—
代谢能-0.3	-4.02	-1.03	+5.05	+0.01	—	+0.02	-0.03	—
调整结果	68.71	22.01	1.06	0.02	0.12	0.03	2.55	0.00
6周龄以上	67.68	23.45	0.25	0.05	0.19	0.10	3.18	4.10
减油脂	+14.85	+1.45	-12.20	-0.03	—	-0.02	+0.05	-4.10
小计	—	—	-11.95	—	—	—	—	—
代谢能-0.8	-10.72	-2.74	+13.47	+0.02	+0.01	+0.04	-0.08	—
调整结果	71.81	22.16	1.52	0.04	0.20	0.12	3.15	0.0

即肉用三黄鸡不添加油脂的饲料配方：

（1）0～3周龄配方组成：玉米64.34%、大豆粕25.31%、国产鱼粉6.5%、小麦麸0.22%、蛋氨酸制剂0.04%、赖氨酸制剂0.12%、磷酸氢钙2.47%、添加剂1.0%。

（2）4～5周龄配方组成：玉米68.71%、大豆粕22.01%、国产鱼粉4.5%、小麦麸1.06%、蛋氨酸制剂0.02%、赖氨酸制剂0.12%、石粉0.03%、磷酸氢钙2.55%、添加剂1.0%。

（3）6周龄以上配方组成：玉米71.81%、大豆粕22.16%、小麦麸1.52%、蛋氨酸制剂0.04%、赖氨酸制剂0.20%、石粉0.12%、磷酸氢钙3.15%、添加剂1.0%。

（五）典型饲料配方的借鉴与调整

如果借用土鸡的典型饲料配方或经验性饲料配方，不要生搬硬套，拿来就用，应看其是否与本地的饲料资源相一致。并重新核算典型配方的营养含量，验证其是否与营养指标相符合，由此确定是否对典型配方进行适当的调整。

1. 蛋用土鸡典型配方的借鉴与调整

借用一套蛋用土鸡的典型饲料配方，并根据不同饲养阶段的营养需要，调整典型配方的营养含量。根据饲料资源及价格，调整饲料种类及配比。

（1）借鉴典型饲料配方

1～3周龄雏鸡配方：玉米62%、小米4%、高粱3%、麦麸4%、豆饼19%、鱼粉6%、贝壳粉1%、骨粉0.7%、食盐0.3%。

4～6周龄雏鸡配方：玉米62%、高粱4%、麦麸6%、豆饼16%、花生饼4%、脱毒棉籽饼2%、鱼粉4%、贝壳粉1%、骨粉0.7%、食盐0.3%。

7～14周龄育成鸡配方：玉米60%、米糠4%、高粱4%、红薯干8%、豆饼8%、花生饼7%、脱毒棉籽饼3%、鱼粉4%、骨粉1%、贝壳粉0.7%、食盐0.3%。

15~25周龄育成鸡配方：玉米65%、麦麸15%、大麦5%、豆饼6%、脱毒棉籽饼3%、鱼粉3%、贝壳粉1.5%、骨粉1.2%、食盐0.3%。

产蛋率50%以上的蛋鸡配方：玉米60%、麦麸6%、豆饼20%、脱毒棉籽饼3%、鱼粉5%、骨粉2%、贝壳粉3.7%、食盐0.3%。

产蛋率85%以上的蛋鸡配方：玉米50%、麦麸4%、豆饼20%、脱毒棉籽饼5%、花生饼6%、鱼粉6%、血粉1.5%、骨粉2%、贝壳粉5%、食盐0.3%、蛋氨酸0.2%。

为典型配方配料，其中的鱼粉用国产鱼粉，豆饼换用大豆粕，棉籽饼换用棉籽仁粕，骨粉换用磷酸氢钙。红薯干货源缺，用裸大麦粉替代。依据饲料营养成分表（附表3-1），计算出典型配方的营养含量：

1~3周龄雏鸡配方：含代谢能12.08MJ/kg、粗蛋白质18.0%、蛋氨酸+胱氨酸0.66%、赖氨酸0.94%、钙0.94%、有效磷0.43%。

4~6周龄雏鸡配方：含代谢能11.97MJ/kg、粗蛋白质18.3%、蛋氨酸+胱氨酸0.42%、赖氨酸0.86%、钙0.83%、有效磷0.39%。

7~14周龄育成鸡配方：含代谢能12.33MJ/kg、粗蛋白质17.1%、蛋氨酸+胱氨酸0.58%、赖氨酸0.75%、钙0.77%、有效磷0.45%。

15~25周龄育成鸡配方：含代谢能11.59MJ/kg、粗蛋白质14.1%、蛋氨酸+胱氨酸0.51%、赖氨酸0.48%、钙1.03%、有效磷0.46%。

产蛋率50%以上的蛋鸡配方：含代谢能11.33MJ/kg、粗蛋白质18.7%、蛋氨酸+胱氨酸0.66%、赖氨酸0.96%、钙2.11%、有效磷0.59%。

产蛋率85%以上的蛋鸡配方：含代谢能10.98MJ/kg、粗蛋白质 22.8%、蛋氨酸 + 胱氨酸 0.93%、赖氨酸 0.69%、钙 2.63%、有效磷 0.69%。

以上典型配方的营养含量，是否符合土鸡的营养需要，经对照后方可确定是直接使用，还是需要进行适当的调整。

（2）调整典型饲料配方

经核算典型配方的营养含量与土鸡营养指标的差额，确定调整项目如下：

1~3 周龄雏鸡配方：需要减少代谢能 0.16MJ/kg、蛋氨酸 + 胱氨酸 0.06%、赖氨酸 0.09%、钙 0.14%；增加有效磷 0.22%。

4~6 周龄雏鸡配方：需要减少代谢能 0.05MJ/kg、粗蛋白质 0.5%；增加蛋氨酸 + 胱氨酸 0.2%、有效磷 0.2%。

7~14 周龄育成鸡配方：需要减少代谢能 0.61MJ/kg、粗蛋白质 1.0%、蛋氨酸 + 胱氨酸 0.05%、赖氨酸 0.09%、钙 0.07%；增加有效磷 0.05%。

15~25 周龄育成鸡配方：需要减少代谢能 0.3MJ/kg、粗蛋白质 2.0%、蛋氨酸 + 胱氨酸 0.1%、钙 0.4%、有效磷 0.06%。

产蛋率 50% 以上的蛋鸡配方：需要增加代谢能 0.2MJ/kg、钙 1.0%、减少粗蛋白质 3.0%、蛋氨酸 + 胱氨酸 0.1%、赖氨酸 0.3%、有效磷 0.25%。

产蛋率 85% 以上的蛋鸡配方：需要增加代谢能 0.54MJ/kg、赖氨酸 0.05%、钙 0.8%；减少粗蛋白质 6.0%、蛋氨酸 + 胱氨酸 0.3%、有效磷 0.35%。

为了平衡氨基酸指标，增加花生粕适量。调整过程及结果见表 25。

表 25　蛋用土鸡典型配方调整示例

调整项目	玉米(%)	大豆粕(%)	小麦麸(%)	蛋氨酸(%)	赖氨酸(%)	石粉(%)	磷酸氢钙(%)	花生粕(%)	贝壳粉(%)
1~3 周龄	62.0	19.0	4.0	—	—	—	0.7	—	1.0
代谢能 -0.16	2.14	0.55	+2.69	—	—	+0.01	-0.01	—	—
蛋 + 胱 -0.06	-0.04	-0.05	+0.15	-0.06	—	—	—	—	—

（续表）

调整项目	玉米（%）	大豆粕（%）	小麦麸（%）	蛋氨酸（%）	赖氨酸（%）	石粉（%）	磷酸氢钙（%）	花生粕（%）	贝壳粉（%）
赖氨酸 -0.09	-0.06	-0.07	+0.22	—	-0.09	—	—	—	—
钙 -0.14	-0.28	-0.30	+0.98	—	—	-0.39	-0.01	—	—
有效磷 +0.22	+0.44	+0.47	-1.54	—	—	+0.62	+0.01	—	—
小计	—	—	—	—	—	-0.06	-0.09	—	—
加花生粕	-0.80	-10.68	+2.30	+0.06	+0.13	+0.08	-0.09	+9.00	—
调整结果	59.12	7.82	8.80	0.00	0.04	0.32	0.60	9.00	1.0
4~6周龄	62.0	17.0	6.0	—	—	—	0.7	—	1.0
代谢能 -0.05	-0.67	-0.17	+0.84	—	—	—	—	—	—
蛋+胱 +0.2	+0.14	+0.15	-0.50	+0.20	—	—	—	—	—
赖氨酸 -0.05	-0.04	-0.04	+0.13	—	-0.05	—	—	—	—
有效磷 +0.2	+0.25	+0.27	-0.89	—	—	-0.71	+1.08	—	—
加花生粕	-0.31	-4.15	+0.90	+0.02	+0.05	+0.03	-0.03	+3.50	—
减贝壳粉	+0.07	-0.01	0.03	—	—	+0.68	—	—	-0.71
调整结果	61.44	13.05	6.45	0.22	0.00	0.00	1.75	3.50	0.29
7~14周龄	60.0	8.0	—	—	—	—	1.0	—	0.7
代谢能 -0.61	-8.18	-2.09	+10.27	+0.02	+0.01	+0.03	-0.06	—	—
粗蛋白质 -1	+1.46	-3.22	+1.64	+0.03	+0.07	+0.03	—	—	—
蛋+胱 -0.05	-0.04	-0.04	+0.13	0.05	—	—	—	—	—
赖氨酸 -0.1	-0.07	-0.08	+0.25	—	-0.10	—	—	—	—
小计	—	—	—	—	—	—	—	-0.02	—
加花生粕	-0.13	-1.78	+0.38	+0.01	+0.02	+0.01	-0.01	+1.50	—
调整结果	53.04	0.79	12.67	0.01	0.00	0.06	0.93	1.50	0.70
15~25周龄	65.0	6.0	15.0	—	—	—	1.2	—	1.5
代谢能 -0.3	-4.02	-1.03	+5.05	+0.01	—	+0.01	-0.03	—	—
粗蛋白质 -2	+2.92	-6.44	+3.28	+0.06	+0.14	+0.04	—	—	—
蛋+胱 -0.1	-0.08	-0.08	+0.26	-0.10	—	—	—	—	—
钙 -0.4	-0.80	-0.86	+2.80	—	+0.01	-1.13	-0.02	—	—
有效磷 +0.06	+0.08	+0.08	-0.27	—	—	-0.21	+0.32	—	—
小计	—	-2.33	—	-0.03	—	-1.29	—	—	—
国产鱼粉 -3	+1.04	+4.80	-3.51	—	+0.02	+0.14	+0.51	—	—
棉籽粕 -3	-0.48	+2.81	+0.70	—	—	-0.02	-0.02	+0.02	—

（续表）

调整项目	玉米(%)	大豆粕(%)	小麦麸(%)	蛋氨酸(%)	赖氨酸(%)	石粉(%)	磷酸氢钙(%)	花生粕(%)	贝壳粉(%)
小计	—	—	—	—	-0.03	—	-1.17	—	—
加花生粕	-0.39	-5.24	+1.13	+0.03	+0.06	+0.04	-0.04	+4.41	—
减贝壳粉	+0.12	-0.02	-0.05	—	—	+1.13	—	—	-1.18
调整结果	63.39	0.02	24.39	0.0	0.21	0.0	1.96	4.41	0.32
产蛋≤50%	60.0	20.0	6.0				2.0		3.7
代谢能+0.2	+2.68	+0.69	-3.37	-0.01		-0.01	+0.02		
粗蛋白质-3	+4.38	-9.66	+4.92	+0.20	+0.14	+0.07			
蛋+胱-0.1	-0.08	-0.08	+0.26	-0.10					
赖氨酸-0.3	-0.21	-0.23	+0.75	—	-0.30	—	-0.01		
钙+1	+1.99	+2.15	-6.99	-0.01	-0.02	+2.82	+0.06		
有效磷-0.25	-0.32	-0.34	+1.11			+0.89	-1.35		
小计	—	12.53	—	—	-0.18	—	—	—
国产鱼粉-2	+0.69	+3.20	-2.34		+0.01	+0.09	+0.34		
棉籽粕-3	-0.48	+2.81	+0.70		-0.02	-0.02	+0.02		
加花生粕	-0.39	-15.16	+3.27	+0.09	+0.19	+0.11	-0.12	+12.77	—
调整结果	68.26	3.38	4.31	0.17	0.0	3.95	0.96	12.77	3.70
产蛋≤85%	50.0	20.0	4.0	0.2	—	—	2.0		5.0
代谢能+0.4	+5.36	+1.37	-6.73	-0.01	0.01	0.02	+0.04		
粗蛋白质-6	+8.76	-19.32	+9.84	+0.18	+0.40	+0.15	-0.01		
蛋+胱-0.3	-0.21	-0.23	+0.75	-0.30			-0.01		
钙+0.8	+1.59	+1.72	-5.59	-0.01	-0.01	+2.26	+0.04		
有效磷-0.35	-0.44	-0.49	+1.56			+1.24	-1.88		
棉籽粕-3	-0.48	+2.81	+0.70		-0.02	-0.02	+0.02		
调整结果	64.58	5.86	4.53	0.06	0.36	3.61	0.20	—	5.0

2. 肉用土鸡典型配方的借鉴与调整

（1）0～4周龄配方：玉米55.5%、四号粉7.0%、麸皮3.0%、豆粕21.0%、鱼粉3.0%、玉米蛋白粉5.0%、酵母粉2.0%、磷酸氢钙1.2%、石粉1.0%、食盐0.3%、预混料

1.0%；营养成分为代谢能11.83MJ/kg、粗蛋白质19.5%。

（2）5～6周龄配方：玉米58.5%、四号粉10.0%、麸皮3.0%、豆粕17.0%、鱼粉2.0%、玉米蛋白粉4.0%、酵母粉2.0%、磷酸氢钙1.2%、石粉1.0%、食盐0.3%、预混料1.0%。营养成分为代谢能11.94MJ/kg，粗蛋白17.4%。

（3）育肥期（9周龄至上市）配方：玉米61.5%、四号粉10.0%、麸皮4.5%、豆粕11.0%、鱼粉1.0%、玉米蛋白粉4.0%、酵母粉2.5%、菜籽粕2.0%、磷酸氢钙1.2%、石粉1.0%、食盐0.3%、预混料1.0%。营养成分为代谢能12.25MJ/kg，粗蛋白16.3%。

经核算典型配方的营养含量与营养指标的差额，3个饲养阶段需要分别增加代谢能0.14MJ/kg、0.4MJ/kg，育肥期不再增加；分别增加粗蛋白质1.5%、1.0%和1.0%。为了满足营养需要，增加花生粕和熟制大豆粉适量。调整结果见表26。

表26　肉用土鸡典型饲料配方调整示例

调整项目	玉米（%）	大豆粕（%）	小麦麸（%）	蛋氨酸（%）	赖氨酸（%）	石粉（%）	磷酸氢钙（%）	花生粕（%）	大豆粉（%）
0～4周龄	55.5	21.0	3.0	—	—	1.0	1.2	—	—
代谢能+0.14	+1.88	+0.48	-2.36	—	—	-0.01	+0.01	—	—
粗蛋白+1.5	-2.19	+4.83	-2.46	-0.04	-0.10	-0.04	—	—	—
小计	—	—	-1.82	—	—	—	—	—	—
加花生粕	-0.53	-7.12	+1.54	+0.04	+0.09	+0.05	-0.07	+6.0	—
加熟豆粉	-1.27	-1.78	+1.06	—	—	+0.01	-0.02	—	+2.0
调整结果	53.39	17.41	0.78	0.0	0.01*	1.01	1.12	6.0	2.0
5～6周龄	58.5	17.0	3.0	—	—	1.0	1.2	—	—
代谢能+0.4	+5.36	+1.37	-6.73	-0.01	-0.01	-0.02	+0.04	—	—
粗蛋白+1	-1.46	+3.22	-1.64	-0.03	-0.07	-0.02	—	—	—
小计	—	—	-5.37	—	—	—	—	—	—
加花生粕	-0.89	-11.87	+2.56	+0.07	+0.14	+0.09	-0.10	+10.0	—
加熟豆粉	-3.80	-5.34	+3.17	+0.01	-0.01	+0.03	-0.06	—	+6.0
调整结果	57.71	4.38	0.36	0.04	0.05	1.08	1.08	10.0	6.0
育肥期	61.5	11.0	4.5	—	—	1.0	1.2	—	—
粗蛋白+1	-1.46	+3.22	-1.64	-0.03	-0.07	-0.02	—	—	—

（续表）

调整项目	玉米（%）	大豆粕（%）	小麦麸（%）	蛋氨酸（%）	赖氨酸（%）	石粉（%）	磷酸氢钙（%）	花生粕（%）	大豆粉（%）
加花生粕	−0.44	−5.94	+1.28	+0.03	+0.07	+0.04	−0.04	+5.0	—
调整结果	59.60	8.28	4.14	0.0	0.0	1.02	1.16	5.0	—

即由典型配方调配的肉用土鸡饲料配方：

（1）0~4周龄配方：玉米53.4%、四号粉7.0%、麸皮0.8%、豆粕17.4%、鱼粉3.0%、玉米蛋白粉5.0%、酵母粉2.0%、花生粕6.0%、大豆粉2.0%、磷酸氢钙1.1%、石粉1.0%、食盐0.3%、预混料1.0%；营养成分为代谢能11.97MJ/kg、粗蛋白质21.0%。

（2）5~6周龄配方：玉米57.7%、四号粉10.0%、麸皮0.4%、豆粕4.4%、鱼粉2.0%、玉米蛋白粉4.0%、酵母粉2.0%、花生粕10.0%、大豆粉6.0%、磷酸氢钙1.1%、石粉1.1%、食盐0.3%、预混料1.0%。营养成分为代谢能12.34MJ/kg，粗蛋白18.4%。

（3）育肥期（9周龄至上市）配方：玉米59.6%、四号粉10.0%、麸皮4.1%、豆粕8.3%、鱼粉1.0%、玉米蛋白粉4.0%、酵母粉2.5%、菜籽粕2.0%、花生粕5.0%、磷酸氢钙1.2%、石粉1.0%、食盐0.3%、预混料1.0%。营养成分为代谢能12.25MJ/kg，粗蛋白17.3%。

（六）使用预混料配制配合饲料

预混料由各种饲料添加剂和载体物质组成。载体物质有石粉、沸石粉、鱼粉等。石粉可增加钙；沸石粉可增加微量元素；鱼粉可增加粗蛋白质，使用前一定要看明白说明书。配制鸡饲料最常使用的预混料主要有1%、3%、4%、5%不等，应选用正规厂家生产的技术含量高的产品，并且要以质论价，不要贪图便宜。一般4%、5%的预混料含有鱼粉，或者标明粗蛋白质含量，而且饲料添加剂的种类比较齐全。

1. 使用预混料配制蛋用种鸡饲料

如果使用蛋用种鸡专用的4%和5%预混料，可替代饲料配方中的蛋氨酸制剂、赖氨酸制剂、石粉、磷酸氢钙、食盐及复合维生素和微量元素添加剂的用量，配有鱼粉的预混料还能替代部分鱼粉的用量。饲料配制如下：

（1）配制0～6周龄饲料：使用雏鸡5%预混料，可替代数量为3.08%，并减去鱼粉2%，然后调整小麦麸用量，使配合量为100%。

（2）配制7～13周龄饲料：使用育成鸡4%预混料，可替代数量为3.69%，然后调整小麦麸用量，使配合量为100%。

（3）配制14～20周龄饲料：使用育成鸡4%预混料，可替代数量为3.31%，然后调整小麦麸用量，使配合量为100%。

（4）配制产蛋初期饲料：使用产蛋鸡4%预混料，可替代数量为1.91%，并减去鱼粉2%，然后调整小麦麸用量，使配合量为100%。

（5）配制产蛋上升期饲料：使用产蛋鸡4%预混料，可替代数量为1.16%，并减去鱼粉2%，然后调整小麦麸用量，使配合量为100%。

（6）配制产蛋下降期饲料：使用产蛋鸡4%预混料，可替代数量为1.20%，并减去鱼粉2%，然后调整小麦麸用量，使配合量为100%。

按整数调整饲料配比，即得用预混料配制的蛋用种鸡配合饲料配方，见表27。

表27　肉用种鸡配合饲料配方

饲料配比 （%）	0～6 周龄	7～14 周龄	15～20 周龄	产蛋 初期	产蛋 上升	产蛋 下降
玉米	66	68	67	68	68	64
大豆粕	22	20	6	13	16	17

（续表）

饲料配比 （％）	0~6 周龄	7~14 周龄	15~20 周龄	产蛋 初期	产蛋 上升	产蛋 下降
小麦麸	5	8	23	9	—	3
国产鱼粉	2	—	—	—	4	4
石粉	—	—	—	6	8	8
雏鸡预混料	5	—	—	—	—	—
育成鸡预混料	—	4	4	—	—	—
产蛋鸡预混料	—	—	—	4	4	4
合计	100.0	100.0	100.0	100.0	100.0	100.0

2. 使用预混料配制肉用种鸡饲料

如果使用肉用种鸡专用的5%预混料，可替代饲料配方中的蛋氨酸制剂、赖氨酸制剂、石粉、磷酸氢钙及复合维生素和微量元素添加剂的用量，配有鱼粉的预混料还能替代部分鱼粉的用量。饲料配制如下：

（1）配制0~6周龄饲料：使用雏鸡5%预混料，可替代数量为3.41%，并减去鱼粉1%，然后调整小麦麸用量，使配合量为100%。

（2）配制7~13周龄饲料：使用育成鸡5%预混料，可替代数量为4.22%，然后调整小麦麸用量，使配合量为100%。

（3）配制14~20周龄饲料：使用育成鸡5%预混料，可替代数量为3.83%，然后调整小麦麸用量，使配合量为100%。

（4）配制产蛋上升期饲料：使用产蛋鸡5%预混料，可替代数量为1.95%，并减去鱼粉3%，然后调整小麦麸用量，使配合量为100%。

（5）配制产蛋下降期饲料：使用产蛋鸡5%预混料，可替代数量为2.10%，并减去鱼粉3%，然后调整小麦麸用量，使配合量为100%。

按整数调整饲料配比，即得用预混料配制的肉用种鸡配合饲料配方，见表28。

表 28 肉用种鸡配合饲料配方

饲料配比（％）	0~6 周龄	7~13 周龄	14~20 周龄	产蛋上升期	产蛋下降期
玉米	66	66	63	62	60
大豆粕	24	22	16	21	20
小麦麸	2	4	10	4	5
国产鱼粉	3	—	—	—	—
苜蓿粉	—	3	6	—	3
石粉	—	—	—	8	7
雏鸡预混料	5	—	—	—	—
育成鸡预混料	—	5	5	—	—
产蛋鸡预混料	—	—	—	5	5
合计	100.0	100.0	100.0	100.0	100.0
代谢能（MJ/kg）	11.92	11.51	11.09	11.09	10.88
粗蛋白质（％）	18.5	16.5	15.0	16.5	16.0
钙（％）	1.0	0.9	0.8	3.2	3.0
有效磷（％）	0.45	0.40	0.40	0.45	0.45

十、放养土鸡的饲养管理

（一）雏鸡的饲养管理

土鸡育雏前期主要是在育雏舍内饲养，所以饲养管理可借鉴现代养鸡技术，以提高雏鸡成活率和健康水平。育雏后期应采取舍内平养与舍外运动场放养相结合的饲养方式，以提高土鸡抗污染、抗外界应激的能力。加强运动锻炼，增强体质，为林园放养打好基础。

1. 进雏前的准备

要提前几天对育雏舍的门窗、顶棚进行整修，达到能保温又隔热；并安装好通风、加温设备。舍内顶棚、墙角、地面彻底清扫，四周墙壁用10%~20%的石灰水粉刷，地面用水冲刷干净后用2%的烧碱溶液消毒，待1小时后再用清水冲洗干净。最后，关闭育雏舍的门窗，舍内用烟雾消毒剂熏蒸。

食槽、饮水器等用具清洗、消毒。垫料在阳光下暴晒，再用消毒剂喷洒消毒。

进雏前一天把育雏舍内垫料铺好，地面育雏铺垫8cm以上；平网育雏可铺垫草苫。把舍内温度提高到30℃，并测试保温、通风和提温效果。进雏之前备好凉开水、开食料。开食料可用小米，开水烫后焖至8成熟，用手一捻即碎时沥干水；鸡蛋煮熟后取蛋黄。按每30只雏鸡用1个熟鸡蛋黄，搓碎后与小米拌匀，或者购买小鸡专用开食料。

2. 健康雏鸡选择

购买雏鸡应到管理好的土种鸡场，虽然价格贵点，但品种纯，质量好。要挑选精神活泼，眼睛明亮，绒毛清洁的雏鸡，手握感觉挣扎有力，手指按压腹部感觉有弹性，无硬块。体态弱小的、蓬松的、残疾的、羽毛不整洁的、脐部发炎的、肛门附近羽毛粘有白色粪便的，应予淘汰。

3. 雏鸡的安全运输

接运雏鸡之前，应对运输雏鸡的车辆、箱子、垫料、棉被等用具，以及接运人员的工作服、鞋、帽等物品，进行认真彻底的清洗、消毒。雏鸡运送的最佳时间为出壳后 36 小时，最晚不应超过 48 小时。路途要求越短越好，如果路途遥远，运具要求装雏数量适宜，保温、透气。要有专人经常检查雏鸡的状态，发现挤堆及时疏散，发现张嘴喘气及时散热。到达目的地卸车时，运雏箱要注意防风、防寒。雏鸡进入育雏舍后，先在暗光下休息一会儿再开食。

4. 雏鸡饲养要点

雏鸡入舍后休息片刻后先开始饮水。饮水中可加入适量电解多维素。出壳后在孵化室内滞留时间太长的雏鸡；或者经长途运输的雏鸡；或者受到应激的雏鸡，再增加 3%~5% 的葡萄糖，连续饮用 3 天。一般大部分雏鸡很快就能学会饮水。个别不知道饮水的雏鸡，可用手轻轻抓住使鸡嘴蘸几下水，立即就能学会。

雏鸡饮水后可加速体内胎粪的排泄，增加饥饿感，待有部分雏鸡开始啄食后再开食。先把料盘摆放好，再轻轻敲打几下，以引起雏鸡的注意。然后把料均匀地撒在料盘内，再轻轻敲打几下料盘，引导雏鸡啄食。只要有鸡开始啄食，大部分雏鸡很快就能学会。个别不知道啄食的雏鸡，用手扒开嘴填饲点鸡蛋黄。饲料要少喂勤添，以引诱雏鸡抢食，增强食欲。

开食两天后换用雏鸡全价配合饲料，让其自由采食。鲜嫩的青饲料切碎，撒在食槽里任其自由采食，最多用量可占饲料量的10%左右。

5. 雏鸡管理要点

育雏期的主要管理任务，是为雏鸡营造一个温暖、舒适的生活空间。

（1）温度管理：雏鸡对温度的要求为第 1 周 33 ~ 35℃，第 2 周 30 ~ 33℃，以后每周下降 2℃ 左右，直到降低至 18 ~ 20℃ 为止。如果舍内温度达不到要求，必须使用保温伞升温。如果舍内温度正常时，雏鸡精神活泼，饮食正常，羽毛光亮，睡姿舒展、安静。如果温度偏高时，雏鸡远离热源，张口喘气，大量饮水。如果温度偏低时，雏鸡靠近热源，拥挤成堆，活动迟缓，并发出"唧唧"叫声。

（2）湿度管理：雏鸡对湿度的要求为 1 周龄 65% ~ 70%，2 周龄 60% ~ 65%，3 周龄后 55% 左右。当垫料平养并火炉加温时，需要增加湿度，以免灰尘飞扬，引发呼吸道病。

（3）光照管理：刚出壳的雏鸡视力比较弱，较长的光照时间和较强的光照，是雏鸡采食、运动、饮水的基本需要。雏鸡入舍后到 3 日龄需给予 23 小时的光照，光源强度大，一般每隔 3m，高 2m 悬挂 1 个 100W 的灯泡，4 日龄以后换为 60W 的灯泡。以后每周光照时间缩短 2 小时，直至使用自然光照。

（4）通风换气：通风的作用是排出室内污浊气体，换进新鲜空气，并调节室内温度和湿度。但要避免贼风和冷风直接吹向雏鸡。尤其在冬天，在入风口处要放置热源，对入舍的冷空气进行预热。

（5）分群饲养：根据雏鸡生长情况，从 3 日龄起开始挑选，按强弱进行分群。如采用立体网上育雏，较弱小的雏鸡放在上层，强壮的雏鸡放在低层。分群工作要经常进行，最少 1 周 1 次，进行个别调整，提高整个鸡群的整齐度。

（6）断喙：断喙一般在 6 ~ 10 日龄进行，此时断喙对雏鸡应激较小。断喙可以减少恶癖发生，也可以减少鸡采食时挑剔而造成的饲料浪费。但是，土鸡断喙后影响整体美观，尤其是种公鸡会影响自然配种。

（二）育成鸡的饲养管理

蛋鸡育成期是一个非常重要的阶段，目标是培育出体格健壮的青年母鸡群。因此，育成期饲养管理的好坏，直接影响鸡群产蛋期的生产性能。

1. 饲养要点

土鸡育成期的饲养比较简单，在保证各个组织器官正常发育的前提下，通过调整饲料量和营养供给，以控制青年鸡的体重适中，达到七八成膘情。青年母鸡的配合饲料中可最大限度地增加糠麸饲料的用量；或者增加青饲料的搭配比例，尤其是育成后期，增加青饲料的用量可促进生殖系统的生长发育。青饲料的用量以鸡的类型而定，轻型鸡占饲料量的 15% ~ 20%，兼用型鸡占饲料量的 20% ~ 25%，肉用型鸡占饲料量的 25% ~ 30%。

青年公鸡的配合饲料中不可增加糠麸饲料的用量，也不可搭配太多的青饲料，以免形成草腹，影响配种能力。控制青年公鸡的膘情和体重，主要是限制配合饲料的饲喂量。

2. 光照管理

青年鸡的生长发育快慢，性成熟早晚，除了受营养的控制，光照也是非常重要的方面。当然，其他方面的管理也不能忽略。

育成鸡 10 周龄以前，光照时间的长短，对性腺发育影响不大。10 周龄以后小鸡的性腺开始发育，如果光照时间过短或光照时数呈下降趋势，而至 18 周龄仍不增加光照，则会延缓性腺发育，推迟母鸡的产蛋日龄。如果光照时间过长或光照时数呈上升趋势，则会加快性腺的发育，导致性早熟。育成鸡 10～18 周龄是光照时间控制的关键时期，光照时间应控制在 8～12 小时，并且一旦固定绝不可再随意更改。

开放式鸡舍一般采用自然光照加补充人工光照的照明方法，可根据育成期的不同季节采取相应的光照方案。如春季孵出的雏鸡，到育成期自然光照正处于逐渐缩短阶段，在自然光照条件下不会使小母鸡过早性成熟。如果是秋季孵出雏鸡，前 10 周可采用自然光照。而 10～20 周龄阶段的日照时数呈逐渐延长趋势，必须人为控制光照时间。控制光照时间的具体方案有两种：

（1）恒定光照方案：把 10～20 周龄阶段的最长日照时间，作为育成期的固定光照时间，其前后不足的光照时间，则由人工光照补充。例如，育成期的最长日照时数为 14 小时，则从第 10 周龄开始补充人工光照至 14 小时，并且一直保持 14 小时到第 18 周龄。从 18 周起每周增加人工光照 0.5 小时，达到 16 小时为止。如果最长日照时数大于 14 小时，则每天的早晨和傍晚通过遮挡门窗控制光照时数。

（2）缩短光照方案：以育成鸡到 20 周龄时的自然日照时间再加上人工光照时间为基数，然后逐渐减少。例如，育成鸡到 20 周龄时的自然日照时间为 14 小时，再加上 4 小时的人工光照。即以每天光照 18 小时为基数，从第 5 周龄开始每周减少 15 分钟的光照时间，到 20 周龄时的光照时间正好是日照时间。

上述两种光照方案，都符合鸡的昼夜生物节律，是被广泛接受并采用的方案。前一个方案容易实施，但控制性成熟的效果不如后者；而后一种方案实施有一定难度，且耗电量多，增加饲养成本。

3. 控制发育均匀度

土鸡育成期间有 85% 的个体符合本品种的体重要求，则认为该鸡群生长发育正常。如果出现体重大小不均，鸡冠发育大小不均，应按大小及时分群饲养。对体重大的鸡增加糠麸或青饲料的喂量，以降低生长速度；或者对体重小的鸡增加精饲料的喂量，以提高生长发育速度。如果鸡群的个体大小基本一致，而有部分鸡因为偏瘦而表现冠小不发育，应在增加饲料营养的同时，增加光照以刺激发育；而发育快的部分鸡则适当推迟增加光照，减缓发育速度。总之，控制鸡群发育的均匀度，不但使产蛋一致，而且便于管理。

4. 疾病预防

土鸡育成期必须做好各种疫苗的接种，使鸡体内产生较强的保护抗体。常见的细菌性病有大肠杆菌病、鸡伤寒病、肉毒梭菌病等；寄生虫病主要是球虫病、线虫病、住白细胞虫病、组织滴虫病等；以及营养代谢障碍及缺乏症的防治工作。

（三）产蛋鸡的饲养管理

1. 土鸡的产蛋规律

土鸡的产蛋日龄比较晚，春季育雏的蛋鸡，一般到秋季才可产蛋；夏初育雏的蛋鸡，一般在冬季或次年的初春才可产蛋。母鸡在整个产蛋过程中，均有一定的规律性，一般可分为始产期、主产期和终产期3个阶段。

（1）始产期：从产第一个蛋到正常产蛋开始，约经15天以上，称为始产期。在此期间，母鸡产蛋无规律性，常出现不正常的现象，如产蛋间隔时间长，产双黄蛋、软壳蛋、异样蛋或很小的无黄蛋。

（2）主产期：从产蛋趋于正常，产蛋率逐渐提高并达到高峰，然后逐渐下降，大约经过35周左右。主产期是母鸡产蛋年中最长的时期，对产蛋量的多少起着重要的作用。

（3）终产期：母鸡产蛋率由缓慢下降变为迅速下降，直到不能形成卵子而结束产蛋，而进入休产期。此期时间比较短，母鸡产蛋量少。

（4）产蛋与抱窝交替进行：土种母鸡具有抱窝性，在人为醒抱干扰下，从抱窝开始到再次产蛋一般需要 10～20 天的时间；如果允许其抱窝孵化，则产蛋停止，再次恢复产蛋需要的时间会更长。因此，抱窝性越强的鸡群则产蛋量越低。

掌握母鸡的产蛋规律，并按其产蛋规律控制其抱窝性。通过增减饲料的饲喂数量及营养指标，以充分发挥母鸡的生产性能。通过提高饲料报酬，减少饲料浪费，以获得理想的经济效益。

2. 饲养要点

母鸡产蛋期需要提供全价的配合饲料，营养水平的高低，应根据产蛋率的高低而及时调整。青饲料可按风干物质折算用量，替代配合饲料中的糠麸，以免采食过多影响产蛋的营养需要。以下介绍几种母鸡产蛋期常采用的饲养方法。

（1）分阶段饲养法：根据母鸡的产蛋规律，按始产期、主产期和终产期 3 个阶段，提供不同营养水平的全价配合饲料。

①始产期饲养：母鸡群始产期的产蛋量增长快，同时体重仍在继续增加，对营养的需求比较高。因此，从见蛋开始就要增加配合饲料的营养指标；从产蛋率 5% 开始就要提供产蛋高峰期的日粮，为进入产蛋高峰打好基础。

始产期是新开产母鸡最关键的时期，由于生理方面发生了很大的变化，敏感性增加，抗病力减弱，最容易受各种应激因素的干扰。因此，在饲养管理方面要求严格、细致，努力营造一个舒适的产蛋环境。如提供舒适的舍内温度（13～23℃）和相对湿度（55%～65%）；保证及时的通风换气；保证稳定合理的光照时间；提供充足的全价饲料和清洁的饮水。

②主产期饲养：主产期即母鸡产蛋高峰期，日粮中除保证足够的能量、粗蛋白质和钙磷需要，保证日粮的必需氨基酸满足和比例平衡。尤其是需要增加维生素 A、维生素 D、维生素 E 的用量，以维持钙磷代谢，维护卵泡发育和输卵管健康。复合维生素和矿物盐类充足，对维持和延长产蛋高峰期非常重要。

产蛋高峰期过后产蛋率开始逐渐下降，如何使产蛋率保持平稳缓慢的下降，是这一时期饲养管理的关键。产蛋下降初期，日粮的营养含量仍然需要维持在较高的水平。当产蛋率持续下降时，再适当降低日粮的能量和粗蛋白质水平；但是钙磷含量不能降低；仍然需要补充复合维生素，以利于恢复鸡体在高产期带来的疲劳状态。

③终产期饲养：此时的母鸡群产蛋率已经处于一个相对较低的水平，由于鸡体生殖机能减退，即使供给高营养的日粮也难以提高产蛋率。所以日粮的粗蛋白水平要适当降低，而能量和钙的含量仍然保持不变。在光照管理上可延长 0.5 ~ 1.0 小时，以增强对母鸡性腺活动的刺激，减缓产蛋下降速度。

（2）公母分槽饲喂法：配种产蛋期的公鸡和母鸡同群饲养，喂同一种饲料。公鸡采食矿物质含量高的高钙日粮，不利于种公鸡的健康。为了减少钙的摄入，可配制符合种公鸡营养需要的配合饲料，放置专用的料桶。因为公鸡的体型比母鸡高大，料桶吊的高度以母鸡采食不到为准。

（3）试探性饲喂法：是母鸡群产蛋期采用的一种饲喂方法。在产蛋上升期，当产蛋量不再增加时，适量提高配合饲料的能量或粗蛋白质水平。如果饲喂 5 天以上不见产蛋有上升趋势，则把营养再恢复到原来的水平。在产蛋下降期，当产蛋量明显减少时，适量降低配合饲料的粗蛋白质水平。如果产蛋量仍呈现平稳下降趋势，则再适量降低粗蛋白质水平。如果产蛋下降加快，则恢复原来的粗蛋白质水平。

3. 管理要点

母鸡产蛋期除及时提供充足的饲料和饮水，光照管理和疫病防治也十分重要。

（1）光照管理：光照对鸡的性成熟、产蛋、蛋重、蛋壳厚度、产蛋时间、排卵间隔、受精率以及公鸡精液量等许多方面都有影响。母鸡 12 周龄后其生殖系统进入快速发育阶段，光照长短的变化对其影响很大。增加光照能刺激性激素分泌从而增加排卵；缩短光照能抑制性激素分泌，从而抑制了排卵。过早增加光照可使母鸡性成熟提前，开产早、蛋重小，产蛋高峰期维持短。易发生啄癖等现象。光照过强可使鸡群烦躁不安，严重的引起啄癖、脱肛。突然增强光照可使鸡群产软壳蛋、双黄蛋、大蛋、小蛋等畸形蛋增加，鸡的猝死率提高。

母鸡产蛋阶段的光照时间不能少于 12 小时，最长不超过 16 小时。有关产蛋鸡蛋壳钙化过程的研究表明，过长时间的光照会增加蛋的破损率。增加光照以每周 15 分钟或每两周半小时的速率为好，直到 14~16 小时为止。

光照亮度对鸡的生长和性成熟关系不大，以母鸡能看得见采食，便于饲养员工作为宜。光的颜色以长波的红光对生殖腺的刺激效果最好，其次是白光。使用日光灯光线柔和，耗电量少。一般每平方米面积有 3~4W 的照度即可。

开放式鸡舍养鸡受自然日照长短变化的影响，应随着不同季节的自然光照时间长短，制订光照管理方案。例如，依据北京地区日出日落时间，为产蛋期的母鸡制定 16 小时光照方案。以夏至的 4 时 46 分日出至 20 时 47 分日落，日照 15 小时为基点，增加人工补充光照 1 小时。如果每周增加 15 分钟人工光照，应从夏至向上推 4 周，开始补充光照。

全年 24 节气从早晨日出之前和傍晚日落之后的人工补充光照时数见表 29。

表 29　北京地区日出日落时间及补光时数表
（以 4 时 46 分至 20 时 46 分为基点）

月份	节气	日出时分	日落时分	早补光时数	晚补光时数
1	小寒	7 时 37	17 时 04	2 时 51	3 时 42
	大寒	7 时 32	17 时 19	2 时 46	3 时 27
2	立春	7 时 21	17 时 36	2 时 35	3 时 10
	雨水	7 时 03	17 时 54	2 时 17	2 时 52

（续表）

月份	节气	日出时分	日落时分	早补光时数	晚补光时数
3	惊蛰	6 时 42	18 时 11	1 时 56	2 时 35
	春分	6 时 18	18 时 26	1 时 32	2 时 24
4	清明	5 时 53	18 时 42	1 时 07	2 时 04
	谷雨	5 时 30	18 时 57	0 时 44	1 时 49
5	立夏	5 时 10	19 时 13	0 时 22	1 时 33
	小满	4 时 55	19 时 28	0 时 09	1 时 18
6	芒种	4 时 46	19 时 40	0 时 00	1 时 06
	夏至	4 时 46	19 时 47	0 时 00	1 时 01
7	小暑	4 时 53	19 时 46	0 时 09	1 时 00
	大暑	5 时 04	19 时 37	0 时 18	1 时 09
8	立秋	5 时 19	19 时 22	0 时 33	1 时 24
	处暑	5 时 33	19 时 01	0 时 47	1 时 49
9	白露	5 时 48	18 时 37	1 时 02	2 时 09
	秋分	6 时 03	18 时 11	1 时 17	2 时 35
10	寒露	6 时 18	17 时 47	1 时 32	3 时 01
	霜降	6 时 34	17 时 24	1 时 48	3 时 22
11	立冬	6 时 51	17 时 06	2 时 05	3 时 40
	小雪	7 时 08	16 时 54	2 时 22	3 时 52
12	大雪	7 时 23	16 时 49	2 时 37	3 时 57
	冬至	7 时 33	16 时 53	2 时 47	3 时 53

　　无论采用何种光照制度，夜间必须有 8 小时的连续黑暗时间，以保证鸡体得到生理恢复过程，避免过度疲劳。

　　（2）疾病预防：母鸡产蛋期生理发生改变，抵抗力下降。除产蛋前做好各种疫苗接种，产蛋期还要做好对常见细菌性病、寄生虫病以及营养缺乏性病的防治工作，以保证产蛋正常进行。

4. 提高种蛋质量的措施

　　种蛋质量的好坏，表现在种蛋的受精率和孵化率的高低。而种蛋的受精率和孵化率的高低，又与种公鸡和种母鸡的营养状况、健康状况和公母配比有关。提高种蛋的质量，可采取以下措施：

（1）公母比例要合理：如果种鸡群内公鸡多而母鸡少，则增加公鸡之间的争斗频率，影响配种。如果公鸡数量偏少，则有部分母鸡不能受精。一般公母鸡比例为 1 :（8～12）为宜。

（2）及时补充合格种公鸡：及时淘汰伤残、老龄和配种能力弱的种公鸡，补充同等数量的健康、强壮的年轻种公鸡。

（3）提高配合饲料的营养标准：根据种母鸡的产蛋率，调整配合饲料的各项营养指标；并增加维生素 A、维生素 E 及维生素 B_2 的添加量，以保证种蛋的内在质量合格。

（4）控制种鸡的膘情：种鸡的膘情可限制在八成左右，肥了减少饲料能量，瘦了增加能量。如果饲喂青饲料，则通过调整精饲料和青饲料的搭配比例，控制种鸡的膘情。

（5）提供优质的饲料：种鸡用的饲料应新鲜、优质；霉变的饲料不利于种鸡健康；品质差的饲料消化利用率低，影响产蛋的营养需要。

（6）严格执行光照制度：当自然光照时间不够时，应按光照制度补充人工光照。夏季自然光照时间长，不要为了诱捕昆虫而延长光照时间，增加种鸡（尤其是种公鸡）的疲劳度。

5. 提高产蛋量的管理措施

提高母鸡产蛋量，除保证饲料营养充足之外，精细管理也十分重要。

（1）剔除低产母鸡：鸡群中常有几种母鸡产蛋量少或不产蛋，一是膘肥毛亮的鸡；二是消瘦体弱的鸡；三是抱窝频繁的鸡。要随时观察鸡群，发现以上 3 种母鸡，立即剔除淘汰，减少饲料消费。

（2）防止鸡群应激：母鸡产蛋期发生惊群，对产蛋影响很大，如软壳蛋增多；发生卵黄性腹膜炎的母鸡增多；严重时产蛋量下降。为了避免应激，应从小鸡开始令其熟悉有可能发生的应激因素，如雷声、锣声、鸣笛声、鞭炮声、狗叫声。还要防止犬、猫、鼠等小动物突然窜入鸡群。

（3）严格执行光照制度：母鸡产蛋期对光照很敏感，光照既不能无限制地延长，更不能缩短。光照过度延长，可使高产鸡疲劳；耗电量增加。缩短光照则造成停产。

（4）限制母鸡抱窝：消除母鸡抱窝的条件，缩短抱窝时间，是提高母鸡产蛋量的重要措施，可采用以下方法。

①勤捡蛋：每天上午捡蛋 2~3 次，下午捡蛋 1~2 次。减少母鸡在产蛋窝内的停留时间。

②及时赶走趴窝母鸡：喜欢趴窝是母鸡抱窝的前兆，发现后立即赶走，并且不给它有蛋可趴的机会。

③改变环境：把有抱窝前兆的母鸡抓入光线充足的新鸡舍，在无遮挡的产蛋窝里产蛋。

④增加维生素：抱窝母鸡增加青绿饲料的喂量，或者多补充一些禽用电解多维。

⑤药物醒抱：口服速效醒抱灵，每只抱窝母鸡服 1 片，隔 4 天后再服一次，1~2 周后即可恢复产蛋。

（四）肉用土鸡的饲养管理

饲养肉用土鸡必须根据市场要求采取相应的饲养管理措施；同时还要争取获得较大的经济效益。

1. 饲养要点

（1）公母分开饲养：在相同的饲养条件下，一群公母混养的鸡中可见公鸡比母鸡生长快。除生理因素外，再就是因为公鸡的采食速度比母鸡快；采食量比母鸡多，获得的营养物质多。如果通过人工鉴别，或者待鸡冠发育后把公、母鸡分开饲养，公鸡饲喂营养高的配合饲料，可提前育肥，早日上市。而母鸡生长速度慢，可适当降低配合饲料的营养水平，随后育肥上市。

（2）控制脂肪沉积：肉用土鸡育肥期不是增加油膘，而是降低配合饲料的能量指标，控制体内脂肪沉积。为市场提供肥而不油腻的鸡肉产品。

（3）增加青饲料喂量：如果育肥期增加 20% ~ 30% 的青饲料喂量，可不降低配合饲料的能量指标，同样能起到控制体内脂肪沉积的作用。而且多喂青饲料可减少维生素制剂的添加量，减少精饲料用量，节约饲料成本。

2. 管理要点

（1）增加鸡群运动量：土鸡本性活泼好动，一般不需要另外增加活动量。但是，如果后期膘情过肥，除降低饲料的能量指标和增加青饲料喂量之外，还应设法增加鸡群运动量，如不定点的撒一些颗粒饲料，令鸡觅食；或者在运动场安装照明灯，夜间吸引昆虫，令鸡捕食。增加活动量还能增强鸡的体质，提高肉食产品的品质。

（2）保持环境卫生：土鸡的活动场所经常清除粪污，更换新土，保持环境干净、卫生，实现健康、生态养殖。

（3）加强疫病防治：肉用土鸡饲养期比较长，被疫病感染的机会增多。除了按防疫程序做好病毒病的疫苗接种预防，还要做好鸡白痢、鸡伤寒、大肠杆菌病、禽霍乱、球虫病、线虫病、组织滴虫病等常见病多发病的防治工作。

（五）土鸡四季饲养管理要点

我国北方地区一年四季分明，气温变化大，应根据不同的季节，采取不同的饲养管理措施。

1. 春季饲养管理要点

春季日照时间逐渐延长，气候温暖适宜，是土鸡产蛋的最佳季节，也是孵化、育雏、培育新鸡群的最好季节，应采取以下措施。

（1）加强营养：根据产蛋量高低和对鸡蛋品质或种蛋质量的要求，提高配合饲料的粗蛋白质、维生素和微量元素含量；或者在满足精饲料供给的同时，增加青饲料的喂量。

（2）调节鸡舍内外温差：初春早晨气温低，突然把鸡放出舍外，会导致鸡群发生感冒。因此，放鸡之前先开窗通风，待鸡舍内外温度基本一致后再放鸡。

（3）科学利用自然光照：春季自然光照逐渐延长，如果母鸡开产时的自然光照为12小时以上，可不再增加人工光照，利用逐渐增加的自然光照。

2. 夏季饲养管理要点

夏季雨水多，天气炎热，温湿度均高。而鸡的皮肤紧密，覆盖羽毛，没有汗腺，对高温高湿的耐受力差，使产蛋量受到很大影响。为了保证蛋鸡夏季稳产、高产，饲养管理上必须认真抓好以下关键措施：

（1）降低饲养密度：充分利用空闲鸡舍，减少饲养密度，或者在鸡舍内增加梯形鸡架，以便于鸡在夜间分层栖息，从而达到疏散的效果。

（2）勤换清凉饮水：防止水槽被太阳暴晒，经常更换清凉饮水，最好是刚打上来的井水，以降低鸡体内的温度。

（3）提高采食量：饲喂粉料会影响鸡的采食量，可少添勤添饲料或换用颗粒饲料。鸡喜欢采食湿拌料，可用青饲料拌料或用凉水拌料，以引诱鸡的食欲。但是，湿拌料宜发酵酸败，要现喂现拌，一次不要拌的太多，能食净为宜。

（4）提高饲料营养含量：天气炎热使鸡的采食量减少，可提高配合饲料的营养含量1~2个百分点，以保证获到得营养不减少。

（5）控制育成鸡的光照时数：夏季是自然光照时数最长的季节，为了避免育成鸡过早的性成熟，应采取控制自然光照的措施，如每天的黎明和傍晚时分，用黑色窗帘、门帘遮挡自然光照，使光照时数控制在 12 小时之内。

（6）预防常见病：夏季雨水多，湿度大，是消化道细菌病和寄生虫病多发季节。如大肠杆菌病、禽伤寒、球虫病、线虫病、住白虫病等，应根据林地和鸡舍的卫生情况，及时用药预防。

（7）安装纱窗纱门：夏季蚊蝇增多，可把鸡舍的门窗换成纱门纱窗，既可减少蚊蝇进入鸡舍，又利于通风换气，降低舍内温度。

3. 秋季饲养管理要点

秋季天气逐渐变冷，昼夜温差大，自然光照逐渐缩短，不利于母鸡产蛋。如果饲养管理不善，可造成母鸡换羽停产，直接关系到养鸡生产的经济效益。为提高蛋鸡的产蛋性能，应抓好以下技术管理措施：

（1）增加人工光照：产蛋鸡群从自然光照开始缩短之日起，开始增加人工光照，以保持原来每天的光照时数不变，或者使光照时数增加至 16 小时。

（2）保持鸡舍的良好通风：秋季天气逐渐变冷，不是大风降温天气，不要急于封闭所有门窗，要保持鸡舍通风良好，空气清新。

（3）推迟放鸡时间：如果清早气温比较低，应推迟放鸡时间。遇有大风降温天气，应暂停放鸡，关好门窗，以防因突然降温引起鸡群感冒。

（4）做好秋季防疫工作：秋季阳光强度降低，有利于病毒性传染病的发生和流行。秋季做好防疫工作，是鸡群安全过冬的基本保证。

4. 冬季饲养管理要点

冬季气温寒冷，在自然条件下饲养的土鸡均已停产、换羽。要使母鸡冬季不停产，就要满足其对温度、光照、营养的需要。

（1）停止林地放养：冬季的树林中阴森、寒冷，应停止在林地放养土鸡。风和晴朗天气时，可在鸡舍之外的运动场内活动。

（2）防寒保温：在寒流到来之前，用塑料薄膜封闭门窗，使产蛋鸡舍的温度保持在10℃以上。如果鸡舍内的温度仍达不到要求，则用火炉升温，以保证母鸡正常产蛋。

（3）补充光照：产蛋鸡群按光照方案补充人工光照。

（4）增加营养：冬季寒冷，鸡体为了御寒而消耗能量增加，需要提高配合饲料的能量水平。冬季青饲料缺乏，应补充足够的复合维生素。产蛋鸡饲料中应加倍量添加维生素 A、维生素 D_3、维生素 E，或者增喂胡萝卜、南瓜等。

（5）加强疫病防治：冬季是鸡群呼吸道传染病的流行季节，平养鸡舍应勤清扫鸡粪，经常通风换气以保证鸡舍内空气新鲜。每隔1周用消毒剂带鸡消毒一次，但消毒剂应无刺激性气味，避免激发呼吸道病。一旦发现病情，应立即使用有效药物进行防治。

（六）提高土鸡肉蛋风味的措施

1. 提高土鸡蛋风味的措施

土鸡蛋品质的好坏，取决于蛋黄颜色的鲜艳程度和口感风味。提高土鸡蛋的品质和风味可采取以下措施：

（1）不饲喂影响鸡蛋品质的饲料：产蛋鸡饲料中配入劣质的鱼粉或动物产品下脚料生产的动物性饲料，可使鸡蛋产生腥臭味；用菜籽粕、棉籽粕替代大豆粕，可使蛋黄颜色变浅。

（2）饲喂青绿饲料：在母鸡产蛋期饲喂各种青绿饲料，可增加蛋黄颜色，提高蛋品的口感和风味。或者种植含叶黄素高的植物，收割后晒干、粉碎、贮存备用，如添加紫花苜蓿粉量4%~6%，三叶草粉5%~10%，聚合草粉5%，松针粉3%~5%或刺槐叶粉5%。

添加益母草粉1%~2%不但可使蛋黄颜色明显加深，还可增强鸡的抗病能力，明显提高产蛋率和种蛋受精率。

（3）使用提高鸡蛋品质的饲料添加剂：在母鸡产蛋期的饲料中添加大蒜粉 0.5% ~ 1% 或红辣椒粉 0.5% 左右，不但能增加蛋黄颜色，而且具有刺激食欲，帮助消化的作用。

（4）使用含碘量高的海生植物：海带、紫菜含碘量高，可用其下脚料加工成粉，在产蛋鸡的饲料中添加 2%，不但蛋黄色泽好，而且含碘高。

2. 提高土鸡肉风味的措施

提高土鸡肉的风味，可在饲料中添加天然芳香植物的叶、茎、干、树皮、花、果、籽和根等。我国的天然芳香植物种类繁多，常用的也有 100 种以上，可就地取材，经干燥、粉碎等粗加工后密封贮存、备用。

（1）饲喂芳香性植物：常用作饲料添加剂的天然芳香性树木叶、花有桂花树叶、八角树叶、花椒树叶、松柏树叶、香椿树叶、槐花等；芳香性蔬菜有香菜、茴香、韭菜、芹菜、蒜叶、葱叶、姜叶、薄荷叶等；果皮有柑橘皮、橙子皮等。经干燥、粉碎后用作土鸡饲料的添加剂，用量 2% ~ 5%。

（2）饲料中添加香料：香料主要是用作人类食品加工的增香物质，而用作土鸡肉质增香的饲料添加剂，主要有花椒、八角、桂皮、茴香、干姜等，配制的香料粉一般添加 0.5% ~ 1%。

芳香性植物取材广泛，价格低廉，应为饲料添加剂中的主要原料。而香料价格比较昂贵，可作为添加剂中的辅料，仅用于提高土鸡肉质增香。

（七）产蛋鸡强制换羽技术

鸡在自然条件下，根据季节的变化自然更换全身羽毛。换羽是鸡体的一种生理需要，通过换羽，鸡体得到了充分地休整，尤其是生殖系统得到了充分地恢复，为下一个产蛋期做好准备。母鸡自然换羽一般需要 3~4 个月的时间，而且因为个体之间的差异，鸡群换羽很不整齐。

1. 人工强制换羽的经济价值

强制换羽是延长母鸡利用年限的有效举措。通过人工强制措施，可使整个鸡群同时进入换羽期，并且在人为地干预下，使换羽期显著缩短，鸡体恢复加快，进入产蛋期比较整齐，蛋的质量提高，蛋壳硬度增强，颜色得到很大改观。可增加销售量，提高销售价格。

利用老龄母鸡强制换羽，可以节省培育新母鸡的一切费用。并且强制换羽后的母鸡比新母鸡抗病力和抗应激能力均强，死淘率低，用药少，节约饲养成本。

土鸡体格健壮，生命力强，抗应激能力强，可连续利用 2~3 年。尽管母鸡的下一年产蛋量比上一年下降 15% 左右，但强制换羽后产蛋高峰来得早，有利于调节市场对蛋品的需求，能够卖个好价钱。

2. 实施强制换羽应具备的条件

（1）实施人工强制换羽的鸡群必须健康、整齐，曾是高产鸡群。只有第一年产蛋量高的鸡群，第二年才有可能有较高的产蛋量。

（2）实施人工强制换羽应根据鲜蛋的市场需求，市场价格而定。应尽可能地避开寒冷和暑热季节，寒冷季节要把舍内温度提高到 15℃ 以上；夏季气温升高到 26℃ 以上时，就要设法采取降温实施。

（3）挑选及整顿鸡群，剔除鸡群中病弱、残缺、过肥、过瘦的母鸡。已经自然换羽和正在自然换羽过程的母鸡也要剔除。

（4）在强制换羽实施之前要先进行驱虫，再用 3 天抗生素清除鸡体内病菌，然后做好鸡新城疫、禽流感疫苗的接种。同时清扫鸡舍，清洁用具，进行一次彻底的消毒。以免鸡群因经不住残酷的饥饿过程，而抵抗力降低，感染疫病，造成大批死亡。

3. 人工强制换羽的方法

经常采用的人工强制换羽有两种，一种是饥饿法，另一种是化学法，或者化学法与饥饿法结合实施。

（1）饥饿法：饥饿法是一种比较残酷的换羽方法，但是换羽效果好。具体实施如下：

①饲料控制：从第 1 ~ 14 天为断料期，从第 15 天起按失重标准确定是否恢复喂料。开始每只鸡供料 20g，然后每天加料 15 ~ 20g，直到恢复自由采食。

②饮水控制：一般情况下不采取断水，尤其是气温较高时更不能断水。如果换羽鸡群体型大，膘情好，可在断料的同时断水，但不能超过 3 天，然后自由饮水。

③体重控制：采取断食之前先随机抽取 10% 的鸡称重，作为基本体重。这些抽取的鸡以后固定下来，每隔 4 ~ 5 天称重一次。从第 15 天以后每天称重一次，直至达到 33% 左右的失重标准，或主翼羽大量脱落后开始恢复喂料。

④光照控制：在密闭式鸡舍内实施强制换羽，应把光照缩短到 10 小时以内。开放式鸡舍夜间停止照明，白天最好遮挡一下门窗，减弱舍内日光照射。从开始恢复喂食之日起增加光照到 15 小时，待产蛋率达 50% 时增加到 16 小时，2 周后增加到 17 小时，并相对固定下来。

这种换羽方法，母鸡停产时间一般为 25 ~ 30 天，50 天左右产蛋率可达到 50%，换羽效果比较好。

（2）化学法：化学法是通过饲喂含有化学药物 ZnO 或 $ZnSO_4$ 的配合饲料，而逐渐减少采食量，直至停止采食，开始换羽。整个过程与自然换羽基本相同，但是持续时间比较短，换羽效果不如饥饿法。具体实施如下：

①光照控制：封闭式鸡舍的光照从每天 16 小时逐渐降至 8 小时，即每天减少半小时。开放式鸡舍停止补充光照，采用自然光

照。从开始恢复喂食之日起逐渐增加光照，到产蛋率达 50% 时增加到 15 ~ 15.5 小时，2 周后增加到 16 ~ 16.5 小时，并相对固定下来。

②饲料控制：配合饲料中添加 ZnO 2% 或 ZnSO$_4$ 2.5%，任鸡自由采食。一般 6 ~ 7 天之后全部停食、停产。当达到 30% 左右的失重标准，或者主翼羽大量脱落后开始恢复喂料。

③饮水控制：鸡群采食期间不限水，停饲后可实行间隔供水，每 2 ~ 3 小时供水半小时，但在气温高于 28℃ 时不要限水。

（3）饥饿—化学法：开始断水、断料 2.5 天，停止人工补充光照。然后开始供水，第三天起让鸡自由采食含 ZnO 2% 或 ZnSO$_4$ 2.5% 的配合饲料，以后按化学法的步骤操作。

4. 实施强制换羽应注意事项

（1）强制换羽实施期间应做好各项观察记录，为下一步操作提供依据，为下一次操作提供经验。

（2）注意观察，发现死亡有上升趋势应立即停止强制措施，恢复供料供水。

（3）控制鸡体的失重率，膘情好则高一些，膘情差则低一些。

（4）根据主翼羽的脱落情况确定供料时机，方法简单，效果也不错。

（5）恢复供料后在饮水中添加适量电解维生素，有利于提高机体的抗病力。

5. 强制性休产

当鲜蛋的售价呈上升趋势，而鸡群产蛋率已经很低时，可实施强制休产。方法是饲喂含锌饲料致使鸡群全部停止采食、停产后，立即恢复供料。鸡群经短期休整后很快恢复产蛋，并且能达到一个较高的水平。

十一、林地管理与土鸡驯养

（一）林地生态环境的维护

维护好林园的自然、生态环境，是放养土鸡成功的关键，应充分做好以下各项工作。

1. 林地土层翻耕

当一片林园放养土鸡一段时间之后，地面表层土壤被鸡群踏实，粪尿污染也越来越严重。这时应先对鸡群进行驱虫，然后赶到另一片林地放养。被污染的林地立即使用旋耕机进行翻耕，翻埋鸡粪，促使粪尿加快发酵、分解。鸡粪尿被分解后有利于树木的吸收利用，生长加快；同时也加速了自然生态环境的恢复。

2. 林地种草养青

低矮的果树、灌木园，地面能采到一定的阳光供植被生长。保留林下的矮棵野草、野菜；或者种植浅根系的（如三叶草、面包草等）牧草，一方面可减少水分蒸发，避免水土流失；另一方面可引诱昆虫到地面草丛躲藏，减少对树木的危害。而野草、野菜及昆虫又成为土鸡的美食佳肴。

3. 林地喷洒益生菌液

林园污染主要是土鸡饲养密度大，排泄的粪便大量蓄积在林地表面，不能及时被生物分解和被树木利用所造成。如果在鸡群活动的林地经常喷洒益生菌液，利用益生菌加速粪尿的分解，则可控制地面污染，维护生态环境。

（二）土鸡放养的训练方法

1. 放养前的准备工作

（1）设置防护网：林园周边安置高度 2m 以上的防护网，防止其他动物进入林区，干扰鸡群。

（2）疫病预防：放养之前先进行驱虫，以减少寄生虫卵对林地的污染。

（3）分群：按鸡体大小、强弱、公母分群。体型小而弱的暂缓放养，增加营养，提高生长速度。残弱、瘦小，无饲养价值的及早淘汰。

（4）给公鸡佩戴眼镜：为了避免公鸡因争斗而造成伤残，给公鸡戴上"眼镜"。公鸡的眼镜为塑料制品，起遮挡正前方视线的作用。尤其是性成熟和进入配种繁殖期的公鸡，争斗激烈，伤残严重，佩戴眼镜是一个很好的解决办法。

（5）设置补料、饮水设备：林园面积比较大，放养地距离鸡舍比较远，中午需要定时补饲，方法是在林间悬吊料槽、水槽，高度以鸡伸长脖子能够得着采食、饮水为准。料槽要防止饲料被雨水浸泡或冲走，造成浪费。供水可使用自动饮水器。

2. 放养土鸡的体重及密度

（1）放养小鸡的适宜体重：小鸡经过地面运动场的饲养、训练，逐渐适应了放养。体重达到 0.25kg 以上，即可实施林地放养。

（2）放养土鸡的适宜密度：土鸡的放养密度应根据林园面积大小，鸡龄大小而定。一般每 1 亩（1 亩 $\approx$ 667m^2）林地放养土鸡 50～100 只为宜。如果鸡的密度过大，粪便排泄量大，会导致污染越来越严重，增加鸡群的染病机会。因此，应根据林地污染情况，调整放养密度。

3. 放养土鸡的习性训练

（1）信号指令训练：在林园放养的鸡群，有可能遇到大风、暴雨等突如其来的自然灾害袭击。为了避免造成鸡群应激和损失，应在小鸡阶段就要训练鸡群听从信号指令，如吹哨子、敲锣等。训练时间可安排在喂食前，尤其是鸡在傍晚寻巢栖息之前。刚开始训练时，为了避免有的鸡在树林里栖息过夜，可同时派人在树林的另一端发出驱赶指令，使鸡形成按时回巢的习惯。

（2）固定放养和喂食时间：育成鸡或休产期的成年鸡，可天亮放出，傍晚唤回，白天尽量在林园里活动。产蛋期的鸡早晨先喂食后放鸡，令鸡产完蛋后再进林活动。中午要补饲，供鸡吃饱喝足，满足产蛋的需要。

（3）定点产蛋训练：

①固定产蛋窝：母鸡群开产后延迟每天的放鸡时间，让开产母鸡认窝，待部分母鸡产完蛋后再放鸡群进林园。当鸡群产蛋率达到20%以上时，再回复正常的放鸡时间。

②随时捡起窝外蛋：发现擅自做窝的母鸡，要及早干扰，并将其产蛋窝破坏掉。发现产在窝外的蛋，要随时捡起，迫使母鸡进产蛋窝产蛋。

（4）逐渐扩大放养面积：土鸡林园放养要有一个适应的过程，把林园划分为几段，先近后远，先小后大，随着鸡体的增长逐渐扩大放养面积。

4. 林地巡视

经常巡视土鸡放养林地，发现伤残鸡立即剔除，以免被群鸡啄食，引发恶癖；发现病、死鸡立即隔离，对被污染林地进行消毒，减少疫病传播机会。发现惊群，立即用其最熟悉的声音呼唤，使鸡群尽快产生安全感。

十二、鸡病防治基本常识

土鸡的常见病包括病毒病、细菌病、寄生虫病、营养代谢病、中毒病等，总计达 30 种之多。了解常见病发生、防疫、诊治的特点、要点，有利于准确诊断、合理用药、快速控制病情；避免因滥用药物而加重产品的药物残留，增加饲养成本。

（一）常见病的发生特点

土鸡常见病的发生，因为致病因素不同，临床上表现不同的特点。了解这些特点，可初步判断是哪一类型的病。

1. 病毒病的发生特点

（1）体内无有效免疫抗体的鸡群易发：鸡群未接种疫苗，体内没有免疫抗体，不能抵抗病毒的侵袭，或者接种的疫苗质量差，或者剂量不足，或者接种疫苗时鸡群不健康，使体内产生的免疫抗体少，不能有效抵抗病毒的侵袭，或者疫苗的保护期限已到，鸡体内的免疫抗体消失殆尽，或者过量使用疫苗，鸡体产生免疫麻痹，或者鸡群患有免疫抑制性病，如接种疫苗后不产生有效抗体。

（2）冬春季节发病多：冬春季节天气寒冷，有利于病毒存活。尤其是春节之前，活鸡出栏比较集中，外运频繁；人员流动频繁，为疫病的传播提供了条件。而夏季天气炎热，不利于病毒存活，所以很少发病。

（3）发病死亡突然：病毒病传播迅速，发病、死亡突然，发病数量大、死亡数量多。

（4）高死亡率过后很快好转：病毒性病病程比较短，发病高峰过后很快开始好转，而且不治自愈。

（5）病愈后可获得免疫力：感染病毒后未发病和病后自愈的鸡可获得免疫抗体，一定期限内不再得此病。

但是，也有感染后难以自愈的病毒性病，如马立克氏病、白血病等肿瘤性病，并且不产生有效免疫抗体。

2. 细菌病的发生特点

（1）与环境条件关系密切：鸡舍卫生条件差，通风不良，鸡群易发细菌性病。冬春季节易发呼吸道病，夏秋季节易发肠道病。

（2）病情发展缓慢：健康鸡被细菌感染后发不发病，发病早晚，病情轻重，与鸡的抵抗力强弱有很大关系，所以病程拖延时间长，而出现暴发也只是个例，如传染性鼻炎。

（3）无明显死亡高峰：细菌病的传染以鸡与鸡之间的密切接触有关，如抗病力差的鸡接触了病鸡粪便、呼吸道分泌物以及污染的饲料、饮水等，才会发病。因病造成内脏器官的严重损伤，才有可能导致死亡，所以一般不会同时造成大批死亡。

3. 寄生虫病的发生特点

（1）地面平养最易得病：放养土鸡的地面被粪便严重污染，成为一些寄生虫虫卵发育、成熟的场所。除了饲料、饮水易被污染，土鸡可直接接触粪污，从而增加了感染寄生虫的概率。

（2）有明显的季节性：夏季和秋初雨水多，鸡场地面潮湿，周围坑洼地积水，成为许多寄生虫及其中间宿主的孳生地，为寄生虫病的传播提供了有利条件。而秋后和春季气候干燥，冬季寒冷，则不利于寄生虫的生存和繁衍。

（3）病情发展缓慢：因为寄生虫病是经口感染，所以传播速度比细菌病要慢得多，病情发展也比较缓和，而出现暴发也只是个例。如小肠球虫病，出现暴发主要与活动场地被虫卵污染严重，同时又有病菌协同感染有关。

（4）零星死亡：发病期如果治疗不及时，个别感染严重的鸡导致死亡，但一般死亡率不高，而出现较高死亡率的也只是个例。如暴发性小肠球虫病。

（5）控制发病比较容易：只要鸡群离开地面饲养，消除鸡场内外蚊蠓繁殖场所，即可有效杜绝寄生虫病的发生。

4. 营养代谢病的发生特点

（1）营养缺乏：土鸡营养缺乏主要是因为饲料单一或饲料配合不合理所致，其中最常缺乏的有粗蛋白质、维生素 A、维生素 E、维生素 B_{12} 等。

（2）营养过剩：土鸡营养过剩主要是因为饲料中过多地使用某种原料所致。如过多地使用动物性蛋白质饲料，或者为了提高蛋壳质量而过多增加钙质，均可导致痛风症的发生。

5. 药物中毒病发生特点

（1）因药物用量过多所致：治疗疾病时加倍使用药物，或者多种药物合用，或者长期用药，均可导致鸡药物中毒。

（2）越增加用药病情越重：把药物中毒误认为药量不足，而继续增加用药量，结果导致鸡病情进一步加重。

（二）常见病的预防要点

做好鸡病的预防工作，是鸡群健康饲养的保证，是发挥最大生产性能的基础。疾病的类型不同，所采取的预防措施也不同。如有的病可用疫苗预防；有的病没有疫苗预防，或者疫苗预防效果差、有效期短、副作用大等。

1. 病毒病的预防要点

（1）接种疫苗是最有效的预防措施：给鸡群接种疫苗，是预防发生病毒性病最确实、最有效的手段。鸡体产生免疫抗体后，可在很长的时期内不用担心发生同种疫病。

（2）单苗的免疫效果好于联苗：因为联苗是由多种病毒毒株组成，不同的毒株之间可能产生相互干扰，影响鸡体免疫系统的免疫应答，降低疫苗的免疫效果，产生有效抗体的时间也比单苗慢。

（3）首免用活苗效果好于灭活苗：活苗及冻干疫苗，注射于鸡体复活之后继续进行病毒复制，很快产生免疫抗体，而灭活苗是死苗，注入多少毒菌，产生多少对应抗体。

（4）紧急免疫用活苗不用灭活苗：活疫苗产生抗体快，5~7天即可获得有效免疫。而灭活苗吸收慢，获得有效免疫需要15天以上。紧急接种疫苗是为了尽快使未发病的鸡增强免疫力，以避免发病，所以要接种活的冻干苗，最好是单苗。

（5）疫苗只对健康鸡有效果：疫苗注射于健康鸡的体内，可产生较强的免疫力；而注射于病鸡体内，可因为鸡体吸收能力差，免疫应答弱或免疫抑制，而产生抗体少或不产生抗体，起不到免疫作用，甚至会使病情加重。

（6）活疫苗毒力越强免疫效果越好：鸡群接种活疫苗，其效果相当于鸡群得了一次病，而获得基础免疫。弱毒疫苗的不良反应比较轻微，但免疫期短。中毒疫苗的不良反应比较重，甚至可引起与发病相类似的症状，但免疫期长。而灭活苗安全性好，所产生的不良反应主要是疫苗的佐剂所致。

2. 细菌病的预防要点

（1）疫苗预防效果差：由细菌菌株生产的疫苗称菌苗。目前用于预防细菌病效果较好的菌苗，主要有禽霍乱菌苗、传染性鼻炎菌苗，免疫有效期在6个月以下。而其他菌苗免疫效果差或无免疫效果。

（2）药物预防很被动：在鸡群发病之前使用有效的抗菌药物，可有很好地预防效果。但是，由于细菌病发生的时间不好确定，用药的时机不好把握，所以不能及时、准确地使用药物预防，只是凭经验用药。

（3）日常卫生、消毒是最基本的预防措施：日常勤清除粪便，常通风换气，定期清洗、消毒料槽、水槽，定期消毒运动场地，可有效地预防细菌病的发生。

3. 寄生虫病预防要点

（1）环境卫生是基本的预防措施：和预防细菌病一样，做好日常的卫生消毒工作，尤其是运动场地的卫生消毒工作，是预防寄生虫病不可忽略的重要环节。

（2）定期用药是有效的预防措施：因为寄生虫感染的发病过程比较慢，定期投药驱虫可有效地预防寄生虫病的发生。

4. 营养代谢病预防要点

（1）按营养需要配料：根据鸡的不同用途、不同饲养阶段的营养需要，设计饲料配方，调制全价配合饲料，可避免营养的不足或过剩。

（2）提高添加剂用量：调制鸡的配合饲料，应根据实际需要确定添加剂的用量，如夏季天气炎热，或者配合饲料的贮存时间超过 10 天，使部分维生素类氧化失效，应适量提高维生素添加剂的用量。种鸡配合饲料中维生素的用量高于商品蛋鸡，应使用种鸡专用的维生素添加剂。

5. 药物中毒预防要点

（1）按厂家规定量用药：兽药生产厂家对所生产的药品，在说明书中对用量、用法、禁忌等有明确规定，使用之前要详细看明白，并严格执行。用药量与饲料或饮水的配比一定计算准确，称量准确，不能随意用手估量。

（2）不长期大剂量用药：当一种药物治疗效果不佳时，首先考虑是否"对病"，或者重新确诊，或者更换不常使用的对症药物。不要盲目认为药量不足而加大用量，更不能长期大剂量用药。

（3）配伍用药避免毒性增加：治疗重症感染或混合感染，为了提高治疗效果，常两种或几种药物配伍使用。但是，有些药物配伍可增加疗效，而有些药物配伍则降低疗效，甚至增加毒性。

（三）常见病的治疗要点

鸡群发病之后，因为病原体的类型不同，所采取的治疗措施也不同。要充分了解各种疾病的治疗特点和要点，才能在疾病发生后做到"早发现、早确诊、早采取有效地控制措施"，把疾病消灭在萌芽之时，为鸡群的健康饲养提供保障。

1. 病毒病的治疗要点

（1）无有效治疗药物：目前临床上常用的抗病毒药，对已经发生的病毒病无明显地治疗效果，这是由于病毒感染的特殊性所导致。因为病毒病出现临床症状后，病毒已经通过感染潜伏期，在鸡体的靶器官内大量复制，并已经造成了组织器官的严重损伤。此时即便是有针对性地使用抗病毒药物，也为时已晚。

（2）中药治疗效果好于西药：有些具有抗病毒感染的中草药，并不具备直接杀死病毒的作用。但是多种中药的配伍，可有效提高鸡体的抗病毒感染能力，以控制病情的发展，最终达到治愈之目的。

（3）使用血清抗体要慎重：血清抗体和卵黄抗体是直接针对其病毒病的生物制品，如用于抗鸡传染性法氏囊炎的卵黄抗体液，在鸡群发病初期使用可能有一定治疗效果。但是，用一般的商品鸡蛋生产的卵黄抗体液，可能携带病原体，使用后造成二次感染，或者"卵抗"在制作过程中污染病菌，使用后造成注射部位感染。

（4）对症用药可缓解病情：临床上虽然没有治疗病毒病的药物，但是有些病毒病采取"对症"治疗，还是具有一定的辅助作用的。例如，传染性法氏囊炎、肾型传染性支气管炎，通过"通肾"治疗可使尿路畅通，以减轻尿酸盐沉积对肾脏的损害。

2. 细菌病的治疗要点

治疗鸡的细菌性病要做到"早、准、狠"。及早发现病鸡，准确诊断，用药要狠，也就是说用药量要足。尤其是首次用药剂量要大，以迅速提高药物在血液中的浓度，控制病情发展，并有效杀灭病菌。

（1）对"病"用药：确定致病菌，是选择有效治疗药物的前提。选药方法有两种，一是通过做药敏试验选择最有效的治疗药物；二是选用在本鸡场最不常使用的有效药物。

（2）对症用药：针对临床上出现的症状选用有效药，虽然只是一种辅助治疗，但是对于提高治疗效果，缩短病程有很大的帮助。如针对呼吸道病的止咳、平喘；针对消化道病的止泻、助消化；针对脱水的补液等。

（3）避免治疗好转后复发：细菌性病易于复发，治疗好转后不能立即停药，必须按预防量再用药几天，以巩固疗效。有的病甚至需要连续用药两个疗程，才能得到理想效果。

3. 寄生虫病的治疗要点

（1）使用有效抗虫药物：治疗寄生虫病要选择驱虫效果好的药物，同时还要清除中间宿主。用药量要足，一般治疗量用1个疗程，预防量再用1个疗程。

（2）改善环境卫生条件：改善鸡群运动场所的卫生条件，是根治寄生虫病的根本措施。否则就是病治好了，也会很快又被寄生虫卵感染。同时，搞好环境卫生，还能预防细菌病的混合感染。

（3）辅助治疗：寄生虫病除造成常见的贫血症状之外，还可造成组织器官的损伤，如球虫可造成肠道出血；组织滴虫可造成肝脏损伤。所以在驱虫的同时，还要纠正贫血和治疗组织器官的损伤。

4. 营养代谢病的治疗要点

（1）营养缺乏则补：如维生素缺乏，则由饲料中补充相应的维生素；粗蛋白质不足，则提高配合饲料的粗蛋白质水平。

（2）营养代谢障碍则减：当鸡群发生营养代谢障碍病时，应大幅度降低配合饲料中具有致病因素的营养物质。如痛风症时，配合饲料的粗蛋白质可减少1/2含量。

（3）辅助治疗：营养代谢病的辅助治疗，有时也是十分重要，如钙缺乏时增加维生素D以促进钙的吸收；痛风症的"通肾"疗法以疏通尿道等。

5. 中毒病的治疗要点

立即消除导致中毒的因素，是治愈中毒症的根本措施。解毒、保肝是缓解病情，促进治愈的重要手段。

（四）药物治疗失败的原因

1. 用药对症不对"病"

有些病症状基本相同，因为感染的病原体不同，所用药物有很大的差异。如慢性呼吸道病和大肠杆菌性气囊炎，均表现咳嗽、打喷嚏、呼吸困难。但是，慢性呼吸道病是由败血支原体感染所致，首选药物是恩诺沙星、泰乐霉素、罗红霉素等。如果使用泰乐霉素或罗红霉素治疗大肠杆菌感染，则无明显效果。

2. 细菌产生耐药性

长期以来由于滥用抗菌药物的现象十分严重，使病菌对许多药物产生了耐药性。如大肠杆菌病，因为各地用药种类不同，用药习惯不同，各种药物对大肠杆菌的敏感性差异很大，频繁使用的比不常使用的敏感性差；再就是交叉耐用性，如病菌对青霉素产生耐药性，对氨苄西林、阿莫西林也可能产生耐药性。可见，要想准确使用对病菌敏感性高的药物，必须通过做药敏试验进行筛选。

3. 用药途径不当

有些药物（如新霉素、庆大霉素等）在胃肠道内吸收不好，治疗全身感染以肌肉注射最好，如果通过口服给药则治疗效果不佳。

4. 用药时机不当

有些药物属于慢效抑菌剂，如磺胺类药物，如果在病菌繁殖兴盛期（临床症状严重期）使用，则治疗效果不佳。

5. 用药剂量不当

当用药剂量不足时，药物到达病灶组织器官的浓度低，起不到有效杀灭或抑制病菌活性的作用，则治疗效果不佳。但是，如果药物浓度太高，而且持续时间很长，则造成病菌与药物毒性的双重危害。

6. 靶组织（病灶）药物分布差

药物种类不同，到达同一病灶组织的浓度不同，如磺胺嘧啶等可很好地透过血脑屏障，到达脑组织，治疗细菌性脑炎时应为首选。如果考虑到病菌对磺胺类药物的耐药性，也可选用头孢他啶等。但是，如果使用庆大霉素则治疗效果不佳。

7. 贮存不当

药物变质，过期，使用后则治疗效果不佳。

8. 判断错误导致误诊

临床上常有几种病表现基本相同的症状，如由大肠杆菌感染所致的气囊炎，由支原体所致的慢性呼吸道病，由新城疫病毒所致的非典型性新城疫。临床上均表现咳嗽、打喷嚏。但是，病菌、支原体、病毒3种病原不同，治疗措施及所用药物均有很大不同，误诊则误治。

9. 混合感染

两种或两种以上病原体混合感染，已经成为疫病发生的重要特点。混合感染对疫病的准确诊断增加困难，使药物使用复杂化。不能正确诊断，则不能准确用药。

10. 药物配伍不当

多种药物联合使用，已经成为治疗混合感染的主要措施。但是，混合感染病原的不能确定，也就不可能达到药物配伍的合理性。药物配伍不合理，不但起不到有效的治疗作用，反而还有可能增加药物毒性。

（五）兽药使用及注意事项

1. 抗菌药物使用原则

（1）用窄谱抗菌药物有效就不用广谱药。如果已经确定致病菌，则使用敏感的窄谱抗菌药物。

（2）用一种抗菌药物有效就不用两种药，一般轻度感染，只用一种抗菌药物，而没有必要联合用药。

（3）严格执行药物疗程和剂量，不要随意加大或减少剂量；不频繁更换药物或长期使用一种药物。

（4）不盲目联合用药。联合用药之前先了解配伍禁忌，避免因用药不合理而降低疗效，产生毒副作用。

（5）预防用药的剂量也要达到有效抗菌浓度。预防性投药的剂量虽然可低于治疗量，但是如果达不到有效抗菌浓度，病菌易产生耐药性。

2. 正确选择与使用药物

（1）在病毒感染初期可选择使用抗病毒药物、干扰素或使用血清抗体、卵黄抗体。但使用抗体制品应选择正规生产厂家的产品，最好是经过灭活处理的产品，以避免携带病原体，造成二次感染。

（2）在鸡群疫情正确诊断的前提下选择有效药物，避免盲目用药。按生产厂家规定的剂量和疗程使用药物，最初用最大剂量，以后减少用量，以避免药物中毒。

（3）使用药物要详看说明书中有哪些注意事项，避免因盲目混合用药而产生毒副作用，见表30。

表30　兽药使用及注意事项

药物名称	别名	用法与用量	注意事项
青霉素类药物			
青霉素 G（peniecillinG）	青霉素 苄青霉素	肌肉注射：5 万~10 万 IU/kg 体重	与四环素等酸性药物及磺胺类药有配伍禁忌
氨苄青霉素（Ampincillin）	氨苄西林 氨比西林	拌料：0.02%~0.05% 肌肉注射：25~40mg/kg 体重	同青霉素 G
阿莫西林（Amoxicillin）	羟氨苄青霉素	饮水或拌料：0.02%~0.05%	同青霉素 G
头孢类药物			
头孢曲松钠（Ceftriaxone sodium）		肌肉注射：50~100mg/kg 体重	与林可霉素有配伍禁忌
头孢氨苄（CEFALEXIN）	先锋霉素 IV	饮水：35~50mg/kg 体重	与林可霉素有配伍禁忌
头孢唑啉钠（CEFZALIN sodium）	先锋霉素 V	肌肉注射：50~100mg/kg 体重	与林可霉素有配伍禁忌
头孢噻呋（CEFTIOFUR）		肌肉注射：0.1mg/只	用于 1 日龄小鸡

（续表）

药物名称	别名	用法与用量	注意事项
氨基糖苷类药物			
链霉素 （Streptomycin）		肌肉注射：5万~10万 IU/kg 体重	雏禽和纯种外来禽慎用，肾脏有一定的毒副作用
庆大霉素 （Gentamycin）		饮水：0.01%~0.02% 肌肉注射：5~10mg/kg 体重	与氨苄青霉素、头孢类抗生素、红霉素、磺胺嘧啶钠、小苏打、维生素 C 等药物有配伍禁忌。注射剂量过大，可引起毒性反应，表现水泻、消瘦等
卡那霉素 （Kanamycin）		饮水：0.01%~0.02% 肌肉注射：5~10mg/kg 体重	尽量不与其他药物配伍使用。与氨苄青霉素头孢曲松钠、磺胺嘧啶钠、氨茶碱、小苏打、维生素 C 等有配伍禁忌。注射剂量过高可引起毒性反应，表现为水泻、消瘦等
阿米卡星 （Amikacin）	丁胺卡那霉素	饮水：0.005%~0.01% 拌料：0.01%~0.02% 肌肉注射：5~10mg/kg 体重	与氨苄青霉素、头孢唑啉钠、红霉素、新霉素、维生素 C、氨茶碱、盐酸四环素、地塞咪松、环丙沙星等有配伍禁忌。注射剂量过高可引起毒性反应，表现为水泻、消瘦等
新霉素 （Neomycin）		饮水：0.01%~0.02% 拌料：0.02%~0.03%	
壮观霉素 （Spectinomycin）	大观霉素 速百治	肌肉注射：7.5~10mg/kg 体重 饮水：0.025%~0.05%	产蛋鸡禁用
多肽类药物			
多黏菌素 E （Colistin）	黏菌素 抗敌素	拌料：0.002% 口服：3~8mg/kg 体重	与氨茶碱、青霉素 G、头孢菌素、四环素、红霉素、卡那霉素、维生素 B_{12}、小苏打等有配伍禁忌

（续表）

药物名称	别名	用法与用量	注意事项
杆菌肽 （Bacitracin）		拌料：0.004% 口服：100~200IU/只	对肾脏毒性大
氯霉素类			
金霉素 （Chlortetracyline）		饮水：0.01%~0.05% 拌料：0.05%~0.1%	同土霉素
甲砜霉素 （Thiamphenine）	甲砜氯霉素 硫霉素	饮水或拌料：0.02%~0.03% 肌肉注射：20~30mg/kg体重	与庆大霉素、新生霉素、土霉素、四环素、红霉素、林可霉素、泰乐菌素、螺旋霉素等有配伍禁忌
氟苯尼考 （Florfenicol）	氟甲砜霉素	肌肉注射：20~30mg/kg体重	同甲砜霉素
大环内酯类药物			
螺旋霉素 （Spiramycin）		饮水：0.01%~0.05% 肌肉注射：25~50mg/kg体重	与红霉素有交叉耐药性
红霉素 （Etrythromycin）		饮水：0.005%~0.02% 拌料：0.01%~0.03%	不能与莫能菌素、盐霉素等到抗球虫药合用
罗红霉素 （Roxithromycin）		饮水：0.005%~0.02% 拌料：0.01%~0.03%	与红霉素有交叉耐药性
泰乐菌素 （Tylosin）	泰农	饮水：0.005%~0.01% 拌料：0.01%~0.02% 肌肉注射：30mg/kg体重	不能与聚醚类抗生素合用。注射反应大，注射部位坏死，精神沉郁及采食量下降1~2天
替米考星 （Timicosin）		饮水：0.01%~0.02%	蛋鸡禁用
泰妙灵 （Tiamulin）	支原净	饮水：0.0125%~0.025%	不能与莫能菌素、盐霉素、甲基盐霉素等聚醚类抗生素合用
安普霉素 （Apramycin）	阿普拉霉素	饮水：0.025%~0.05%	对家禽大肠杆菌、沙门氏杆菌感染疗效显著，对支原体也有效。与氨基苷类合用毒性增强
四环素类药物			

林地放养土鸡新技术

（续表）

药物名称	别名	用法与用量	注意事项
土霉素 （Oxytetracycline）	氧四环素	饮水：0.02%~0.05% 拌料：0.1%~0.2%	与丁胺卡那霉素、氨茶碱、青霉素G、氨苄青霉素、头孢菌素类、新生霉素、红霉素、磺胺嘧啶钠、小苏打等到药物有配伍禁忌。剂量过高对孵化率有不良影响
强力霉素 （Doxycyline）	多西环素 脱氧四环素	饮水：0.01%~0.05% 拌料：0.02%~0.08%	同土霉素
四环素 （Tetracyckine）		饮水：0.02%~0.05% 拌料：0.05%~0.1%	同土霉素
磺胺类药物			
三甲氧苄氨嘧啶 （TMP）		饮水：0.01%~0.02% 拌料：0.02%~0.04%	由于易形成耐药性，不宜单独使用，常与磺胺类或抗生素按1∶5比例使用，可提高抗菌甚至杀菌作用。不能与拉沙菌素、莫能菌素、盐霉素等抗生素球虫药配伍。产蛋鸡慎用。本品不能与青霉素、维生素 B_1、维生素 B_6、维生素 C 联合使用
磺胺嘧啶 （SD）		饮水：0.1%~0.2% 拌料：0.2%~0.4% 肌肉注射：40~60mg/kg 体重	不能与拉沙菌素、莫能霉素、盐霉素配伍。产蛋鸡慎用。本品最好与小苏打合用
磺胺二甲基嘧啶 （SM2）	菌必灭	饮水：0.1%~0.2% 拌料：0.2%~0.4% 肌肉注射：40~60mg/kg 体重	不能与拉沙菌素、莫能霉素、盐霉素配伍。产蛋鸡慎用。本品最好与小苏打合用
磺胺甲基异噁唑 （SMZ）	新诺明	饮水：0.03%~0.05% 拌料：0.05%~0.1% 肌肉注射：30~50mg/kg 体重	不能与拉沙菌素、莫能霉素、盐霉素配伍。产蛋鸡慎用。本品最好与小苏打合用
磺胺喹噁啉 （Sulfaquinoxaline）		饮水：0.02%~0.05% 拌料：0.05%~0.1%	不能与拉沙菌素、莫能霉素、盐霉素配伍。产蛋鸡慎用。本品最好与小苏打合用

（续表）

药物名称	别名	用法与用量	注意事项
二甲氧苄氨嘧啶 （DVD）	敌菌净	饮水：0.01%~0.02% 拌料：0.02%~0.04%	由于易形成耐药性，不宜单独使用，常与磺胺类或抗生素按1:5比例使用，可提高抗菌甚至杀菌作用。不能与拉沙菌素、莫能菌素、盐霉素等抗菌素球虫药配伍。产蛋鸡慎用。最好与小苏打同时使用
喹诺酮类药物			
氧氟沙星 （Ofloxacin）	氟嗪酸	饮水：0.005%~0.01% 拌料：0.015%~0.02% 肌肉注射：5~10mg/kg体重	与氨茶碱、小苏打有配伍禁忌。与磺胺类药物合用，加重肾的损伤
恩诺沙星 （Enrofloxacin）		饮水：0.005%~0.01% 拌料：0.015%~0.02% 肌肉注射：5~10mg/kg体重	同氧氟沙星
环丙沙星 （Ciproflxacin）		饮水：0.01%~0.02% 拌料：0.02%~0.04% 肌肉注射：10~15mg/kg体重	同氧氟沙星
达氟沙星 （Danofloxacin）	单诺沙星	饮水：0.005%~0.01% 拌料：0.015%~0.02% 肌肉注射：5~10mg/kg体重	同氧氟沙星
沙拉沙星 （Sarafloxacin）		饮水：0.005%~0.01% 拌料：0.015%~0.02% 肌肉注射：5~10mg/kg体重	同氧氟沙星
敌氟沙星 （Difloxacin）	二氟沙星	饮水：0.005%~0.01% 拌料：0.015%~0.02% 肌肉注射：5~10mg/kg体重	同氧氟沙星
氟哌酸 （Norfloxacin）	诺氟沙星	饮水：0.01%~0.05% 拌料：0.03%~0.05%	同氧氟沙星
其他抗菌药物			
痢菌净 （Maquinox）	乙酰甲喹 （抗菌药物）	拌料：0.005%~0.01%	毒性较大，务必拌均匀，连用不能超过3天

（续表）

药物名称	别名	用法与用量	注意事项
北里霉素 （Kitasamycin）	吉他霉素 柱晶白霉素 （抗生素）	饮水：0.01%～0.05% 肌肉注射：30～50mg/kg体重 拌料：0.05%～0.1%	蛋鸡禁用
林可霉素 （Lincomycin）	洁霉素	饮水：0.02%～0.03% 肌肉注射：20～50mg/kg体重	最好与其他抗菌药物联合使用以减缓耐药性产生，与多黏菌素、卡那霉素、新霉素、青霉素G、链霉素、复合维生素B等药物有配伍禁忌
抗病毒类药物			
吗啉呱 （ABOB）	病毒灵	饮水或拌料：0.01%～0.02%	使用活毒疫苗接种前后7天不得使用
利巴韦林 （Ribavirin）	三氮唑核苷 病毒唑	饮水或拌料：0.005%～0.01%	使用活毒疫苗接种前后7天不得使用
金刚烷胺 （Amantsadine）		饮水或拌料：0.005%～0.01%	剂量过大会引起神经症状
抗球虫类药物			
莫能霉素 （Monensin）	欲可胖 牧能霉素	拌料：0.0095%～0.0125%	能使饲料适口性变差以及引起啄毛。产蛋鸡禁区用。火鸡珍珠鸡、鹌鹑易中毒，慎用。肉鸡在宰前3天停药
盐霉素 （Salinomycin）	优素精 球虫粉 沙利霉素	拌料：0.006%～0.007%	火鸡、珍珠鸡、鹌鹑及产蛋鸡禁区用。本品能引起鸡饮水量增加，造成垫料潮湿
拉沙菌素 （Lasalocid）	球安	拌料：0.0095%～0.0125%	本品能引起鸡饮水量增加，造成垫料潮湿。产蛋鸡禁用。肉鸡宰前5天停药
马杜拉霉素 （Maduramicin）	球王 加福	拌料：0.0005%	拌料不均匀或剂量过大引起鸡瘫痪。肉鸡宰前5天停药。产蛋鸡禁用
氨丙啉 （Amprolinum）	安宝乐	饮水或拌料：0.0125%～0.025%	因为能妨碍维生素B_1的吸收，因此使用时应注意维生素B_1的补充。过量使用会起轻度免疫抑制。肉鸡在宰前10天停药

（续表）

药物名称	别名	用法与用量	注意事项
尼卡巴嗪 （Nicarbazin）	球净 加更生	拌料：0.0125%	会造成生长抑制，蛋壳变浅色，受精率下降，因此产蛋鸡禁用。肉鸡宰前4天停药
二硝托胺 （Dinitolmida）	球痢灵	拌料：0.0125%~ 0.025%	用0.0125%的球痢灵与0.005%洛克沙胂联用有增效作用
氯苯胍 （Robenidine）	罗本尼丁	拌料：0.003%~ 0.004%	引起鸡肉品和蛋鸡的蛋有异味，所以产蛋鸡一般不宜使用，肉鸡应在宰前7天停药
氯羟吡啶 （Clopidol）	克球粉、 克球多、 康乐安、 可爱丹	拌料：0.0125%~ 0.025%	产蛋鸡慎用和产蛋鸭禁用。肉鸡和火鸡在宰前5天停药
地克珠利 （Dclazuril）	杀球灵、伏球、球必清	拌料或饮水：0.0001%	产蛋鸡禁用。肉鸡在宰前7~10天停药
妥曲珠利 （Toltrazuril）	百球清	饮水或拌料：0.0125%	产蛋鸡禁用。肉鸡在宰前7~10天停药
常山酮 （Halofuginone）	速丹	拌料：0.0002%~ 0.0003%	0.0009%速丹可影响鸡生长，0.0003%速丹可使水禽中毒，因此水禽禁用
抗滴虫（抗菌）类药物			
甲硝唑 （Metronidazole）	灭滴灵 抗滴虫药物、 抗菌药物	饮水：0.01%~0.05% 拌料：0.05%~0.1%	剂量过大会引起神经症状
二甲硝咪唑 （Dimetridaxole）	地美硝唑 达美素	拌料：0.02%~0.05%	产蛋禽禁用。水禽对本品甚为敏感，剂量大会引起平衡失调等神经症状
驱线虫类药物			
左旋咪唑 （Levamisole）		口服：24mg/kg体重	
丙硫苯咪唑 （Albendazole）	阿苯达唑 抗蠕敏	口服：30mg/kg体重	

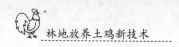

药物名称	别名	用法与用量	注意事项
		抗真菌药物	
制霉菌素 （Nystatin）		治疗曲霉菌病：1 万 ~ 2 万 IU/kg 体重	

注：氟苯尼考、甲砜霉素可替代氯霉素。

3. 及时合理的"对症"用药

土鸡得病后，在使用抗菌消炎药物的同时，再针对临床症状选择辅助治疗措施，有利于提高鸡体的抗病力，缩短疗程，提高治愈率。

（1）增强鸡体抵抗力：鸡体感染病菌而发病，是因为抵抗力低所致。提高鸡体抵抗力可使用黄芪多糖、电解多维素、维生素C、葡萄糖等。

（2）补液：病鸡发烧、腹泻均可造成脱水。补水可用葡萄糖盐水、口服补液盐等，浓度应根据脱水程度而定。

（3）止泻：腹泻症状有病毒、病菌所致，或者消化不良所致，或药物中毒所致。治疗病原体所致的腹泻，应采取抗菌、消炎以止泻，而不能先用止泻药物。治疗消化不良性腹泻，应止泻与助消化同时实施。治疗中毒性腹泻，应先排除中毒因素。

（4）止咳平喘：呼吸道感染常表现咳嗽、气喘，一般常用具有止咳、平喘的中草药。

（5）止血：具有组织、器官出血现象的疾病，应使用具有止血功效的药物，如维生素 K_3 或三七、仙鹤草、槐花碳等中草药。

（6）通肾：具有肾脏及输尿管内尿酸盐大量沉积现象的疾病，需要使用含碱性离子的药物，如小苏打，以及具有利尿作用的药物，如茯苓皮、泽泻、车前子、玉米须等。

（六）抗菌药物的联合应用

联合用药是兽医临床上经常采用的治疗措施。联合用药可扩大抗菌范围，使混合感染或不能作细菌学诊断的病例得以治疗；可发挥药物的协同抗菌作用，以提高治疗效果；可减少用药剂量，从而降低毒副作用。

但是，不合理的联合用药，可能产生不利后果，如引起不良反应，出现二重感染，使耐药菌株增加，造成药物浪费等。

1. 联合用药的原则

（1）病原菌不明的严重感染，用单一抗菌药物不能控制。

（2）一种抗菌药物不能治愈的混合感染，如败血症。

（3）长期用药细菌有可能产生了耐药性。

（4）联合药物为降低药物的毒性反应。

（5）一般是两种药物合用，没有必要3种或4种药物合用。

2. 联合用药可产生的结果

（1）抗菌药物分类：依据抗菌药物的作用性质，可分为4大类：

第一类为繁殖期杀菌剂，主要包括青霉素类、头孢菌素类等，对繁殖期的细菌杀灭作用好。

第二类为静止期杀菌剂，主要包括氨基糖苷类、多黏菌素等，对静止期的细菌杀灭作用好。

第三类为速效抑菌剂，主要包括四环素类、氯霉素类和大环内酯类等，可速效抑制细菌繁殖，但不能杀灭细菌。

第四类为慢效抑菌剂，主要包括磺胺类药物，间接抑制细菌繁殖。

（2）抗菌药物的联合应用：两种抗菌药物的联合应用，在动物实验中可获得无关、相加、协同（增强）和颉颃4种效果。

①无关作用：第一类和第四类药物合用，例如，青霉素和磺胺嘧啶合用则无关。

②相加作用：第二类或第三类与第四类药物并用，可获得增强或相加作用。如黏菌素＋磺胺嘧啶可增加对大肠杆菌的作用；四环素类：氧苄氨嘧啶（4∶1）对金色葡萄菌增效 2～5 倍；对大肠杆菌增效 4～8 倍，对绿脓杆菌增增效 8～16 倍。

③协同作用：第一类和第二类药物合用可获得协同（增强）作用，例如，青霉素与链霉素或庆大霉素合用。青霉素破坏细菌细胞壁的完整性，有利于氨基苷类抗生素进入细胞内发挥作用。可用于严重的细菌感染，对肠道病菌也有协同作用。

第二类和第三类合用时，多数有协同作用。如红霉素＋链霉素可增强对链球菌病的治疗作用。

④颉颃作用：第三类和第一类药物合用可能出现颉颃作用，例如，青霉素类与氯霉素或四环素类合用。由于后两种药物使细菌的蛋白质合成被迅速抑制，细菌处于静止状态，致使繁殖期杀菌剂青霉素的干扰作用不能充分发挥，抗菌活性减弱。

第二类药物与氯霉素合用（同时用或先用氯霉素）均出现颉颃现象，以先用第二类药物，后用霉素或林可霉素类为妥。

（七）消毒剂的配制与使用

1. 消毒剂的配制方法

消毒剂的种类很多，但大部分是成品制剂，明确规定了配制方法和用量，也有几种消毒剂，需要按教科书上介绍的方法去称量和配制，如火碱溶液、生石灰乳等。

（1）氢氧化钠溶液：氢氧化钠又名苛性钠、火碱、烧碱。常配制成 1%～2% 的溶液，用于消毒污染的鸡舍、地面和用具。

（2）福尔马林溶液：37%～40% 的甲醛溶液又称福尔马林。常配制成 4%～10% 的福尔马林溶液，用于浸泡被污染的小型用具，浸泡时间 30 分钟；2%~4% 的福尔马林溶液，用于喷洒鸡舍墙壁、地面、饲槽。

（3）石灰乳：取生石灰 1~2 份，加水 8~9 份，配成 10%~20% 浓度的石灰乳，常用于粉刷鸡舍墙壁、地面，应现用现配。

2. 常用消毒剂的使用原则

（1）针对病原微生物选择高效消毒剂：如杀灭细菌芽孢或病毒，必须选用过氧乙酸、火碱溶液、醛类消毒剂、碘伏、有机氯消毒剂等。

（2）不能随意混合使用：酸性与碱性消毒剂不宜混合使用。阳离子与阴离子表面活性消毒剂不宜混合使用。

（3）浓度适宜，用量要足：消毒剂浓度不够则不能杀灭病原体；浓度过高则渗透性差，同样起不到消毒效果。

（4）温度、湿度适宜：消毒剂在温度 20℃ 以上和湿度 60% 以上，消毒效果好。被消毒环境干燥、寒冷，都不会达到理想的消毒效果。

（5）消毒环境干净、清洁：被消毒环境、物体清扫的越干净，消毒效果越好。如果不清扫，存在大量粪污，则起不到消毒效果。

（八）放养土鸡免疫程序制订

制订放养鸡群的免疫程序，应针对当地的疫情发生规律，合理安排疫苗接种时间，避免因疫苗接种间隔太长，而出现免疫空当；或者因间隔太短而影响免疫效果。同时也要认真选购、保存和使用疫苗，以保证免疫程序确切实施。

1. 疫苗使用注意事项

（1）选择正规厂家生产的疫苗，不迷信进口疫苗。
（2）看明白生产日期和使用说明，严格按规定使用疫苗。

（3）注意有无异常现象，如冻干苗产气，油乳苗分层，均不能再用。

（4）冻干苗早已解冻或反复冻融可降低效价，也不要再用。

（5）不要几种疫苗随意混合使用，以免影响免疫效果。

（6）必须在鸡群健康状态下接种疫苗，才能获得坚强的免疫力。

（7）必须多次重复接种疫苗才能获得更持久的免疫力。

2. 制订土鸡的防疫程序

土鸡的饲养期比较长，制订免疫程序不但要考虑到各种疫病在当地的流行特点，发生季节，还要顾及鸡群各个饲养阶段的生长及生产状态，合理选用疫苗，合理安排接种间隔时间，以避免疫苗之间的相互干扰，避免因接种疫苗而对母鸡产蛋、肉鸡出栏造成不利影响。但是，也要确保鸡群达到预期的免疫效果。可参考以下免疫程序：

1日龄：预防马立克氏病，使用马立克氏病双价苗，颈部皮下注射 0.2ml。发病严重的鸡场则用单价苗，到 10 日龄后再重复免疫 1 次，可明显降低发病率。

7日龄：预防新城疫，用新城疫Ⅳ系苗，点眼、滴鼻。

12日龄：预防传染性支气管炎，用传染性支气管炎 H120，滴口、滴鼻。

17日龄：预防传染性法氏囊炎，用中毒株法氏囊炎疫苗，滴口。

22日龄：预防传染性法氏囊炎，用中毒株法氏囊炎疫苗，饮水。

同日龄：预防传染性支气管炎，用呼吸型、肾型、腺胃型传染性支气管炎油乳剂灭活苗 0.3ml，肌肉注射。

27日龄：预防新城疫，同时用活疫苗与灭活苗。新城疫冻干苗 2 头份，饮水；新城疫油乳剂灭活苗 0.2ml，肌肉注射。

50日龄：预防传染性喉气管炎（没有发生过的鸡场不要

用），用鸡传染性喉气管炎活疫苗，滴鼻、滴口、滴眼。

60 日龄：预防新城疫、传染性支气管炎，用新—传支二联油乳剂灭活苗 0.5ml，肌肉注射。

70 日龄至开产：预防禽流感（减蛋型），用禽流感 H9 油乳剂灭活苗，免疫 3 次，间隔 20 天以上。产蛋后间隔 4 个月免疫一次。

120 日龄至开产：预防新城疫、鸡传染性支气管炎、减蛋综合征，用新—传支—减蛋综合征三联油乳剂灭活苗 0.5ml，肌肉注射。产蛋后间隔 6 个月免疫一次。

每年 7~8 份（蚊季）防鸡痘：用鸡痘疫苗于翅膀下无血管处刺种。

3. 疫苗接种注意事项

（1）饮水免疫不能直接使用自来水，因为自来水中含有漂白粉，使用前必须存放 1~2 天，或者烧开使漂白粉挥发掉。

（2）饮苗前必须停水 2~4 小时，天热停 2 小时左右；天冷停 4 小时左右。并且在水中加入脱脂乳粉 2%，或用疫苗保护剂。实施饮水免疫的疫苗必须加倍，最好把疫苗分 2 次饮水，中间间隔 2~3 小时，使饮水量更加均匀。

肉用土鸡可使用蛋用土鸡育雏期和育成期的免疫程序，或在此基础上略加以修改即可。

（九）传染病鸡的处置

饲养人员要随时观察鸡群的动态。尤其是早晨放鸡时察看舍内有无死鸡、病鸡和行动缓慢的鸡，发现后立即送兽医诊断或送隔离室观察、治疗。

1. 病鸡隔离治疗

发现病鸡及时隔离，是为了减少病原体扩散，避免传染更多的健康鸡。治疗不单是为了救治病鸡，更重要的是为大群鸡的预防用药提供可靠的依据。但是，对于具有烈性传染性倾向（如禽流感、新城疫）的病鸡，不要进行隔离治疗，以免造成病原扩散。无治疗价值（如白血病、马立克氏病）的病鸡，应立即予以无害化处理。

2. 病料采集与保存

无专业兽医化验室的鸡场，除了常规性地采血检测免疫抗体，没必要采集和保存病料。

（1）鸡血采集与保存方法：采血人员一手抓住鸡翅膀保定鸡，另只手持 1ml 消毒注射器在鸡翅膀内侧寻找比较粗的血管，抽血 0.5ml 以上，并同时抽空注射器 0.1ml；或用针头刺破血管，用消毒青霉素瓶接血半瓶，盖紧盖。斜放、静置，待血清析出。冬季放置在 20℃ 以上的室温下，或用暖水袋增温，以利于血清析出。

析出血清后可送兽医化验室检验；或者分别倒入消毒的小瓶里密封，放冰箱保存待检。

（2）病死鸡的保存方法：发现病死鸡最好整鸡送检兽医实验室，如果没有时间或来不及送检，可将鸡尸装入塑料袋内，密封后放入低温箱中保存，但时间不要太长。

3. 病鸡及病料送检

发现突然发病的鸡或死亡鸡，立即送化验室检验。送检病鸡要有代表性，病死鸡 6 个小时以内。病死时间过长则病尸腐败变质，影响检验效果，送检数，大鸡需要 2~3 只；小鸡需要 3~5 只。

4. 病尸无害化处理

发现病死鸡立即进行现场清理、消毒，选择远离水源的隐蔽处深埋，或者解剖后深埋、夯实，以免被其他动物扒出来，造成疫病传播。

十三、土鸡常见病诊治技术

（一）病毒性病诊治技术

主要依赖疫苗预防，而无有效治疗药物的疫病，一般都是病毒性病，如禽流感、新城疫、传染性支气管炎、传染性法氏囊炎、鸡传染性脑脊髓炎、传染性喉气管炎、马立克氏病、鸡痘等，分述于下。

1. 禽流感

禽流感全名禽流行性感冒，又名真性鸡瘟，是由禽流感病毒所引起的一种主要流行于鸡群中的烈性传染病。按病原体类型不同，可分为高致病性、低致病性和非致病性 3 大类。非致病性禽流感不会引起明显症状，仅在鸡体内产生病毒抗体。低致病性禽流感可使鸡出现轻度症状，产蛋量下降，零星死亡。而高致病性禽流感最为严重，发病率和死亡率几乎为 100%。

根据禽流感病毒的抗原特性，将 A 型流感病毒分成若干亚型。目前已经发现 15 种特异的 HA 亚型（分别以 H1～H15 命名）和 9 种特异的 NA 亚型（分别以 N1～N9 命名），通过各自的变异可以产生许多不同亚型的毒株。目前所知的 15 个 HA 亚型都可以从禽类分离到，但属于高致病力禽流感病毒的多为 H5 和 H7 亚型。禽流感病毒可致禽类突发死亡，是国际兽疫局规定的 A 类传染病，也能感染人。

该病病毒对外界不利条件抵抗力较差，在阳光直射下 40 小时以上即可灭活，常用消毒药如福尔马林、烯酸、漂白粉、碘制剂等都能将其迅速火活。

（1）发病季节：本病一年四季都可感染发病，但以冬、春寒冷季节发病多。

（2）易感动物：流感病毒感染多种家禽和野禽，鸡和火鸡易感性最高。水禽如鸭、鹅可带毒并通过排粪散毒，一般不表现症状。但近年来鸭、鹅亦有感染高致病力毒株并发病死亡的案例。现已分离出流感病毒的禽鸟有：珍珠鸡、鹅、鹌鹑、雉、鹧鸪、八哥、麻雀、乌鸦、寒鸦、鹰、编织鸟、鸽、椋鸟、岩鹧鸪、燕子、苍鹭、加拿大鸭、番鸭、雀形目的鸟、鹦鹉、虎皮鹦鹉、海鸥及海鸟等；从鸭体分离到的流感病毒多于其他禽类。

病禽是主要传染源，野生水禽是自然界流感病毒的主要带毒者，鸟类也是重要的传播者。

（3）传播途径：主要经消化道传播，也可通过伤口、呼吸道、眼结膜传播。垂直传播的证据很少，但有证据表明试验感染鸡的蛋中有禽流感病毒的存在。因此，不能完全排除垂直传播的可能性。

（4）临床症状：因鸡的品种、年龄、性别及健康状况不同，所感染的病毒毒力、并发感染的程度不同，而差异很大。本病无特征性症状，可表现为呼吸道、消化道、生殖系统、神经系统异常等其中一组或多组症状。如病鸡咳嗽、打喷嚏、流泪，拉黄白、黄绿或绿色稀粪，蛋壳异常等。腿部也可见到充血和出血现象。

①高致病性禽流感：突然大群鸡发病，精神沉郁，采食量明显减少或停止采食，蛋鸡产蛋量明显下降或停产，并产出大量软壳蛋和无壳蛋。有部分鸡肿头、肿脸，肉髯和鸡冠发绀、充血和出血，或者脚趾肿胀，并有淤斑性变色，或者表现摇头等神经症状，同时出现大批鸡死亡。

②低致病性禽流感：突然大群鸡发病，表现轻微的呼吸道症状或腹泻，采食量略有减少或正常；母鸡产蛋量不同程度地下降，蛋壳表面散布紫色（出血）斑点。通常表现高发病率和低死亡率的临床特征。

（5）剖检变化：禽流感的病理变化因感染毒株毒力的强弱、病程长短和被侵害的鸡体部位不同而差异很大。

①高致病性禽流感：强毒株可致鸡突然死亡，而没有出现明显的病理变化。有的毒株感染可见鸡内脏器官的浆膜和黏膜表面点状出血，特别是腺胃黏膜可见点状或片状出血，腺胃与食道交界处、腺胃与肌胃交界处有出血带或溃疡。

②低致病性禽流感：轻微病变可见鼻窦卡他性、纤维素性、浆液性、脓性或干酪性炎症。气管黏膜水肿，气囊增厚，伴有纤维素性或干酪样渗出物。产蛋鸡输卵管发炎，常见泄殖腔内有蛋宿留；有的鸡发生卵黄性腹膜炎。

有的病例可能伴随细菌感染，因此，病变反映病毒和细菌感染的两种特征。

（6）现场诊断要点：因感染致病毒株不同，而临床表现差异很大。

①高致病禽流感：以突然发病，大批死亡，大量产软壳蛋、无壳蛋和内脏器官的广泛出血为特征。

②低致病禽流感：以发病突然，产蛋下降，软壳蛋、斑点蛋增多，难产为特征。

（7）类症鉴别要点：本病的临床表现与鸡新城疫有许多相似之处，需要加以区别，见表31。

表31　禽流感与新城疫鉴别要点

病名	年龄性	呼吸困难	粪便颜色	神经症状	气管病变	腺胃出血	病程
禽流感	无	轻微	黄绿	摇头	出血	黏膜乳头	短
新城疫	无	张口吸气	黄白、绿	转脖	充血	乳头	长

（8）实验室诊断：

①送检病料采集：采集病死鸡的气管、肺、肝、肾、脾、泄殖腔等组织样品；活鸡泄殖腔拭子、喉头拭子等样品；血液及血清样品。送兽医实验室确诊。

②常用诊断方法：琼脂凝胶免疫扩散试验和血凝抑制试验，

其方法特异性高，技术要求低，适用于大范围普查。

酶联免疫吸附法（ELISA 和 Dot—ELISA），方法简便、快速、敏感、特异，可用肉眼判定等特点，适用于口岸检疫、疫病监测和早期快速诊断。

（9）治疗方法：无有效治疗药物。

（10）预防措施：按防疫程序及时接种禽流感疫苗。本地发现疫情后，用黄芪多糖、电解维生素等提高鸡体抗病力，对发病鸡按国家法规采取扑灭等措施。

2. 新城疫

鸡新城疫又称亚洲鸡瘟或伪鸡瘟，是由副黏病毒引起的高度接触性传染病。该病病毒对热的抵抗力比其他病毒强，在持续高温下仍能存活 7~9 天。对化学消毒剂的抵抗力不强，常用的火碱、福尔马林、漂白粉、抗毒威等都能将其灭活。

（1）发病季节：本病无明显的季节性，但以冬、春季节发病较多。

（2）易感动物：各种鸡在各年龄都能感染，幼鸡和育成鸡最易感染，两年以上的老鸡易感性降低。珍珠鸡、雉鸡及野鸡也有易感性；鸽、鹌鹑、鹦鹉、麻雀、乌鸦、喜鹊、孔雀、天鹅以及人也可感染，而水禽对本病有抵抗力。

（3）传播途径：本病的主要传染源是病鸡和带毒鸡的分泌物，粪便，以及被污染的饲料、饮水，通过消化道和呼吸道而感染，也可经损伤的皮肤、黏膜侵入体内而感染发病。

（4）临床症状：急性型病例表现体温升高至 44℃，精神委顿，羽毛松乱，呈昏睡状态。冠和肉髯暗红色或黑紫色。嗉囊内常充满液体及气体，呼吸困难，喉部发出"咯、咯"声；排黄白色或黄绿色稀粪，恶臭。一般 2~5 天死亡。

亚急性或慢性型病例表现症状与急性型相似，但病情较轻，出现神经症状，腿、翅麻痹，运动失调，头向后仰或向一边弯曲等，病程可达 1~2 个月，多数最终死亡。

非典型性新城疫常发生于免疫鸡群，发病率低，死亡率也低。常于二免后发病，主要表现呼吸道症状，持续不断的出现病鸡，造成疫病的长期传播。

（5）剖检变化：可见全身黏膜和浆膜出血，特别是腺胃乳头和贲门部出血。心包、气管、喉头、肠和肠系膜充血或出血。直肠和泄殖腔黏膜出血；卵巢坏死、出血，卵泡破裂性腹膜炎；盲肠扁桃体出血；小肠、回肠及回盲口处有枣核样隆起，出血或坏死。

（6）现场诊断要点：以发病急，死亡率高，呼吸困难、拉黄绿稀粪、转脖，腺胃乳头出血为特征。

（7）类症鉴别要点：本病需要与禽流感病相鉴别，见表31。非典型性新城疫需与大肠杆菌性呼吸道感染、慢性呼吸道病相鉴别：

①非典型性新城疫：喉头、气管黏膜轻微出血，肠道黏膜充血、出血，排黄绿色稀便。

②大肠杆菌性呼吸道感染：气管炎、肺炎、气囊炎，气囊浑浊、增厚。

③慢性呼吸道病：上呼吸道明显的卡他性炎症，气囊内积有大量黄色干酪样物。

（8）实验室诊断：血清免疫抗体抑制试验，是基层兽医检测新城疫疫苗免疫效果和诊断本病的主要手段。

（9）治疗方法：尚无有效治疗药物。采取紧急接种疫苗，以保护健康鸡不发病，对发病鸡按国家法规采取扑灭等措施。

雏鸡用新城疫Ⅳ系活苗或Ⅳ系活苗 2~3 倍量饮水与 ND 油乳剂灭活苗同时应用，效果更好。2 月龄以上青年鸡和成年鸡用新城疫Ⅰ系活毒疫苗 1 头份，肌肉注射。

（10）预防措施：按防疫程序接种新城疫冻干（活）疫苗和灭活油乳苗。

3. 传染性法氏囊炎

本病又称鸡甘保罗病，是由传染性法氏囊炎病毒引起的一种高度接触性疫病。该病病毒的抵抗力较强，耐热、耐酸、耐反复冻融，但不耐碱。在56℃下3小时不能灭活，耐热是该病毒的重要特点之一。一般低浓度的消毒药物不能将其杀死，3%的石炭酸、3%的福尔马林、5%的漂白粉、0.2%的过氧乙酸需要30分钟才能将其灭活。

（1）发病季节：本病一年四季都能发生，但以5～7月份发病较多。

（2）易感动物：本病主要感染2～16周龄的鸡和火鸡，3～6周龄时最易感。16周龄以上，法氏囊退化的鸡不再感染本病。

（3）传染途径：本病的主要传染源是病鸡及隐性感染的鸡群。粪便，以及被污染的饲料、饮水，通过消化道和呼吸道而感染。

（4）临床症状：突然发病、精神沉郁、缩头乍毛、呆立不动，排石灰水样稀粪。出现症状后2～3天出现死亡高峰，4～5天死亡停止，病鸡逐渐康复，病程一般7～8天。

（5）剖检变化：本病的特征性病理变化是胸肌颜色发暗，股部和胸部肌肉常有出血，呈斑点或条纹状，有的出现黑褐色血肿。腺胃和肌胃交界处有出血斑或散在出血点。法氏囊肿大2～3倍，初期覆盖黄色胶冻样物，黏膜点状出血；中期白中透红，囊内块状出血；后期呈红色葡萄状，囊内充满出血块。

（6）现场诊断要点：以发病急，排石灰水样稀粪，腿肌、胸肌条状出血，法氏囊肿大、出血为特征。

（7）类病鉴别要点：本病与肾型传染性支气管炎和痛风均表现排石灰水样稀粪，症状鉴别要点见表32。

表32　传染性法氏囊炎与类病鉴别要点

疾病类别	呼吸困难	石灰样粪	肌肉出血	输尿管	法氏囊
法氏囊炎	无	排量少	条状	粗细正常	肿大出血
肾型传支	有	排量大	无	一侧增粗	正常
痛风	无	排量大	无	两侧增粗	正常

（8）实验室诊断：取发病初期肿大的法氏囊，制成病毒组织液与阳性血清做琼脂扩散试验，可出现明显的沉淀线。

（9）治疗方法：

①抗病毒：传染性法氏囊病高免血清 1ml；或者高免卵黄抗体溶液 1～2ml，加抗生素 5 000U，一次肌肉注射。

②通肾：用电解质制剂和利尿、补肾的中草药通肾，加速尿酸盐排除。

③补液：饮水中添加多种维生素和葡萄糖。

④调整营养：配合饲料的粗蛋白含量降低到 12% 左右，适当提高维生素的含量。

⑤治疗混合感染：当有细菌病混合感染时，投服对症的抗菌药物。

（10）预防措施：根据本病的流行特点，应对本病采取以下预防措施。

①提高雏鸡的母源抗体水平：种鸡除了在雏鸡期进行免疫以外，为了提高子代雏鸡的母源抗体水平，还应在 18～20 周龄和 40～42 周龄各进行一次传染性法氏囊炎油乳剂灭活苗的免疫。或在种母鸡开产之前，先接种一次中等毒力的染性法氏囊炎活疫苗，然后再接种一次传染性法氏囊炎油乳剂灭活苗，使种鸡体内产生较高的血清抗体，以提高对子代鸡的抗体保护。

②雏鸡的免疫：要根据雏鸡的母源抗体水平确定雏鸡的首免时间。雏鸡出壳后每间隔 3 天，用琼脂扩散法或酶标法测定雏鸡的母源抗体水平。当母源抗体水平下降到 1：64 以下时进行首免。

③消毒：使用对传染性法氏囊炎病毒有较强杀灭作用有机碘制剂、氯制剂或福尔马林消毒鸡舍和运动场。

4. 传染性喉气管炎

本病是由鸡传染性喉气管炎病毒引起的一种急性呼吸道病。该病病毒对外界环境抵抗力不强，在高温环境下仅存活 20 小时以上，常用消毒剂都可将其灭活。但是耐低温能力强，-20℃以下能长期保持其毒力。

（1）发病季节：本病一年四季均可发生，以秋冬寒冷季节多发。

（2）传播途径：本病由病鸡或带毒鸡的呼吸道分泌物污染的垫草、饲料、饮水以及用具，经呼吸道、消化道及眼而感染。

（3）易感动物：本病主要侵害鸡，各种年龄及品种的鸡均可感染。但以成年鸡症状最为特征。幼龄火鸡、野鸡、鹌鹑和孔雀也可感染；而鸭、鸽、珍珠鸡和麻雀不易感。

（4）临床症状：鸡群突然发病，表现特征性的呼吸道症状。头颈向前上方伸直。张口吸气，并伴有喘鸣声。严重病例高度呼吸困难，痉挛性咳嗽，常咳出带血的黏液。若气管内分泌物不能咳出时，病鸡则窒息死亡。

（5）剖检变化：本病典型病变在喉部和气管。病初黏膜充血、肿胀，进而发展为黏膜出血和坏死，气管中含有带血黏液或血凝块。病程2~3天后喉部和气管内有黄白色纤维素性干酪样假膜。

（6）现场诊断要点：以张口伸颈吸气，喘鸣；喉头发炎、肿胀为特征。

（7）类病鉴别要点：本病与传染性支气管炎有相类似的呼吸道症状，但是易发年龄不同，病变部位不同。"传染性喉气管炎"大鸡多发，主要病变为喉头肿胀；"传染性支气管炎"小鸡多发，主要病变为支气管肺炎。

（8）实验室诊断：病毒感染后12~48小时，采集病鸡气管、喉头黏膜染色、镜检，在上皮细胞核内可见嗜酸性包涵体。

（9）治疗方法：本病无有效治疗药物，对发病鸡按国家法规采取扑灭等措施。

（10）预防措施：病愈鸡带毒、排毒时间长，要严禁与易感鸡接触，应淘汰病鸡。接种鸡传染性喉气管炎弱毒疫苗。由于接种疫苗能使鸡长期带毒、排毒，·因此，仅限于该病流行地区使用。

5. 传染性支气管炎

本病是由鸡传染性支气管炎病毒感染引起的一种急性、高度接触性呼吸道疫病。本病病毒比较容易发生变异，有若干个血清型，使疫苗接种免疫更加复杂化。近年来，在我国流行的肾病变型和腺胃病变型传染性支气管炎，常因免疫不力而发病，造成严重的经济损失。

该病毒对外界环境抵抗力不强，常用消毒药都能在短时间内将其杀死，但冻干后可在低温下长期保存。

（1）发病季节：本病一年四季均能发生，但以冬春季节多发。鸡群拥挤、过热、过冷、通风不良、温度过低、缺乏维生素和矿物质，以及饲料供应不足或配合不当，均可促使本病发生。

（2）传染途径：本病主要经呼吸道传染，病毒从呼吸道排毒，通过空气的飞沫传给易感鸡。也可通过被污染的饲料、饮水及饲养用具经消化道感染。

（3）易感动物：本病仅发生于鸡，其他家禽均不感染。各种年龄的鸡都可发病，但雏鸡最为严重，死亡率也高，一般以40日龄以内的鸡多发。

（4）临床症状：本病由于病毒的血清型不同，鸡感染后出现不同的临床特征。

①呼吸型：病鸡突然出现呼吸道症状，迅速波及全群。表现为咳嗽，打喷嚏，张口伸颈呼吸，并发出特殊的喘鸣音。如果病情较轻时，则症状不明显，可能被忽略，但夜间能听到明显的喘鸣音。两周龄以内的雏鸡发病还常见鼻窦肿胀，流黏性鼻液和眼泪等症状。

产蛋鸡感染后产蛋量下降25%～50%，产软壳蛋、畸形蛋或砂壳蛋。

②肾型：感染肾型支气管炎病毒后除表现呼吸道症状以外，还造成肾病。病鸡排出大量石灰水样白色稀粪，脱水，可造成大

批死亡。

（5）剖检变化：主要病变是气管、支气管、鼻腔内出现浆液性、卡他性或干酪样的渗出物；气囊浑浊或有干酪样渗出物，小区域的肺炎。

肾型传染性支气管炎可见肾肿大而色淡，俗称"花斑肾"；常见一侧输尿管增大2~3倍，内充满白色尿酸盐结晶。

（6）现场诊断要点：以突然群鸡发病，张口伸颈喘鸣，支气管肺炎为特征。肾型传支排石灰水样稀粪；"花斑肾"，一侧输尿管增大2~3倍，内充满白色尿酸盐结晶。

（7）类症鉴别要点：本病除与传染性喉气管炎有相类似的呼吸道症之外，"肾型传支"需与传染性法氏囊炎、痛风病相鉴别，见表32。

（8）治疗方法：本病尚无有效治疗药物，可采取对症治疗措施：

①呼吸型用清热解毒，止咳平喘的中草药。

②肾型用清热解毒，利水通肾的中草药。同时降低饲料的粗蛋白水平。

③控制继发细菌感染，抗菌药与中草药配合使用。

④增强鸡体抗病力用电解多维素、葡萄糖饮水。

（9）预防措施：预防本病常用两种弱毒疫苗，一种是1~2月龄雏鸡用的传染性支气管炎H120弱毒疫苗；另一种是用于1月龄以上鸡群的传染性支气管炎H50弱毒疫苗。

提高雏鸡的母源抗体水平也是预防本病的有效措施。但必须在种鸡产蛋期重复接种疫苗，才能使雏鸡获得较高的母源抗体。

预防肾型传染性支气管炎，需用"肾变型传支"弱毒疫苗。育成鸡在活苗免疫的基础上，再用油佐剂灭活苗加强免疫。

6. 鸡传染性脑脊髓炎

本病是由鸡传染性脑脊髓炎病毒引起的一种神经障碍性传染病。其发病率与死亡率因发病鸡的日龄大小，病原的毒力高低而有所不同。该病毒对有机溶剂如氯仿、乙醚、酸有抵抗力,对外界环境如干燥、寒冷有较强的抵抗力。

(1)发病季节:本病一年四季均可发生,但以集中育雏季节多发。

(2)传播途径:本病主要是经蛋垂直传播;也能水平传播,但临床症状的出现率很低。种鸡经蛋传给子代,其子代在4周龄以内出现临床症状,并死亡。

(3)易感动物:本病自然感染可见于鸡、雉、鹌鹑、珍珠鸡、鸭和火鸡等,鸡对本病最易感。但只有雏鸡才表现明显的临诊症状。雏鸡发病率一般为40%~60%,死亡率10%~25%,甚至更高。

(4)临床症状:本病主要发生于3周龄以内的雏鸡,最初表现为精神沉郁,运动迟钝,常以跗关节着地,走路蹒跚,步态不稳。发病3天后出现两腿麻痹,倒地侧卧,继而出现头颈部震颤。部分存活鸡可见一侧或两侧眼球的晶状体混浊,眼球增大及失明。

(5)剖检变化:一般内脏器官无特征性的肉眼病变,个别病例能见到脑膜血管充血、出血。

(6)现场诊断要点:以两腿麻痹,头颈部震颤为特征。

(7)类症鉴别要点:本病主要与雏鸡维生素E、硒缺乏症;马杜拉霉素中毒等病相鉴别。

①维生素E、硒缺乏症可见头向下或向一侧扭转,呈挛缩性摆动;而不是"震颤"。腹部皮下有多量黄色或蓝紫色液体积聚,而其他病不见此症。

②马杜拉霉素中毒常见两腿瘫软,行走无力。但并非是"两腿麻痹",也无头颈震颤症状。

③肉毒梭菌中毒可见两腿、两翅麻痹,但无头颈震颤症状。

④神经型马立克氏病则是常见一侧腿麻痹,呈"劈叉状",且发病日龄比较大。

(8)治疗方法:本病无有效治疗方法和药物。

（9）预防措施：严禁从疫区引进种蛋和种鸡苗。种鸡开产前1个月接种灭活疫苗，或者先接种弱毒活疫苗，后接种灭活苗。通过获得较高的母源抗体，以保护雏鸡不受脑脊髓炎病毒侵害。

7. 鸡包涵体肝炎

本病是由禽腺病毒引起的鸡的一种急性传染病。禽腺病毒有很多个血清型，是一种条件性病毒，抗热、抗紫外线，对一般消毒药品均有一定的抵抗力。但对福尔马林和碘敏感，1‰的甲醛溶液、100%的乙醇和碘制剂对其有灭活作用。

（1）发病季节：以春夏两季发生较多。

（2）传播途径：病鸡和带毒鸡是本病的传染源。病毒可通过鸡蛋垂直传递，也可通过粪便排毒。健康鸡因接触病鸡和污染物而感染。

（3）易感动物：本病主要感染鸡、鹌鹑和火鸡。多发于3～15周龄的鸡，其中以3～9周龄的鸡最易感。病愈鸡能获得终身免疫。

（4）临床症状：病初仅表现精神沉郁、食欲减退、翅膀下垂、羽毛蓬乱，突然死亡显著增加，持续3～5天后逐渐恢复正常。有的病鸡出现黄疸；也有的临死前出现头背反弓等神经症状。幼龄鸡发病迅速，发病率和死亡率高。青年鸡发病率高，而死亡率低。母鸡感染后不表现症状，所产的蛋孵出的雏鸡出现肝炎和严重贫血，死亡率高达40%。如果继发大肠杆菌病或梭杆菌病，则死亡率显著增多。

肝肿大，呈黄色到棕色，表面有条索状出血斑点，严重的病例可出现肝破裂，脾和肾轻度肿大。

（5）剖检变化：肝脏显著肿大，呈土黄色，质脆，表面有大小不等的出血斑点或黄白色坏死灶。胆囊肿大，充满深绿色浓稠胆汁，脾和肾轻度肿大，脾呈土黄色，易碎。

（6）现场诊断要点：以病鸡死亡突然增加，严重贫血，肝脏肿大、出血和坏死为特征。

（7）实验室诊断：肝组织触片，用伊红—苏木精染色，镜检可见肝细胞核内存在嗜碱性的包涵体。血清学诊断用已知包涵体肝炎阳性血清做病毒中和试验或琼脂扩散试验。进一步确诊需要做包涵体的分离培养和鉴定。

（8）治疗方法：用抗生素配合维生素 C 和维生素 K，可控制病菌混合感染，降低死亡。

纠正贫血可在饲料中添加铁、铜和钴微量元素合剂，饲喂3～5 天。

（9）预防措施：预防主要是从加强饲养管理，控制诱因等方面来考虑。可选用碘制剂和次氯酸钠消毒，对腺病毒有较好的杀灭效果。而使用疫苗的预防效果不很理想。

8. 鸡痘

本病是由痘病毒引起的一种急性、接触性传染病。该病毒是所有病毒中体积最大的，对外界环境的抵抗力也是相当强。干燥、阳光直射、高温环境都不能很快灭活病毒，甲醛溶液熏蒸需要 1.5 小时灭活，1% 的火碱需要 5～10 分钟灭活。但经腐败发酵，能很快杀灭病毒。

（1）发病季节：本病多发于蚊虫繁殖活跃的夏秋季节，冬春季节不发生。

（2）传播途径：鸡痘主要通过皮肤损伤传染，其中蚊虫叮咬是最主要的传播因素。鸡痘是病毒性病中传播最缓慢的一种疫病，病愈后可获得终身免疫。

（3）易感动物：任何日龄的鸡都可感染鸡痘。

（4）临床症状：鸡痘通常有皮肤型和黏膜型两种，如果同时发生则称"混合型"。

①皮肤型鸡痘较为普遍，感染初期可见病变部位呈白色隆起，然后转变为黄色、棕黑色痘形结节。常发生于鸡冠、脸和肉垂等部位，若长在眼睑上，则流泪，怕光，眼睑粘连甚至失明。

病鸡精神委顿，食欲减退，体重减轻；个别病情严重或有混合感染病鸡消瘦死亡。

②黏膜型鸡痘发病少，无明显的外观症状，只表现呼吸困难，可因口腔和咽部的痘痂脱落堵塞呼吸道，而窒息死亡。

③混合型鸡痘则表现两种症状同时存在，死亡率比较高。

（5）剖检变化：黏膜型鸡痘可见口腔、喉头及气管开口处黏膜形成溃疡，并覆盖干酪样伪膜。

（6）现场诊断要点：皮肤型鸡痘以鸡冠、口角、眼睑皮肤出现凸起的棕黑色痘形结节为特征。黏膜型鸡痘以咽喉部黏膜出现结节，并呼吸困难为特征。

（7）类症鉴别要点：黏膜型鸡痘与传染性喉气管炎相鉴别，发病季节不同，前者夏秋多发，后者冬春多发；呼吸困难程度，前者不一致，后者严重；病变部位不同，前者口腔、咽、喉都有结节，后者则在喉头、气管部位。

（8）治疗方法：无特效药物治疗，一般采用对症疗法。皮肤型鸡痘在患部发痘初期涂擦2.5%的碘酊，可抑制痘疹生长；或者切除痘形结节，伤口处涂擦碘酊。口腔和咽喉处的假膜用镊子去除，涂敷碘甘油。眼睑粘连物用2%的硼酸液冲洗干净，再滴入5%的蛋白银溶液。

（9）预防措施：预防本病必须采取综合性措施。

①防蚊灭蚊：清除可供蚊虫孳生和藏匿的污水池和杂草，保持鸡舍及周围环境清洁卫生；鸡舍安装纱窗、纱门，防止蚊子进入。并经常用灭蚊药杀灭鸡舍内及周围环境中的蚊子。

②接种鸡痘疫苗：在蚊虫大量出现之前，给7日龄以上的各龄鸡接种鸡痘疫苗。方法是用生理盐水或冷开水10～50倍稀释鸡痘疫苗，用蘸笔尖蘸取疫苗刺种在鸡翅膀内侧无血管处的皮下。接种7天左右，刺种部位呈现红肿、起疱，以后逐渐干燥结痂而脱落，免疫保护期为5个月。

9. 马立克氏病

本病由马立克氏病毒引起鸡的一种淋巴组织增生性疾病，其发病率基本等于死亡率。本病毒在污物中，垫料中，羽毛羽囊中可长期保持毒力。但是常用化学消毒剂就能将其灭活，如孵化环境用水冲洗干净后，可用3%来苏尔或0.1新洁尔灭消毒。

（1）发病季节：无季节性。

（2）传染途径：本病具有高度接触性传染，病鸡和带毒鸡（感染马立克氏病的鸡，大部分为终生带毒，其脱落的羽毛囊上皮、皮屑和鸡舍中的灰尘是主要传染源）。此外，病鸡和带毒鸡的分泌物、排泄物也具传染性。病毒主要经呼吸道传播。

（3）易感动物：本病主要感染鸡，不同品系的鸡均可感染。火鸡、野鸡、鹌鹑、鹧鸪可自然感染，但极少发病。本病发生与鸡的年龄、品种有关，年龄越轻易感性越高，因此，1日龄雏鸡最易感。我国地方品种鸡较为易感，发病日龄可见于5~8周龄，发病高峰多在12~20周龄。

（4）临床症状：本病分为神经型、内脏型、眼型和皮肤型4种，有时可混合发病。

①神经型：病初表现步态不稳、共济失调；继而出现肢体麻痹或瘫痪症状。如一侧腿神经麻痹，形成一腿前伸一腿后伸的"劈叉"姿势。一侧翅膀因神经麻痹而下垂，俗称"穿大褂"。颈部神经麻痹则致使头颈歪斜。嗉囊因神经麻痹而增大下垂，俗称"大嗉子病"。

②内脏型：病鸡表现进行性消瘦，生长发育停止。

③皮肤型：病鸡皮肤毛囊形成小结节或肿瘤，最初见于颈部及两翅皮肤，以后遍及全身皮肤。

④眼型：病鸡视力减退，甚至失明。可见单侧或双眼瞳孔收缩，边缘不整呈锯齿状；虹膜增生退色，呈混浊的淡灰色，俗称"灰眼"。

（5）剖检变化：因发病类型不同；发生部位不同，而剖检变化有很大差异。

①神经型：常见于坐骨神经、颈部迷走神经、臂神经丛、腹腔神经丛和肠系膜神经丛发生麻痹。受害部位的神经肿大、变粗，神经纤维横纹消失，呈灰白色或黄白色。

②内脏型：常见于卵泡，其次是肾、脾、心、肝、肺、胰、肠系膜、腺胃、肠道等内脏器官，有大小不等的灰白色、质地坚硬的肿瘤结节。

（6）现场诊断要点：

①神经型病鸡表现一侧肢体麻痹或瘫痪，两腿一前一后呈"劈叉"姿势；瘫痪部位的神经肿大，横纹消失。

②内脏型病鸡表现消瘦，生长发育停止；内脏器官有坚硬的肿瘤结节。

（7）类症鉴别要点：

①内脏型马立克氏病与淋巴细胞性白血病均表现逐渐消瘦和内脏肿瘤，鉴别要点见表33。

表33　肿瘤型马立克氏病与类症鉴别要点

类病名称	多发日龄	肝肿大程度	脾肿大	肿瘤质地
马立克	青年鸡	不确定	不明显	坚硬
白血病	青年至开产	显著	特显著	软
网状组织增生	雏鸡	不确定	不明显	软

②神经型马立克氏病所表现的腿瘫和翅膀麻痹一般是单侧，与其他相类似症状的疾病不同。

（8）实验室诊断：取肿瘤涂片、染色、镜检，可见肿瘤是由大小不一致的淋巴细胞组成。确诊需要做琼脂扩散试验、直接或间接荧光试验、中和试验或酶联免疫吸附试验等血清学检查。

（9）治疗方法：无有效治疗药物。

（10）预防措施：接种疫苗对控制本病起着关键作用，必须在雏鸡出壳后24小时内接种马立克疫苗。该疫苗有冻干苗和液氮苗两种，液氮苗运输、保存麻烦，但免疫效果比冻干苗好。

疫苗接种后 10 ~ 14 天产生较强免疫力。可见，在接种疫苗前后加强环境消毒十分重要。尤其是种蛋的消毒，孵化室和孵化器的消毒，可有效避免雏鸡早期感染，确保疫苗接种成功。

10. 鸡白血病

本病又称鸡淋巴细胞白血病，俗称"大肝病"，是由禽白血病肉瘤病毒群中的病毒引起的鸡的多种肿瘤性疾病的统称。

本病在临床上有多种表现形式，主要是淋巴细胞白血病，其次是成红细胞白血病、成髓细胞白血病、骨髓细胞病、肾母细胞瘤、骨石病、血管瘤、肉瘤和皮瘤等。

（1）发病季节：无季节性。

（2）传染途径：经卵垂直传播是禽白血病病毒的主要传播方式；也可通过接触水平传播。

（3）易感动物：鸡是禽白血病病毒群的自然宿主。不同品种鸡对白血病病毒的易感性差异很大，AA 鸡和艾维因鸡易感性高，而罗斯鸡、星布罗鸡和京白鸡易感性较低。

（4）临床症状：病鸡逐渐消瘦，发育受阻。有的病例因为肝脏显著增大而表现腹部增大。

（5）剖检变化：病变主要是肝、脾显著肿大，尤其脾脏体积可达正常体积的 3 ~ 4 倍。血液凝固不全，皮下毛囊局部或广泛出血。病鸡的许多组织中可见到淋巴瘤，尤其肝、肾、卵巢和法氏囊中最为常见。肿瘤呈白色到灰白色，可能是弥散性的，有时呈局灶性的。

（6）现场诊断要点：以逐渐消瘦，肝脾显著肿大和内脏产生淋巴样肿瘤为特征。

（7）类症鉴别要点：本病与肿瘤型马立克氏病和网状内皮组织增生病相区别，见表33。

（8）实验室诊断：镜检肿瘤细胞为均一的嗜派络宁染色的成淋巴细胞。确诊需要进行酶联免疫吸附试验和琼脂扩散试验。

（9）治疗方法：目前尚无有效的治疗药物。

（10）预防措施：尚无有效疫苗可降低鸡白血病肿瘤死亡率。鸡场的种蛋、雏鸡应来自无白血病种鸡群，同时加强鸡舍、孵化、育雏等环节的消毒工作。

11. 网状内皮系统增生病

本病是由网状内皮组织增生病病毒所引起的肿瘤性传染病。

（1）发病季节：无季节性。

（2）传染途径：本病主要是通过接触感染。

（3）易感动物：火鸡对此病毒最易感，鸡也易感，鸭也可通过直接接触而感染。

（4）临床症状：具有炎症性、肿瘤性和坏死性3种类型病变主要表现为精神沉郁、消瘦、生长停滞、羽毛稀少。有的病鸡发生运动失调、肢体麻痹等症状。

（5）剖检变化：可见肝、脾肿大，其表面有大小不等的灰白色结节和弥漫性病变或外周神经肿大，法氏囊萎缩。

（6）现场诊断要点：以生长停滞、消瘦、贫血，肢体麻痹；肝、脾肿大，表面有灰白色肿瘤结节为特征。

（7）类症鉴别要点：本病与肿瘤性马立克氏病和白血痼相区别，见表33。

（8）实验室诊断方法：我国规定的血清学诊断方法用琼脂扩散试验和荧光抗体试验。

（9）防治措施：目前还没有很好的办法控制此病。因为此病毒的存在可导致生长抑制和免疫抑制，当发现本病造成明显损失时，应考虑全群淘汰。

（二）细菌性病诊治技术

有些疾病主要依赖有效药物预防和治疗，而无疫苗预防，如鸡沙门氏菌病、鸡慢性呼吸道败病、葡萄球菌、链球菌病等；或者有疫苗预防，但效果不确切，如鸡大肠杆菌病。这些由细菌感染引发的疾病，是放养鸡群中最常发生，而又防不胜防的疫病。这些主要依赖抗菌药物防治的疾病，是造成鸡肉、蛋药物残留，增加饲养成本的罪魁祸首。

1. 鸡白痢

本病是由鸡白痢沙门氏菌引起的传染性疾病，是危害养鸡业最严重的疾病之一。本菌可在粪便等污染物中长期存活，在速冻的肉尸中也能存活很长时间。但是本菌不耐热，对大多数消毒药物都很敏感。

（1）发病季节：无季节性。

（2）传播途径：病鸡是本病的主要传染源，病菌可通过各种渠道传播。通常主要经种蛋垂直传播，也可通过污染的孵化用具，或饲料、饮水而传播。消化道感染是本病的主要传染途径。

（3）易感动物：禽类中鸡最易感，火鸡次之，其他禽及鸟也有个人报道。本病主要危害雏鸡，青年鸡和成年鸡呈隐性感染。

（4）临床症状：刚出壳的鸡苗弱雏多，2～3日龄开始发病。病雏表现精神不振、羽毛逆立、怕冷、寒战；排白色黏稠粪便，肛门周围被粪便沾污，甚至堵塞肛门。有的表现肺炎症状，呼吸困难，伸颈张口呼吸。一般7～10日龄达到死亡高峰，2周龄后死亡逐渐减少。

（5）剖检变化：发病雏鸡肝脏肿大，可见许多黄白色小坏死点。卵黄吸收不良，呈黄绿色，或者呈棕黄色奶酪样。泄殖腔膨大，积满白色稀粪。肺炎雏鸡的肺内有黄白色大小不等的坏死灶。

（6）现场诊断要点：以拉白色稀粪为特征。

（7）实验室诊断方法：在病、死鸡的心、肝、脾、肺、卵巢、输卵管等器官处，无菌采集病料，涂片、染色、镜检，可发现一种直杆菌，革兰氏染色阴性。或者涂片滴加吉姆萨染色液一滴，压片镜检，本菌无运动性。

血清学诊断：取待检鸡血与诊断抗原进行平板凝集试验，可检出鸡白痢沙门氏菌阳性的感染鸡。常用于种鸡群的筛选，以淘汰感染鸡，净化鸡群。

确诊还需要做细菌培养、观察；生化反应试验；动物接种试验等。

（8）治疗方法：使用氟哌酸或环丙沙星、恩诺沙星等喹诺酮类药物进行治疗，按规定用量，选两种药物交替使用两个疗程。

（9）预防措施：预防鸡白痢必须采取综合措施。

①净化种鸡群：通过血清学试验，检出并淘汰带菌种鸡，直至全群的阳性率不超过 0.5% 为止。

②建立严格的孵化室消毒制度：孵化室、孵化器严格消毒；种蛋入孵前清洗粪污，严格消毒。

③定期消毒：种鸡的饲槽、饮水器、平网等定期消毒。进雏前对育雏笼具等要彻底消毒。

④药物预防：育雏期在饲料中添加抗鸡白痢的药物，按预防量，两种以上交替使用。

2. 鸡伤寒

本病是由禽伤寒沙门氏菌引起的一种败血性传染病。该菌对外界环境的抵抗力略强于鸡白痢沙门氏菌。

（1）发病季节：本病多于春、冬两季发生。特别是饲养条件差时较易发生。

（2）传播途径：病鸡和带菌鸡是主要传染源。病鸡的排泄物污染饲料、饮水等，可经消化道和通过污染种蛋垂直传播，也可通过眼结膜感染。带菌的鼠类、鸟类、蝇类等，也是传播病菌的媒介。

（3）易感动物：本病主要感染鸡，尤以 1～5 月龄青年鸡以及成年鸡最易感，雏鸡发病与鸡白痢不易区别。火鸡、鸭、珍珠鸡、孔雀、鹌鹑、松鸡、雉鸡也可感染。

（4）临床症状：病禽冠、髯苍白，食欲废绝，渴欲增加，体温升至 43℃ 以上，呼吸加快，腹泻，排淡黄绿色稀粪。发生腹膜炎时，呈直立姿势。大都可恢复，成为带菌鸡。

雏禽肺部受侵害时，呈现喘气和呼吸困难，排白色稀粪，精神委顿，食欲消失。死亡率为10%～50%。

（5）剖检变化：急性病例常无明显病变，病程稍长的可见肝、脾、肾充血肿大。

亚急性、慢性病例，以肝肿大呈绿褐色或青铜色为特征。此外，肝脏和心肌有粟粒状坏死灶。母鸡可见卵巢、卵泡充血、出血、变形及变色，并常因卵子破裂引起腹膜炎。雏鸡感染后，肺、心和肌胃可见灰白色病灶。

（6）现场诊断要点：以病程长，消瘦、贫血；拉黄色或黄绿色稀粪；肝、脾肿大，肝呈绿褐色或青铜色为特征。

（7）实验室诊断：细菌形态观察及血清学检查与鸡白痢相同。鸡伤寒多价染色平板凝集试验，适用于3月龄以上及产蛋母鸡。

（8）治疗方法：用药与鸡白痢相同。

（9）预防措施：加强种蛋和孵化、育雏用具的清洁消毒。消灭苍蝇、老鼠。当环境卫生条件差时，在饲料或饮水中添加药物预防。

生产无公害鸡肉、鸡蛋产品，则用微生态（活菌）制剂拌料，以控制发病。

3. 鸡副伤寒

本病是由多种能运动的鸡伤寒（最主要的是鼠伤寒）沙门氏菌，引起的一种急性或败血性传染病。本菌对外界环境的抵抗力略强于鸡白痢沙门氏菌。

（1）发病季节：无明显的季节差异。鸡舍闷热、潮湿，卫生条件差，过度拥挤，饲料中缺乏维生素或矿物质等均有助于本病的流行。

（2）传染途径：本病主要经卵传递，消化道、呼吸道和损伤的皮肤或黏膜亦可感染，鼠、鸟、昆虫类动物常成为本病的重要带菌者和传播媒介，雏禽感染后发病率最高。

（3）易感动物：各种日龄的鸡均可发病，以产蛋鸡最易感染。

（4）临床症状：雏鸡一般在出壳后感染数天发病死亡。病雏闭目、垂翅、厌食、畏冷、水样下痢、肛门羽毛粘结粪便。1月龄以上的鸡和成年鸡感染后成为带菌者或仅表现腹泻。

（5）剖检变化：肝脏肿大，呈古铜色，表面散布有点状或条纹状出血及灰白色坏死灶。胆囊肿大，脾脏肿大，表面有斑点状坏死；心包炎常伴有粘连；成年鸡常见肠道坏死和溃疡。

（6）现场诊断要点：以腹泻，肝、脾肿大，肝呈古铜色为特征。

（7）实验室诊断方法：细菌形态观察及血清学检查与鸡白痢相同。鸡副伤寒杆菌具有活泼的运动性。

（8）防治方法：参照鸡伤寒的防治。

4. 大肠杆菌病

本病是由致病性大肠杆菌感染所引起。大肠杆菌在自然界中分布极广，凡有动物活动的环境，无论空气、水源和土壤中均有本菌存在。目前我国已报道的致病性大肠杆菌就有 50 多个血清型，常与慢性呼吸道病、新城疫、传染性支气管炎、传染性法氏囊病、盲肠肝炎、球虫病等并发或继发感染。

本菌对外界环境的抵抗力中等，对高热（56℃以上）和化学消毒剂比较敏感。但是，致病性大肠杆菌对许多抗生素及磺胺类药物产生了抗药性。

（1）发病季节：本病一年四季均可发生，但以冬末春初较为多见。如果饲养密度大，环境污染严重，则本病随时可能发生。

（2）传染途径：本病可通过消化道、呼吸道、生殖道以及污染种蛋等多种渠道进行传播。

（3）易感动物：不同品种和不同日龄的鸡均可感染发病。

（4）临床症状：大肠杆菌病的临床表现多种多样，大致归纳如下。

①败血症：病鸡突然死亡或症状不明显，有部分病鸡食欲减退或废绝，排黄白色稀粪，发病率和死亡率较高。

②纤维素渗出性炎症：病鸡表现生长停止，腹部增大变硬。

③呼吸道感染：病鸡表现咳嗽、打喷嚏、气喘。

④输卵管炎：产蛋母鸡产出畸形蛋、焦壳蛋或难产。

⑤慢性肠炎：病鸡长期腹泻，肛门下方羽毛粘有许多粪污。

⑥关节炎：病鸡关节肿胀，跛行，久治难愈。

⑦脐炎：雏鸡的脐部及周围组织发炎，肿胀。

⑧全眼球炎：病鸡眼睛灰白色，角膜混浊，眼房积脓，常引起失明。

⑨脑炎：病鸡表现精神沉郁或昏睡；有的出现斜颈、转圈、共济失调等神经症状。

除此之外，还能引起公鸡睾丸炎；母鸡卵泡囊肿和卵泡膜充血；肠道肉芽肿；种蛋死胚等。

（5）剖检变化：因病鸡的感染部位不同，感染程度不同，病理变化有很大差异。

①败血症：肌肉发紫；肝、脾、肾、心冠脂肪出血；肺淤血呈紫红色；肠道充血、出血，呈紫红色。

②纤维素渗出性炎症：表现心包炎和肝周炎症状。心包积液，心包膜混浊、增厚或充满纤维素性渗出物。肝脏不同程度肿大，表面被一层纤维素性薄膜所包裹。严重者整个胸、腹腔中的脏器和肠道均被纤维素性渗出物包裹。

③呼吸道感染：表现气管炎、肺炎、气囊炎，气囊增厚。

④卵黄性腹膜炎：可见腹腔内积有大量卵黄液或卵黄块；腹膜发炎，并与肠道或内脏器管相粘连。

⑤输卵管炎：产蛋母鸡的输卵管充血、出血或内有多量分泌物；常有焦壳蛋、软壳蛋，在输卵管后端滞留。

⑥肠炎：肠道发炎；泄殖腔增大，内有大量稀粪。

⑦脐炎：初生幼鸡的卵黄囊发炎，蛋黄吸收不全，黏稠呈黄

绿色或卵黄囊呈紫红色球形。

⑧脑炎：脑膜充血。

（6）现场诊断要点：慢性大肠杆菌病以心包炎、肝周炎，心、肝乃至肠道被一层纤维素性膜包裹为特征。而其他症状难以确定病因。

（7）实验室诊断：取病变组织及炎性渗出物，涂片、染色、镜检，可观察到大量单个或成对排列的短粗杆菌；有的中间着色轻。腹泻物涂片、染色、镜检，可观察到大量占优势的短粗杆菌；革兰氏染色阴性。或者在玻片上滴加姬姆萨染色液一滴，压片镜检，观察本菌具有运动性。确诊还需要做细菌培养、观察；生化反应试验；动物接种试验等。

（8）治疗方法：应通过药物敏感性试验筛选出高效药物用以治疗，才能收到预期的效果。如果无条件进行药敏试验，则选择本鸡群过去很少使用的抗大肠杆菌药物，如丁胺卡那霉素、阿莫西林、甲风霉素、庆大霉素等。

（9）预防措施：预防大肠杆菌病的主要措施就是加强饲养管理，搞好鸡舍内外的环境卫生，用具经常清洁和消毒。

5. 坏死性肠炎

本病又称肠毒血症，是由魏氏梭菌引起的一种急性传染病。该病的发生有明显的诱因，如饲料蛋白质含量低；添加剂使用不合理；球虫病等均会诱发本病。一般情况下该病的发病率、死亡率不高。

（1）发病季节：本病一年四季均可发生，但在炎热潮湿的夏季多发。

（2）传染途径：本菌广泛存在于土壤、饲料、污水、粪便以及肠道内。当鸡群密度大，通风不良，饲料突然更换，滥用药物等因素存在时，则诱发本病。

（3）易感动物：自然条件下仅见于鸡发生本病，尤以平养鸡多发，雏鸡和育成鸡最易发病。

（4）临床症状：病鸡往往没有明显症状就突然死亡。病程稍长可见精神沉郁，羽毛粗乱，食欲不振或废绝，排黑色或混有血液的粪便。如有并发症或治疗不及时，则死亡明显增加。

（5）剖检变化：病鸡腹腔内腐臭味，肠道呈灰黑色或黑绿色，肠管充气，扩张2～3倍。肠腔内容物呈液状，有泡沫，为血样或黑绿色。肠黏膜坏死，呈大小不等、形状不一的麸皮样坏死灶，尤以小肠的中后段（空肠和回肠）最明显。

（6）现场诊断要点：以排出黑色间或混有血液的粪便，小肠后段黏膜坏死为特征。

（7）类症鉴别要点：本病与溃疡性肠炎和小肠球虫的临床症状相类似，均排泄血样粪便，但病理变化有以下区别。

①溃疡性肠炎：病变主要在小肠后段和盲肠，多发性坏死和溃疡以及肝坏死。

②小肠球虫病：病变主要在小肠中段，肠壁明显增厚，剪开后自动外翻。

③坏死性肠炎：病变局限于小肠中后段的空肠和回肠，肝脏和盲肠很少发生病变。

（8）实验室诊断方法：采取病死鸡肠道黏膜涂片或肝脏触片、染色、镜检可见到大量的短粗、两端钝圆的大杆菌，呈单个或成对排列，有荚膜；革兰氏染色阳性。

（9）治疗方法：抗菌消炎常用卡那霉素、庆大霉素、氨苄青霉素、杆菌肽等抗生素。但是，由于魏氏梭菌的抗药性很强，应先做药敏试验筛选最有效的药物。并且在饮水中添加电解多维素、葡萄糖等。

坏死性肠炎常与鸡球虫病合并感染，应同时加入抗球虫药物。

由于魏氏梭菌主要存在于粪便、土壤、垫料中，药物治疗的同时应彻底清扫鸡舍和运动场所，消毒灭菌。

（10）预防措施：加强饲养管理，搞好环境卫生，垫料堆积发酵，避免饲料污染，可有效地预防本病的发生。

6. 鸡巴氏杆菌病

本病又称禽霍乱，是由多杀性巴氏杆菌引起的一种急性、热性传染病。本菌为条件性菌，常存在于健康鸡的呼吸道内，当气温突变、长途运输、饲料改变、营养缺乏、寄生虫感染、抵抗力降低时，常诱发此病。多呈地方性流行或零星发病。

（1）发病季节：本病的发生一般无明显的季节性，但以冷热交替，气候剧变，闷热，潮湿，多雨的时期发生较多。

（2）传播途径：病禽的排泄物，分泌物是本病重要的传染源。主要通过消化道和呼吸道，也可通过吸血昆虫和损伤的皮肤，黏膜而感染。

（3）易感动物：本菌可感染各种家禽，其中鸡和火鸡最易感，而鸭和鹅的感染性比较差。

（4）临床症状：急性型常表现败血症和出血性炎症；慢性型常表现为皮下结缔组织，关节及各脏器的化脓性病灶。并常与其他疫病混合感染或继发感染。

①最急性型：常见于流行初期，以产蛋高的鸡最常见。病鸡无前驱症状，常在次日发现死于鸡舍内。

②急性型：此型最为常见，病鸡主要表现为精神沉郁，羽毛松乱，缩颈闭眼，头缩在翅下，离群呆立。排出黄色、灰白色或绿色的稀粪。体温升高到 $43 \sim 44 ℃$，减食或不食，渴欲增加。呼吸困难，口、鼻分泌物增多。鸡冠和肉髯变青紫色，有的肿胀。最后衰竭而死亡，病程 $1 \sim 3$ 天。

③慢性型：由急性转变而来，多见于流行后期，表现为慢性呼吸道炎症和慢性胃肠炎症。关节肿大、疼痛而表现跛行。

（5）剖检变化：由于鸡体抵抗力不同，细菌毒力和侵入菌数不同，因此，病理变化有一定差异。

①最急性型：病鸡无明显病变，有的仅见心外膜有少许出血点。

②急性型：病鸡的皮下、腹膜及腹部脂肪常见小点出血。心

包增厚，内积有多量不透明的淡黄色液体；心外膜、心冠脂肪出血。肝脏稍肿，质脆，呈棕色或黄棕色，表面散布许多灰白色、针头大的坏死点。肺充血或出血。肌胃明显，肠道黏膜充血、出血，尤其是十二指肠最为严重。

③慢性型：慢性肺炎可见肺脏质地变硬。关节炎可见关节内有炎性渗出物和干酪样物。

（6）现场诊断要点：病鸡冠、髯青紫，排绿色稀粪。心冠脂肪出血；肝稍肿，表面散布灰白色坏死点。

（7）实验室诊断方法：取病鸡的肝、肺组织，涂片、染色、镜检，可观察到两端着色，而中间不着色的卵圆形小杆菌；革兰氏染色阴性。确诊病菌还有做细菌培养、动物接种试验。

（8）治疗方法：鸡群发病后立即采取治疗措施，如磺胺类药物、阿莫西林、罗红霉素、丁胺卡那霉素、环丙沙星、恩诺沙星等均有较好的疗效。有条件的应通过药敏试验选择有效药物，与电解多维素混合饮水。病情好转后，再继续投药2~3天，以巩固疗效防止复发。

（9）预防措施：加强鸡群的饲养管理，严格采取卫生防疫措施。疫苗接种可用禽霍乱蜂胶灭活疫苗，安全可靠，无毒副作用，可有效防制该病。

7. 鸡传染性鼻炎

本病是由副鸡嗜血杆菌所引起鸡的急性上呼吸道疾病。本菌对外界的抵抗力不强，存活时间很短；一般常用消毒药均可将其杀死。但在冻干状态下存活期很长。

（1）发病季节：本病多发于冬春两季，通风不良，鸡舍内闷热，氨气浓度大，或者鸡舍内寒冷潮湿等，都会成为发病的诱因。

（2）传播途径：主要通过飞沫及灰尘经呼吸道传染，也可通过污染的饲料和饮水经消化道传染。

（3）易感动物：本病可发生丁各种年龄的鸡，但是3~4日龄的雏鸡略有抵抗力，而4周龄以上的鸡最易感。

（4）临床症状：病鸡初期仅表现鼻流清涕，而后转为浆液性鼻涕；眼结膜发炎，眼睑及面部肿胀，流眼泪。病鸡精神沉郁，食欲及饮水减少，排绿色稀粪。病情严重的因呼吸道被黏液堵塞而呼吸困难，甚至窒息死亡。

（5）剖检变化：病鸡鼻腔和窦黏膜充血肿胀，腔内有大量黏液、凝块或干酪样物。严重时可见气管黏膜发炎；偶有肺炎及气囊炎。

（6）现场诊断要点：以鼻黏膜发炎、大量流涕及眼睑肿胀为特征。

（7）实验室诊断方法：采取鼻腔、鼻窦、气管或气囊中的分泌物涂片，美蓝染色，镜检，可见两极明显浓染的卵圆形杆菌。

病原鉴定须要进行细菌培养、观察，生化反应试验，动物接种试验等。

血清学检测免疫抗体常用琼脂扩散试验、血清平板凝聚试验、荧光抗体试验等。

（8）治疗方法：用磺胺类药物配合磺胺增效剂，或用复方新诺明、喹诺酮类药物，一般一个疗程即可治愈。为保证病鸡每天摄入足够的药物剂量，首次用量要加倍，或者按最大规定用量使用。当鸡群食欲下降时，要考虑饲料和饮水中同时给药。必要时也可考虑采取肌肉注射给药。

（9）预防措施：平时注意鸡舍及用具的清洁，空气新鲜，温湿度适宜，并定期消毒，可有效控制本病发生。

有效预防本病应使用疫苗，免疫程序安排在25~30日龄和120日龄左右，接种两次可保护整个产蛋期。仅在母鸡产蛋前接种1次，免疫期则为6个月。

8. 鸡葡萄球菌病

本病主要是由葡萄球菌感染创伤所致。其中金黄色葡萄球菌是最主要的致病菌，能产生多种毒素和酶，对多种动物均具有致病作用。

（1）发病季节：夏季为高发季节。其他季节只要适合细菌生长发育的条件就可发病。

（2）传播途径：本病的传播途径是经外伤感染引起，如刺种鸡痘疫苗，用麦糠作垫料时麦刺扎伤，或者雏鸡脐孔未愈合前已感染等。

（3）易感动物：本病主要感染幼龄鸡。其他日龄的鸡及其他动物也可通过外伤感染。

（4）临床症状：因感染的部位不同，而症状表现也不同。

①败血症：多发于 30～50 日龄的幼鸡，发病急，病程短。病鸡体温升高、食欲降低、两翅下垂、呆立不动。部分病鸡腹泻，排灰白色或黄绿色稀粪，一般 2～3 天死亡。

②皮炎：病鸡胸、腹、大腿内侧皮肤呈紫黑色，局部羽毛用手摸即脱落。皮下积液破溃后流出棕色液体，有些病鸡皮肤上有大小不等的出血点和坏死灶。

③关节炎：雏鸡多发，病鸡的趾、胫、肘、翼尖和爪常常肿胀，病鸡跛行，不能站立，常蹲伏不动。由于采食、饮水困难，最后衰竭而亡。

④脚垫：病鸡脚底由于葡萄球菌感染，形成一种从黄豆粒到桃核大小的脓肿，破溃后形成溃疡，行动困难。

⑤脐炎：表现腹部膨大，脐孔发炎、肿大，局部质硬呈黄红或紫黑色，俗称"大肚脐"。

⑥眼型：病鸡一侧或两侧眼睑变成青绿色，头肿，眼结膜红肿，眼睑粘连，眼睛失明。

（5）剖检变化：

①败血症：胸部和腿部肌肉有出血斑点或条纹。肝肿大表面有数量不均的灰白色坏死点，心包积液，呈黄红色半透明状。

②关节炎：关节囊内有浆液性或纤维性渗出物，病程延长则变成干酪样物质，使关节畸形。

③脚垫：内部为干燥的干酪样坏死物。

④脐炎：肿大的脐部皮下有暗红色或黑红色液体，卵黄吸收不良变成黄红色浆糊状。

（6）现场诊断要点：本病仅靠临床症状和病理变化，不能作出初步诊断。

（7）实验室诊断方法：采取病变组织或渗出液，涂片、染色、镜检，可见到大量单个存在，或者2～3个排成短链的葡萄球菌。确诊需进行细菌分离培养和鉴定。

（8）治疗方法：由于金黄色葡萄球菌的耐药菌株日趋严重，所以在使用药物之前需经药敏试验选择最敏感的治疗药物。或者选择以前不经常使用抗菌药物，如卡那霉素、氧氟沙星、庆大霉素、多黏菌素等。同时饮水中添加电解多维素。

（9）预防措施：葡萄球菌是鸡场和鸡群中的常在菌，加强饲养管理，防止鸡群拥挤和外伤，搞好鸡舍内外清洁卫生和消毒工作，是预防本病的重要措施。

皮肤外伤处涂擦紫药水，以防止感染。

9. 鸡曲霉菌性肺炎

本病是由曲霉菌属中的烟曲霉菌、黄曲霉菌及黑曲霉菌引起。

（1）发病季节：夏季为高发季节。其他季节在适合细菌生长的环境（高温高湿）下也可发病。

（2）传播途径：本菌主要通过呼吸道感染。被霉菌孢子污染的饲料、饮水、垫料以及空气都可感染发病。

（3）易感动物：曲霉菌病可发生于鸡、火鸡、鸭、鹅和多种禽。6周龄以下的雏禽易感，4～12日龄最为易感，也可通过蛋壳感染胚胎。幼雏多呈暴发性，死亡率为10%～50%。成年禽多呈散发，一般引不起死亡。户外放养鸡对曲霉菌病的抵抗力很强，几乎可避免感染。

（4）临床症状：雏鸡感染初期精神不振，翅膀下垂，羽毛松乱，呆立、闭目、呈嗜睡状；然后出现甩鼻，打喷嚏，抬头伸颈，张口喘气。少数病鸡还从眼、鼻流出分泌物。暴发鸡群无明显前期症状，突然全群发病，表现伸颈、张口喘鸣。

（5）剖检变化：病理变化主要在肺和气囊。肺脏可见粟粒大乃至绿豆大小的黄白色或灰白色的结节，质地较硬。气囊壁上可见大小不等的干酪样结节或斑块，并随着病程延长而干酪样斑块增多，增大。气囊壁上形成灰绿色霉菌斑。病变一般以肺部损伤为主。典型病例均可在肺部发现粟粒大至黄豆大的黄白色和灰白色结节。

（6）现场诊断要点：以高度呼吸困难和肺脏、气囊可见黄白色或灰白色的结节为特征。

（7）类症鉴别要点：曲霉菌性肺炎病与传染性支气管炎均表现发病突然，伸颈、张嘴喘鸣。前者与垫料严重发霉有关，而后无直接关系；前者肺和气囊内有黄白色或灰白色的结节或斑块，而后者没有。

（8）实验室诊断方法：取病禽肺或气囊上的结节放在载玻片上，滴加10%～20%的氢氧化钾溶液1～2滴，浸泡10分钟后加盖玻片，用酒精灯加热，并轻压盖玻片使之透明，在显微镜下可观察到曲霉菌的菌丝和孢子。如果直接抹片观察不到，则接种培养后再观察。

（9）治疗方法：立即清除霉菌感染因素，用制霉素片或克霉唑，按规定用量拌料喂服2～3天，有较好治疗效果。同时饮水中倍量添加电解质多维素，葡萄糖3%。避免继发混合感染用抗生素。

（10）预防措施：保持鸡舍内干燥，不用发霉的饲料和垫料；经常更换垫料，清洗料槽、水槽，防止日久发霉。

10. 慢性呼吸道病

本病不属于细菌性疾病，是由鸡败血霉形体（支原体）感染引起的一种呼吸道疾病。本病发展缓慢，持续时间长，常与大肠杆菌病、新城疫、传染性支气管炎、传染性喉气管炎等呼吸道病并发或继发感染。霉形体的大小介于细菌和病毒之间，对外界环境的抵抗力低，耐寒冷，不耐严热。

（1）发病季节：本病主要发生于冬春季节，鸡舍内通风不良时易发。

（2）传播途径：主要经呼吸道传播；病原污染的饲料、饮水以及用具等也可传播，也可通过种蛋传播。

（3）易感动物：本病主要感染鸡和火鸡，以4～8周龄的雏鸡最易感。成年鸡感染后若无继发感染，常呈隐性经过。鹌鹑、孔雀、鹧鸪、鸽子等也能感染。

（4）临床症状：1～2月龄病鸡可见鼻液增多，咳嗽、打喷嚏，张口呼吸，呼吸时发出喘鸣声。发病初期眼泪增多，进而眼睑肿胀，眼分泌物由黏液性渐渐变成脓性。产蛋鸡感染后表现产蛋量下降，孵化率降低，弱雏增多。

支原体还能引起滑膜囊炎，表现关节肿大。

（5）剖检变化：病死鸡的气囊内积有大量的黄色鸡油状渗出物或干酪样物；鼻腔、鼻窦、喉头、气管、支气管有明显的卡他性炎症，黏膜肿胀，分泌物增多。本病如与大肠杆菌混合感染，则同时见有大肠杆菌病的病理特征。

（6）现场诊断要点：以咳嗽、流鼻涕和呼吸时发出喘鸣声为特征。病死鸡的气囊内积有大量的黄色鸡油状渗出物或干酪样物。

（7）类病鉴别要点：本病与慢性大肠杆菌病和非典型性新城疫的呼吸道症状相似。

（8）实验室诊断方法：采取病鸡气管、气囊内渗出物或肺组织涂片，姬姆萨染色，镜检可见不规则的圈状、点状霉形体。

血清学诊断常用全血凝集试验、血清凝集试验、血凝抑制试验、琼脂扩散试验、酶联免疫吸附试验，检测血中抗体。

（9）治疗方法：治疗慢性呼吸道病的药物有泰乐菌素、罗红霉素、强力霉素、链霉素、庆大霉素、卡那霉素、新霉素、甲砜霉素等，该病经常混合其他病菌感染，最好选择抗菌谱广，口服吸收好的药物。

（10）预防措施：加强鸡群日常的饲养管理，改善鸡舍通风条件，防止应激等因素诱发本病。疫苗接种免疫效果不确定。

（三）寄生虫病诊治技术

1. 鸡球虫病

本病是由鸡球虫成熟子孢子的卵囊感染而引起。不同种的球虫，在鸡肠道内寄生的部位不同，其致病力也不相同。感染球虫的鸡由粪便排出卵囊，在适宜的温度和湿度条件下，经 1～2 天发育成感染性卵囊。这种卵囊被健康鸡吃了以后，子孢子游离出来，钻入肠上皮细胞内发育成裂殖子、配子、合子。合子周围形成一层被膜，即为新的卵囊。

鸡球虫在鸡的肠上皮细胞内不断地进行有性和无性繁殖，使上皮细胞受到严重破坏，而引起发病。

本病是放养鸡常见的且危害十分严重的寄生虫病，可造成雏鸡较高的发病率和致死率。病愈的雏鸡生长受阻，增重缓慢；成年鸡成为带虫者，增重和产蛋能力降低。

（1）发病季节：高温潮湿的夏季多发；其他季节适合球虫卵囊发育成熟的环境，也可发病。

（2）传播途径：被感染性球虫卵囊污染的饲料、饮水以及地面、垫料等，通过口腔途径感染健康鸡。

（3）易感动物：各品种的鸡均易感，15～50 日龄的鸡发病率和致死率较高；成年鸡对球虫有一定的抵抗力，不至于发病。

（4）临床症状：病鸡精神沉郁，羽毛蓬松，头颈卷缩，食欲减退，逐渐消瘦，鸡冠苍白。

感染盲肠球虫的病鸡，排出红色葫萝卜样粪便。病情发展慢，死亡率低。

感染小肠球虫的病鸡，排出深色咖啡样粪便。病情发展快，常呈暴发经过，死亡率可达50%以上。

若球虫与病菌混合感染，则症状加重，粪便中带血，并含有大量脱落的肠黏膜。

（5）剖检变化：

①盲肠球虫：两支盲肠肿大3～5倍，肠腔中充满凝固的或新鲜的暗红色血液；肠壁增厚，甚至糜烂。

②小肠球虫：小肠扩张2～3倍，肠管中充满凝固的血液或红色胶冻样内容物；肠壁增厚，有出血点甚至坏死。

（6）现场诊断要点：盲肠球虫排鲜红色血粪；小肠球虫排紫红色血粪。被感染肠管显著增粗，肠壁增厚，充满血粪。

（7）类症鉴别要点：鸡盲肠球虫病与组织滴虫病均表现排血粪，盲肠增粗。鉴别要点为前者盲肠内充满血粪，后者形成干酪样的盲肠肠心，像腊肠。前者肝正常，后者肝脏肿大，呈紫褐色，表面出现黄色或黄绿色的同心圆。前者鸡冠苍白，后者鸡冠发绀。

（8）实验室诊断方法：通过实验室诊断，可确定是否球虫与病菌混合感染。尤其是暴发性球虫病，常由病菌混合感染引起。

取病鸡的粪便或病死鸡的肠黏膜直接涂片，或用饱和盐水漂浮，用接种环蘸取表层液一滴，加盖玻片镜检，可观察到裂殖体、裂殖子或配子体，即可确诊为球虫感染。

同时取肠黏膜涂片、染色、镜检，观察有无病菌感染。

（9）治疗方法：常用抗球虫药物有氯苯胍、氨丙啉、硝苯酰胺、百球清等。使用专用抗球虫药物，最好配合抗肠道病菌的药物，尤其是治疗小肠球虫感染；或使用具有抗球虫和抗菌双重效果的药物，如磺胺喹恶啉、磺胺间二甲氧嘧啶、盐霉素、莫能霉素等。可按药物的规定用量和疗程使用。

（10）预防措施：采取综合预防措施。

①加强饲养管理：保持鸡舍干燥、卫生，定期清除粪便，堆集发酵以杀灭卵囊。

②药物预防：鸡群从12日龄首次服用抗球虫药物预防之后，

夏秋季节每隔半月预防用药 3 天；每次更换垫料或更换运动场、放养林地之前，先服药驱虫。

每次清除完鸡舍地面及运动场地的粪便之后，用具有杀灭球虫虫卵的消毒剂（如球杀灵）喷洒一遍。

2. 组织滴虫病

本病也称盲肠肝炎或黑头病，它是由组织滴虫属的火鸡组织滴虫寄生于鸡的盲肠和肝脏，而引起的一种原虫病。

组织滴虫的存在与肠道异刺线虫（又称盲肠虫）和土壤中几种蚯蚓密切相关。寄生于盲肠内的组织滴虫，可进入异刺线虫体内，在其卵巢中繁殖，并进入卵内。当异刺线虫卵随粪便排到外界后，组织滴虫因有虫卵卵壳的保护，能在外界环境中生活很长时间，成为重要的感染源。

蚯蚓则充当本虫的搬运宿主。当蚯蚓吞食了含有组织滴虫的异刺线虫虫卵后，组织滴虫在蚯蚓体内孵化出幼虫，并生长到侵袭阶段。当鸡吃到这种蚯蚓后，便可感染组织滴虫病。

（1）发病季节：主要发生于高温、高湿的夏季和初秋。

（2）传播途径：雏鸡放养期间通过消化道感染。

（3）易感动物：雏鸡和雏火鸡易感，鸡 4～6 周龄，火鸡 3～12 周龄最易感；成年鸡也能感染，但病情较轻，成为带虫者。野鸡、孔雀、珍珠鸡、鹌鹑等也能感染，但很少呈现症状。

（4）临床症状：病鸡表现食欲减少、精神不振、羽毛蓬乱、翅膀下垂、畏寒，排淡黄色或淡绿色稀粪，严重者粪中带血。病的后期鸡冠发绀，因而又有"黑头病"之称。

（5）剖检变化：本病主要表现盲肠炎和肝炎的病变。盲肠壁增厚、发炎，浆液性和出血性渗出物充满盲肠腔，并干酪化，形成干酪样的盲肠肠心，像"腊肠"。肝脏肿大，呈紫褐色，表面出现黄色或黄绿色的圆形、下陷的病灶；病灶常围绕着一个同心圆的边界，边缘稍隆起。

（6）现场诊断要点：以肝脏肿大，表面具有特殊的圆形坏死灶和像"腊肠"样的盲肠为特征。

（7）类症鉴别要点：本病与盲肠球虫病相鉴别。盲肠球虫病没有肝脏的的特殊病灶，盲肠内容物混有血液。进一步区别可做虫卵检查。

（8）实验室诊断方法：采集盲肠内容物，用加温至40℃的生理盐水稀释，作成悬滴标本镜检。可在显微镜下见到能活动的组织滴虫。

取盲肠内容物、肝组织涂片、染色、镜检，确定有无病菌混合感染。

（9）治疗方法：驱杀组织滴虫可用甲硝哒唑（灭滴灵）、二甲基咪唑、异丙硝咪唑，按规定用量混于饲料中喂服，疗程3～5天。产蛋鸡群禁用。

（10）预防措施：由于组织滴虫是通过异刺线虫的卵传播，保持鸡舍中垫料和运动场地干燥，可缩短虫卵的活力；充分的阳光照射可杀灭虫卵，阻断感染环节。雏鸡与成年鸡分开饲养，鸡群定期驱虫，可避免感染本病。

3. 鸡蛔虫病

本病是一种常见的肠道寄生虫病。蛔虫可以在鸡体内交配、产卵。虫卵可以在鸡体内生长，也可以随粪便排出体外。粪便中的虫卵污染地面，被健康鸡啄食后而感染发病。虫卵从被吞食到发育为成虫，需要35～58天。

（1）发病季节：本病多发生于夏秋高温、高湿季节。

（2）传播途径：通过消化道传播。

（3）易感动物：不同年龄的鸡都可感染；以3月龄以下的雏鸡最易感染。

（4）临床症状：患病幼鸡表现食欲减退，生长缓慢，羽毛松乱，两翅下垂，下痢，有时粪便中带血和黏液，终因逐渐消瘦而死亡。成年鸡一般为轻度感染；重度感染时表现下痢、日渐消瘦、产蛋下降、蛋壳变薄。

（5）剖检变化：病死鸡的小肠内常发现大量细长的绿豆芽样虫体，堵塞肠道。肠黏膜水肿、发炎。

（6）现场诊断要点：病死鸡的小肠内发现大量虫体。

（7）类症鉴别要点：消瘦、贫血是寄生虫病的共同表现，主要通过检查粪便和解剖尸体，发现虫卵和虫体，以鉴别虫子种类。

（8）实验室诊断方法：采取鸡粪，用饱和盐水漂浮法检查，可发现虫卵。

（9）治疗方法：驱杀蛔虫可用左旋咪唑、丙氧咪唑等，按规定用量混于饲料中喂服。同时饲料中增加优质鱼粉3%～5%，添加油脂2%～3%和多种维生素适量。

（10）预防措施：

①定期清扫鸡舍和运动场，粪便经堆积发酵杀死虫卵。

②定期药物驱虫，应安排在由离地饲养转入运动场放养之前；由运动场转入林地放养之前；肉用土鸡进入育肥阶段之前；母鸡进入产蛋期之前进行。从幼鸡到青年鸡阶段，每间隔一个月驱虫一次。

③青年鸡与成年鸡的放养林地要分开，并且固定不变。

4. 异刺线虫病

本病是由异刺线虫寄生于鸡的盲肠内而引起的一种寄生虫病，又称"鸡盲肠虫病"。

异刺线虫的成虫在鸡的盲肠内产卵，虫卵随粪便排出体外，在适宜的温湿环境中，约经两周发育为含有幼虫的侵袭性虫卵。侵袭性虫卵被鸡吞食后，在小肠内孵化出幼虫，并移行至盲肠，钻进盲肠壁深处寄生。待发育为童虫后又回到肠腔内继续发育为成虫。

土壤中的蚯蚓吞食了异刺线虫的虫卵或幼虫，则幼虫能够在蚯蚓体内长期生存，当鸡吃到这种蚯蚓后，便可感染异刺线虫。

（1）发病季节：本病多发生于夏秋季节。

（2）传播途径：异刺线虫的虫卵和幼虫通过粪便和蚯蚓而经消化道传播。

（3）易感动物：异刺线虫病除感染鸡以外，火鸡、珍珠鸡、鸭、鹅也有感染报道。

（4）临床症状：病鸡消瘦，食欲减退，腹泻，病雏生长发育停滞，成年母鸡产蛋量降低或停止。严重感染时，常引起衰竭，以至死亡。

（5）剖检变化：盲肠肿大，肠壁增厚，黏膜出血、溃疡，并见小结节，肠内容物有时凝结成条块状、灰紫色，其中可见淡黄色、呈针状的虫体。

（6）现场诊断要点：病鸡腹泻，消瘦；盲肠肿大，内容物中有淡黄色、呈针状的虫体。

（7）实验室诊断方法：直接涂片法或饱和盐水漂浮法作粪便检查，发现虫体或尸体。

（8）防治措施：参考蛔虫病的防治措施。若与组织滴虫混合感染时，首先要选用抗组织滴虫的药物治疗，然后再用驱异刺线虫的药物。

5. 鸡绦虫病

本病是由鸡赖利绦虫或戴文绦虫寄生于鸡的小肠内而引起的一类寄生虫病。

（1）发病季节：本病多发生于夏秋季节，潮湿，卫生条件差的环境。

（2）传播途径：经口食入体内含有绦虫卵囊的中间宿主，如蚂蚁、金龟子、象蝇、蛞蝓、地螺等而感染发病。

（3）易感动物：不同年龄的鸡均可感染发病，但以17～40日龄的雏鸡易感。

（4）临床症状：病鸡食欲降低、渴欲增加、四肢无力；排黑色粪便，并混有乳白色的圆形虫卵，有蠕动感。感染严重的鸡两肢瘫痪，头、颈扭曲，运动失调，终因极度瘦弱或伴发其他病而死。成年鸡感染虫体的数量多时则产蛋率下降或停产，蛋壳颜色变浅。

（5）剖检变化：可见肠黏膜肥厚，肠腔内有多量黏液、恶臭味，黏膜贫血，大量虫体寄生可引起肠阻塞。肠黏膜遭受破坏，引起肠炎。

（6）现场诊断要点：临床上以消瘦、下痢、贫血，黑色粪便上有乳白色圆形虫卵为特征。小肠内可见呈节片状的虫体。

（7）实验室诊断方法：取粪便中成熟节片置于醋酸洋红液中染色4~30分钟，再移入乳酸苯酚液中使节片透明，然后在显微镜下观察节片。

（8）治疗方法：驱虫可用氯硝柳胺（灭绦灵）、吡喹酮、丙硫苯咪唑等，按规定量与饲料混合均匀，一次性喂服。

（9）预防措施：土鸡放养条件下想要消灭中间宿主，中断绦虫的生活史比较困难。所以预防鸡绦虫病的主要措施是定期清除粪便，定期对鸡群进行驱虫。

6. 住白细胞原虫病

本病是由卡氏住白细胞虫和沙氏住白细胞虫，寄生于鸡的白细胞中而引起的一种血孢子虫病，简称"住白虫病"。因鸡感染后可引起冠发白而俗称"白冠病"。

（1）发病季节：本病有明显的季节性，南方多发生于4~10月份，北方多发生于7~9月份。

（2）传播途径：本病主要通过库蠓等吸血昆虫叮咬而传播。

（3）易感动物：各个年龄的鸡都能感染发病，但以3~6周龄的雏鸡发病率较高。

（4）临床症状：病鸡精神沉郁、食欲不振、贫血、严重的鸡冠和肉垂苍白；排绿色粪便。感染严重的鸡可因呼吸困难、咯血而死亡。产蛋母鸡可因输卵管发炎而难产。褐壳母鸡因输卵管发炎而蛋壳变白。

（5）剖检变化：全身皮下出血，胸肌和腿部肌肉散在明显的出血斑点。肝脏肿大，表面有散在的出血斑点。肾脏周围常有大片出血，严重者肾脏被血凝块覆盖。双侧肺脏充满血液。在各内脏器官以及肠系膜、体腔脂肪表面有针尖大至粟粒大的灰白色小结节。

（6）现场诊断要点：以鸡冠苍白，产蛋率下降，排绿色稀粪为特征。

（7）实验室诊断方法：在鸡的翅下小静脉或鸡冠采血一滴，涂成薄片，用瑞氏或姬氏染色液染色，在高倍显微镜下观察，可发现被住白虫寄生的白细胞呈梭形。

（8）治疗方法：常用的抗住白虫药物有磺胺-5-甲氧嘧啶、磺胺-6-甲氧嘧啶、复方泰灭净等。可按药物的规定用量和疗程使用。同时饮水中添加电解多维素，饲料中添加维生素 K_3。

（9）预防措施：消灭库蠓等吸血昆虫是预防本病的主要环节。应在雨季到来之前填平鸡舍周围的积水坑，清除杂草，根除库蠓等吸血昆虫的繁殖场所。鸡舍的门窗安装纱网，避免蚊蠓进入，阻断住白虫传播。

（四）营养代谢病诊治技术

营养代谢病主要有因营养缺乏所致的蛋白质缺乏症、钙缺乏症、维生素缺乏症、硒缺乏症，以及营养代谢障碍所致的痛风病等。有的啄癖是因营养缺乏所致，有的是因管理不善而形成的恶习。

1. 维生素缺乏症

临床上最常见的维生素缺乏症，主要由维生素 A、维生素 B_1、维生素 B_2 缺乏，或者维生素 D 和钙缺乏，或者维生素 E 和硒缺乏所造成。

（1）维生素 A 缺乏症：本病主要由于饲料中维生素 A 添加量不足，而又不提供富含胡萝卜素的青饲料所引起。

①易发年龄：各龄的鸡都可发生，但以雏鸡最为敏感。

②临床症状：雏鸡生长停滞，嗜眠，羽毛松乱，轻微的运动失调，鸡冠和肉髯苍白，喙和脚趾部黄色素消失。病程超过1周仍存活的鸡，眼睑肿胀或粘连，鼻孔和眼睛流出黏性分泌物。口腔黏膜有白色小结节或溃疡面上覆盖一层豆腐渣样的膜，影响采食。

成鸡缺乏维生素A时，大多数为慢性经过。通常在2~5个月后出现症状。初期表现产蛋量不断下降，然后病鸡眼睛发炎、肿胀，眼睑粘连，结膜囊内蓄积黏液性或干酪样渗出物，甚至造成失明。

③剖检变化：结膜囊内蓄积有干酪样的渗出物。肾脏苍白，肾小管和输尿管内有白色尿酸盐沉积。产蛋鸡消化道黏膜肿胀，口腔、咽、食道的黏膜有小脓疱样病变，有时蔓延到嗉囊，破溃后形成溃疡。支气管黏膜可能覆盖一层很薄的伪膜。

④现场诊断要点：以雏鸡眼睛肿胀、失明，成年鸡口腔、咽、食道黏膜出现小脓疱及溃疡为特征。

⑤治疗方法：维生素A或鱼肝油，按正常需要量的3~5倍与配合饲料混合均匀，连喂2周后再恢复至正常需要量。

⑥预防措施：按土鸡不同饲养阶段的营养需要添加维生素A或增加富含胡萝卜素饲料的饲喂量。

（2）维生素 B_1 缺乏症：本病是由于饲料中维生素 B_1 含量不足所致。维生素 B_1 又称"硫胺素"，饲料中，特别是糠麸以及饲用酵母粉中含量丰富，一般无须再添加。当饲料被加热或长期添加碱性药物，所含的维生素 B_1 被破坏，而造成缺乏。新鲜的鱼、虾鸡动物内脏含有硫胺酶，可破坏硫胺素，大量喂鸡可造成缺乏。

①易发年龄：各龄的鸡都可发生，但以雏鸡最为敏感。

②临床症状：雏鸡饲喂缺乏维生素 B_1 的饲料后约经10天即可出现多发性神经炎症状。病鸡表现心脏功能不足、运动失调、强直性痉挛、角弓反张呈"观星"状，外周神经麻痹等明显的神

经症状。

成年鸡维生素 B_1 缺乏约 3 周后才出现症状。病初食欲减退，腿软无力，鸡冠常呈蓝紫色。随着病情发展，脚趾、腿、翅膀和颈部的伸肌出现明显地麻痹。有些病鸡出现贫血和拉稀。

③剖检变化：病死鸡的皮肤广泛水肿，肾上腺肥大，而生殖器官呈现萎缩。心脏轻度萎缩，而右心常见扩大。胃和肠壁萎缩。

④现场诊断要点：以病鸡肢体神经的麻痹，运动失调，呈现"观星"姿势及多处内脏萎缩为特征。

⑤治疗方法：病鸡肌肉注射维生素 B_1，雏鸡每只每次 1mg；成年鸡每只每次 5mg，每天 1~2 次。同时按每 100kg 配合饲料添加维生素 B_1 粉 2~3g，连用 3~5 天。然后饲喂按营养需要配制的饲料。

⑥预防措施：按着鸡不同饲养阶段的营养需要，在配合饲料中添加所必需的维生素 B_1。如果饲料贮存时间较长，部分维生素 B_1 被破坏，应适当增加用量。

（3）维生素 B_2 缺乏症：本病是由于饲料中维生素 B_2 含量不足所致。维生素 B_2 又称"核黄素"，富含于各种青绿饲料和动物性蛋白质饲料。而常用的谷物饲料中核黄素贫乏，如果添加量不足极易发生缺乏症。

①临床症状：雏鸡食欲良好，但生长缓慢，消瘦，然后出现足趾向内蜷曲，不能行走，以跗关节着地，两翅膀展开维持身体平衡。严重病例两腿瘫痪。如果母鸡饲料中缺乏核黄素，所产种蛋的核黄素含量低，出壳后的雏鸡易患核黄素缺乏症。

②剖检变化：病雏鸡胃肠道黏膜萎缩，肠壁变薄，肠内容物呈泡沫。成年鸡的坐骨神经和臂神经显著肿大、变软。

③现场诊断要点：以雏鸡足趾向内蜷曲和成年鸡坐骨神经显著肿大为特征。

④治疗方法：按每 1kg 饲料添加维生素 B_2 粉 20mg，连用 1~2 周；然后饲喂按营养需要配制的饲料。

⑤预防措施：种鸡饲料和雏鸡饲料中添加所必需的维生素B$_2$。适量增加动物性饲料和青绿饲料的喂量。

（4）维生素D（或钙）缺乏症：本病主要是因为饲料中维生素D添加不足，而影响了钙、磷吸收；或者饲料中配入的矿物质不足而缺钙；或者钙、磷比例失调所致。配合饲料中维生素D缺乏与钙不足可表现相同的临床症状。

①临床症状：雏鸡表现生长迟缓，步态不稳。产蛋鸡表现产薄壳蛋或软壳蛋，继而产蛋量明显下降，甚至停产，种蛋孵化率降低。严重病例双腿软弱无力，呈现"企鹅型"蹲伏姿势，有的瘫痪不能行走，喙、爪和龙骨、胸骨变软弯曲。

②剖检变化：病情严重的鸡可见骨质松软，脊椎骨和肋骨端膨大呈球形；胸骨弯曲，胸腔缩小。

③现场诊断要点：以雏鸡双腿软弱无力，龙骨弯曲和蛋鸡产软壳蛋为特征。

④治疗方法：雏鸡佝偻病可按给 1kg 饲料添加鱼肝油 10～20ml，或者拌入治疗量的维生素 D 粉；钙不足时则补钙。

⑤预防措施：按鸡不同饲养阶段的营养需要计算配合饲料的钙、磷含量及比例，添加所必需的维生素 D。并增加鸡群在日光下的活动时间。

（5）维生素 E—硒缺乏症：本病主要是因为饲料中维生素 E 和硒添加不足所致。维生素 E 又称生育酚，不仅是正常生殖所必需的物质，而且是预防脑软化症的最有效的抗氧化剂。维生素 E 与硒相互作用，可预防渗出性素质症；与硒及胱氨酸相互作用，可预防营养性肌萎缩症。维生素 E 和硒具有许多相同的生理功效，当饲料中硒含量不足时，增加维生素 E 可减轻缺硒的不利影响。

维生素 E—硒缺乏症的原因主要是饲料存放时间太长，维生素 E 被氧化破坏，或者饲料中维生素 E 和硒含量不足。

① 临床症状：因维生素 E 和硒缺乏的程度不同，而临床表现有异。

脑软化症：主要是维生素 E 缺乏引起。病雏表现运动失调，头向下挛缩或向一侧扭转，有的前冲后仰，或者腿翅麻痹，最后衰竭死亡。

渗出性素质：主要是维生素 E—硒缺乏引起。病鸡生长发育停滞，羽毛生长不全，胸腹部皮肤青绿色。

肌营养不良（白肌病）：主要是维生素 E 缺乏又伴有含硫氨基酸缺乏而引起的肌肉营养障碍症。病鸡消瘦、无力，运动失调。

种鸡繁殖障碍：种鸡患维生素 E—硒缺乏症时，表现为种蛋受精率、孵化率明显下降，死胚、弱雏明显增多。

②剖检变化：因维生素 E 和硒缺乏的程度不同，而病理变化有异。

脑软化症：病变主要在小脑，脑膜水肿，有点状出血。严重病例可见小脑软化或呈青绿色。

渗出性素质：病鸡的颈、胸腹部皮下呈青绿色，胶冻样水肿，肌肉充血、出血。

肌营养不良（白肌病）：可见胸、腿部肌肉及心肌有灰白色条纹状变性坏死。

③治疗方法：维生素 E、硒缺乏往往同时发生，脑软化、渗出性素质和肌营养不良常交织在一起，应同时使用维生素 E 和硒制剂进行防治。每 1kg 饲料中添加维生素 E 20IU；或者植物油 0.5%～1%，连用 14 天；若同时添加亚硒酸钠 0.2mg 和蛋氨酸制剂 2～3g，对多种营养缺乏疗效更好。

④预防措施：配合饲料中按鸡的营养需要添加维生素 E 和硒。当饲料存放时间过长时，则提高维生素 E 的添加量。

2. 痛风

本病是由于鸡体内尿酸代谢障碍，致使血液中尿酸浓度升高。大量的尿酸经肾脏排泄，引起肾的损害及肾机能减退，致使尿酸排泄受阻，造成尿酸中毒。

（1）发病因素：引起鸡痛风症的因素是多方面的，主要由以下几点。

①维生素 A 缺乏，降低了对肾小管、集合管和输尿管黏膜的保护作用，而发生角化，使尿酸盐排出受阻。

②饲料蛋白质含量过高，蛋白质代谢生成尿酸，可因肾脏功能发生障碍或尿酸产物过多，使血液中尿酸浓度升高。尿酸与血液中的 Na^+、Ca^{2+} 结合形成尿酸盐，并在体内广泛沉积。

③饲料钙含量过高，造成高钙低磷以致钙磷比例严重失调。钙盐在肾脏沉积并逐渐钙化，形成肾结石，损害肾的代谢功能。大量的钙盐会从血液中析出，沉积在内脏或关节中，而形成钙盐沉积性痛风。

④饲喂劣质饲料，如高盐的糟烂鱼粉；掺有尿素的饲料；含霉菌及其毒素的饲料，都可造成肾脏的损伤。

⑤肾毒性药物，如磺胺类药物和氨基糖苷类（庆大霉素）抗生素药物，对肾脏有损害作用。长期、大量使用这类的药物，而损害肾脏。

⑥传染病，如肾型传染性支气管炎，传染性法氏囊炎导致肾炎和肾功能衰竭，而继发痛风。

（2）临床症状：内脏痛风主要表现精神不振，消瘦，排石灰水样稀粪；严重的肛门失禁，稀粪不由自主地流出。

关节痛风可见关节肿大，行走困难。

（3）剖检变化：肾脏肿大，颜色变淡；肾小管因尿酸盐蓄积而增粗，肾脏表面形成花纹。输尿管明显增粗，管内积满尿酸盐。严重病例的心、肝、肠的表面覆盖一层白色尿酸盐。

关节痛风可见腔内蓄积尿酸盐，甚至组织坏死。

（4）现场诊断要点：排石灰水样稀粪；肾脏肿大，肾小管增粗，颜色变淡。

（5）类症鉴别要点：本病与肾型传染性支气管炎和传染性法氏囊炎均表现排石灰水样稀粪的症状。鉴别要点见表32。

（6）实验室诊断方法：刮取尿酸盐少许，在显微镜下观察，可见到大量针尖状的结晶体。

（7）治疗方法：痛风病是一种体内蛋白质代谢障碍及肾功能不全的尿酸盐血症，首先要消除致病因素。如由饲料中粗蛋白质或钙含量偏高所致，应根据病情轻重降低配合饲料的粗蛋白或钙的含量；或者直接减去蛋白质或矿物质饲料，待症状消失后再逐渐增加用量。

如果是药物用量太高或投药时间太长所致，在停止药物的同时，也要降低配合饲料的粗蛋白或钙的含量。

通肾是为了加速尿酸盐的排出，可用利水、利尿和平衡电解质的药物。

（8）预防措施：按营养标准设计饲料配方，保证配合饲料的质量。正确、合理地使用抗菌、抗寄生虫药物。

3. 恶癖

恶癖是啄癖、异食癖的统称，主要由营养物质缺乏引起；或者营养代谢障碍所致；或者习性的畸形发展所致。

（1）病因及症状：本病原因复杂，如饲料的蛋白质、钙不足易引发啄蛋癖；人工光照度太强，或者食盐缺乏易引发啄肛癖；饲料的含硫氨基酸、硫缺乏易引起啄羽癖等。

（2）防治措施：恶癖一旦形成治疗已经不是有效措施，应早期采取综合预防措施。

①雏鸡于10日龄左右断喙，是预防啄癖的重要措施。

②按鸡的营养需要配合饲料，避免蛋白质及钙的不足。

③鸡舍内光照强度要适宜，以鸡能看到采食、饮水为标准。

④发现有啄癖的鸡立即剔除隔离，并对鸡群采取相应的预防措施。

（五）中毒症诊治技术

1. 抗菌药物中毒

随着养鸡业的发展，疾病也在不断地发生变化。为防治各种疾病的发生，不可避免地投喂各种药物。但是，如果加倍量投药，多种药物合用或长期投药，则会引起药物中毒，严重影响鸡的健康和生产性能，甚至造成大批死亡。

抗菌药物包括青霉素类、头孢类、氨基糖苷类、大环内酯类、四环素类、氯霉素类、洁霉素类等抗生素和磺胺类、喹诺酮类、多黏菌素类合成抗生素。抗菌药物口服的共同弊端是在杀死肠道内病菌的同时，有益菌也被杀死，从而破坏了肠道内固有的生态平衡，打乱了正常的消化功能，导致腹泻发生。因为大多数药物吸收后要在肝脏解毒，由肾脏排泄，而造成肝肾不同程度地损害。所以在临床上常表现出基本相同的病态。

（1）临床症状：采食量下降或停食，精神不振，腹泻，消瘦。如果误认为药物剂量不足时，越增加药量则病情越重。

（2）现场鉴别诊断要点：除以上相同的临床表现，还有以下可供鉴别的症状。

①青霉素中毒：两翅下垂，无目的行走或转圈，肝脏呈紫黑色。

②土霉素中毒：两腿瘫软，皮肤呈紫色。胃肠黏膜脱落，黏膜下层弥漫性出血点；肝、肾肿大、充血。

③甲砜霉素中毒：引起溶血性贫血或再生障碍性贫血，血液稀薄。

④多肽菌素中毒：损害肾脏和神经系统，引起蛋白尿，步态失调等。

⑤庆大霉素中毒：共济失调，抽搐，瘫痪。肾脏肿大、苍白、变性。

⑥大环内酯类药物中毒：可使母鸡产蛋量下降。皮下注射可导致鸡的颜面肿胀。

⑦头孢菌素类药物中毒：导致肾脏肿大。

⑧喹诺酮类药物中毒：因软骨毒性作用而致腿软无力，行走困难。

（3）治疗方法：发现鸡群中毒后立即停药，供给充足的饮水。饮水中按2倍量添加电解多维素，按2～3倍量添加维生素C，葡萄糖3%～5%。饲料中按2～3倍量添加益生菌制剂。鸡群病情好转后改为常规量用药，直至鸡群恢复正常。

（4）预防措施：使用抗菌类药物应严格掌握剂量，按说明书规定的疗程连续用药。不随意加大剂量，不盲目联合用药，连用两个以上疗程时，应用两种相同疗效的药物交替使用。

2. 马杜拉霉素中毒

马杜拉霉素又名克球皇、马杜霉素铵、马度米星铵盐等，为聚醚类离子型抗球虫药，用量要求极严，无预防量与治疗量之分。用量偏高，使用时间延长，均可能发生中毒。

（1）临床症状：主要表现为鸡群饮水量与采食量均减少，拉绿色稀粪，消瘦，脚爪皮肤干燥、呈暗红色，两腿无力，行走困难。若停药及时一般无死亡。急性中毒病例主要表现为饮食明显减少或废绝，两腿无力或瘫痪，可造成不同程度的死亡。

（2）剖检变化：重症鸡可见肝脏肿大，淤血，呈紫红色；胆囊肿大，充满胆汁；脾肿大2倍，暗紫色；肠黏膜弥漫性出血，特别是十二指肠出血严重，盲肠扁桃体肿胀，个别鸡肌胃与腺胃交界处可见条纹状出血；肾肿大出血。轻症鸡无明显特征性病变。慢性中毒病例主要为胸肌、腿肌出血；肝肾稍肿，呈暗红色；小肠充血。

（3）现场诊断要点：以拉绿色稀粪，消瘦，两腿瘫软和肝脏肿大、淤血为特征。

（4）治疗方法：立即停用含有马杜拉霉素及其他抗球虫或抗

菌药物的饲料。饮水中添加 3% 葡萄糖和 0.02% 维生素 C，以提高鸡体抗病力和解毒能力。症状较重的鸡可借用人用输液管灌服，每天两次，一般停药后 5 天左右鸡群便可恢复正常。

（5）预防措施：严格按马杜拉霉素的规定用量使用，添加于饲料中一定要充分拌匀。连续使用时间不宜太长，两个疗程之间停用 3~5 天。肉用鸡在上市一周前一定要停用。

3. 痢菌净中毒

痢菌净又名乙酰甲喹，属于卡巴氧类化合物，为广谱抗菌药物。鸡对该药非常敏感，如果不按规定量用药，剂量过大或长期使用都会引起急性中毒或蓄积中毒。

（1）临床症状：鸡群表现精神沉郁，羽毛松乱，采食和饮水减少或废绝，头部皮肤呈暗紫色，排淡黄、灰白色水样稀粪。10日龄以内的鸡出现瘫痪，两翅下垂，最后角弓反张、抽搐倒地而死。本病死亡率 5%~15%，但死亡持续时间长达 15~20 天。

（2）剖检变化：可见鸡体脱水，肌肉呈暗紫色；肝脏肿大，呈暗红色，质脆易碎。心肌松软，心内膜及心肌散在出血点。肾脏也出血。腺胃肿胀，乳头暗红色。肌胃皮质层脱落，出血、溃疡。肠道黏膜弥漫性充血，肠腔空虚，泄殖腔严重充血。

（3）现场诊断要点：以肌肉暗紫，肝脏肿大、暗红色，胃肠黏膜充血、脱落为特征。痢菌净用量是规定量的数倍，停药后死亡仍然持续 10 余天。

（4）治疗方法：立即停用痢菌净。饮水中添加葡萄糖 5%~8%、维生素 C 0.1%，复合维生素用量加倍，连用 3 天，然后减量再用 5~7 天。

（5）预防措施：按痢菌净的规定用量拌料。

4. 磺胺类药物中毒

磺胺类药物是用化学方法合成的一类药物，具有抗菌谱广、疗效确切，价格便宜等优点，常用于鸡球虫病、禽霍乱、鸡白痢等病的防治，如磺胺喹恶啉、复方敌菌净、磺胺胍等。磺胺类药物的治疗量接近于中毒量，并且易析出结晶损害肾脏。因此，使用剂量过大或连续用药时间过长，很容易引起中毒。

（1）临床症状：急性中毒时主要表现为痉挛和神经症状。慢性中毒时表现精神沉郁，采食减少或废绝，饮水增加，拉黄色或带血丝的稀粪。鸡冠和肉髯萎缩苍白，生长缓慢。蛋鸡表现产蛋量明显下降，产软壳蛋和薄壳蛋。

（2）剖检变化：最常见的病变是皮肤、肌肉和内脏器官出血。肝脏肿大，呈紫红色或黄褐色，有出血斑点和坏死灶；肾脏肿大呈土黄色，有出血点；输尿管变粗，充满尿酸盐；肌胃角质膜下、腺胃黏膜及小肠黏膜出血；脾脏肿大，有出血点和灰白色的坏死灶。

（3）现场诊断要点：以腹泻、贫血和皮肤、肌肉及内脏器官出血，输尿管尿酸盐沉积为特征。

（4）治疗方法：发现中毒应立即停药，供给充足的饮水。饮水中添加小苏打1%~2%和葡萄糖3%~5%；或者电解多维素（加倍量）、维生素C（2~3倍量）、葡萄糖等；或者各用半天，交替使用。饲料中添加维生素K_3适量。

（5）预防措施：雏鸡、产蛋鸡以及有肾病症状的鸡，应避免使用磺胺类药物。使用磺胺类药物应严格掌握剂量，连续用药时间不超过5天。选用含有增效剂的磺胺类药物，如复方敌菌净、复方新诺明等，其用量小，毒性低。

治疗腹泻、球虫病应选用肠道内吸收率比较低的磺胺药物，如复方敌菌净等，肠内浓度高，血液中浓度低，毒性小，疗效好。

使用磺胺类药物可配合等量小苏打；用药期间供给充足的饮水，以降低毒副作用。

5. 饲料黄曲霉毒素中毒

黄曲霉毒素是黄曲霉菌在其污染的饲料中生长繁殖产生的毒

素，家禽吃了这种发霉的饲料就会引起中毒。黄曲霉毒素中毒是家禽一种常见的中毒病，一年四季均可发生，但以高温、多雨的季节里发病率最高。

雏鸡对黄曲霉毒素的敏感性较高，多发生于 2~6 周龄，呈急性经过，且死亡率很高。

（1）临床症状：雏鸡表现虚弱无力、翅膀下垂、食欲不振、生长缓慢。腹泻，粪便中带有血液，鸡冠颜色变淡或苍白，最后角弓反张而死亡。

成年鸡多为慢性中毒，易引发脂肪肝综合征，产蛋率和种蛋孵化率降低。

（2）剖检变化：急性中毒鸡的肝脏肿大、质地较软，弥漫性出血和坏死。慢性型病例则为肝体积缩小、硬变，心包内和腹腔中有积液。病程 1 年以上的鸡可发现肝细胞瘤、肝细胞癌或胆管癌。

（3）现场诊断要点：病鸡以腹泻、贫血及肝脏肿大或慢性硬变为特征。

（4）治疗方法：制霉菌素治疗，每禽口服制霉菌素 3 万~5 万 U，每天 2 次，连续 2~3 天 5% 葡萄糖饮水发生后可喂白芍粉 0.5%、维生素 C 0.05%、葡萄糖 1%、活性碳 1%。

（5）预防措施：不喂发霉饲料，对饲料定期作黄曲霉毒素测定，淘汰超标饲料。

6. 肉毒梭菌毒素中毒症

本病是由于食入肉毒梭菌外毒素而引起的一种食源性中毒症。肉毒梭菌的芽孢广泛存在于自然界，当条件适宜时，可在粪便、动物尸体、饲料中生长、繁殖，产生外毒素。当放养土鸡采食了这些含有外毒素的腐败食物时，则造成中毒。

（1）临诊症状：病鸡精神沉郁，两眼半睁半闭，全身肌肉呈麻痹状态。双腿发软无力，不能站立。两翅膀下垂，不能扇动。颈部柔软，向前直伸，俗称"软颈病"。

（2）解剖变化：一般无特征性病理变化，个别病鸡的胃肠道呈卡他性炎症，心外膜有少量出血点。

（3）实验室诊断：取病鸡的胃肠内容物，加少量灭菌生理盐水充分研磨，用灭菌纱布过滤，离心，吸取上清液备用。取上清液1滴接种于葡萄糖鲜血琼脂培养基上，厌氧培养24小时以上，可检出形态粗短、两端细圆呈梭状，有芽胞和鞭毛的肉毒梭菌，革兰氏染色为阳性；或者取上清液0.3ml，注射于健康鸡的一侧眼睑皮下。数小时之后出现眼睑潮红、肿胀，继而出现"软颈症"，2天内死亡。进一步确诊还需要做生化试验和抗毒素中和试验等。

（4）现场诊断要点：病鸡颈部即两腿、两翅柔软无力，任人摆布。

（5）治疗方案：首先清除中毒因素，饲料被肉毒梭菌污染则更换新鲜饲料；放养林地有死亡鸡尸或大量死亡蚯蚓时，要立即清除干净，并彻底消毒。饮水中添加硫酸镁2%、葡萄糖3%、多种维生素适量，饮3~5天。然后换用口服补液盐，用2倍量水稀释，饮服半天；再用葡萄糖、电解维生素，饮水半天，如此交替连饮3~5天。

如果早期肌肉注射多价抗毒素，则治疗效果更好。

（6）预防措施：不喂腐败变质的动物性饲料。经常巡视放养林地，发现死亡鸡、蚯蚓等动物尸体时，要立即清除干净，以避免被鸡群抢食。

7. 食盐中毒

鸡对食盐非常敏感，饲料或饮水中食盐含量超过0.5%，就会饮水增加，甚至中毒。发生食盐中毒的原因，主要是自配饲料时含盐量掌握不准确。如使用海鱼粉，没有减少食盐的添加量；或者多日在饮水中添加小苏打，增加了钠，而导致中毒。

（1）症状表现：食欲减退，强烈口喝，大量饮水，嗉囊膨大，水及黏液从口、鼻中流出，两脚无力，行走困难甚至瘫痪，因大量排尿而使粪便稀薄，最后精神委顿，虚脱而死。

（2）剖检变化：胃肠黏膜充血、水肿。

（3）现场诊断要点：鸡群超常口喝，大量饮水不止。

（4）治疗：立即停用原来的饲料或饮水，换用清水并添加5%～10%的葡萄糖或白糖，加倍量的多种维生素和维生素C。

（5）预防：配合饲料中食盐的添加量0.3%～0.4%，如果使用咸鱼粉，或者饮水中多日添加口服补液盐、小苏打时，应减去饲料中的食盐用量。

8. 一氧化碳中毒

一氧化碳又称煤气，是煤炭在不完全燃烧时所产生的一种气体。一氧化碳中毒是雏鸡最常发生的疾病，原因是冬春季节育雏室内需要安装煤炉取暖，烟筒装配不当而倒烟。同时育雏室又密封地很严，使空气中一氧化碳蓄积，浓度增加，雏鸡大量吸入体内而导致中毒。

（1）症状表现：严重中毒的雏鸡表现呆立、昏睡、呼吸困难、运动失调、倒地后头向后仰，痉挛或抽搐而死。轻度中毒时表现羽毛松乱，食欲差，粪便稀，生长缓慢，常被人忽略。

（2）剖检变化：可见病鸡全身血管内的血液呈鲜红色，内脏表面有鲜红色的小出血点。

（3）现场诊断要点：育雏室内充满大量烟气，群鸡表现呼吸困难，病鸡的血液呈鲜红色。

（4）治疗：立即打开门窗通风换气，消除烟筒倒烟。饮水中添加葡萄糖3%，多种维生素和2倍量的维生素C。

（5）预防：鸡舍内用火炉、火炕加温时，烟筒的内径不能偏小，必须保证烟气畅通无阻。室外烟筒的出烟口不能低于周围的建筑物，也不能在大树下，以防刮风时倒烟。火炉、火炕要有专人管理，避免长时间压火焖炉，无人守护。

9. 氨气中毒

氨气是一种无色而具有强烈刺激性臭味的气体。鸡舍内产生氨气的主要原因是不及时清除粪便,当鸡舍内温度较高,又通风不良时,粪便中的含氮物质大量分解产生有害气体—氨气,鸡大量吸入后导致中毒。

氨气中毒极易激发慢性呼吸道病和慢性大肠杆菌病,注意不要诊断失误。

(1)症状表现:病鸡眼结膜充血、发炎,头冠发紫,口腔黏膜充血,眼结膜充血。呼吸道分泌物增加,咳嗽,打喷嚏。严重病例精神沉郁,食欲废绝,抽搐、痉挛而死。母鸡产蛋量明显下降。

(2)剖检变化:气管充血,肺淤血、水肿。心肌松软,有的可见心包积液;肝肿大、质脆,血液稀薄。

(3)现场诊断要点:鸡舍内气味刺鼻、抢眼。病鸡的皮肤、黏膜呈青紫色。

(4)治疗:发生氨气中毒又不能立即清除粪便的,应立即转移鸡群。饮水中添加醋酸1%,病重的鸡灌服5~10ml/只。然后饮水中添加醋酸0.5%、葡萄糖5%、电解多维素和维生素C适量,防治激发感染可用喹诺酮类抗菌药物,连用3~5天。以后用药可减去醋酸,主要使用促进鸡体健康的营养性药物。

(5)预防:鸡舍内经常通风换气,粪便及时清除。不能及时清除粪便时,可按每平方米0.5kg撒一层磷肥,每周1次,使磷与氨形成磷酸铵盐,既可提高肥效,又能防止氨气中毒。

十四、放养鸡场的投资与经营

（一）养鸡成本与收入项目

1. 养鸡成本项目

主要由养鸡生产成本和间接费用构成。

（1）人员工资：指直接从事养鸡生产人员的工资、奖金、福利等。

（2）鸡群成本费：是指购入种蛋、雏鸡或青年鸡所需要的费用。

（3）饲养费：指用于鸡群饲养过程中的自产和外购的各种动物性饲料、植物性饲料、矿物质饲料，各种维生素、微量元素、氨基酸制剂以及饲料添加剂等。

（4）医药费：指用于鸡群疫病防治的疫苗、药品、消毒剂、治疗费、检疫费。

（5）燃料费：指用于鸡群生产过程的燃料（煤炭、燃油）费、水电费等。

（6）非常损失待摊费：指鸡群饲养过程中鸡只死亡、淘汰所形成成本摊销。

（7）固定资产折旧费：指鸡舍、专用机械设备等按使用年限提取的累计折旧费用，或者租入上述固定资产的租赁费等。

（8）固定资产维修费：指鸡舍、专用机械设备日常修理及大修理所发生的费用。

（9）其他费用：指除上述费用以外的能判明成本对象的各种费用。

2. 养鸡收入项目

主要是种蛋、鲜蛋、雏鸡、育肥鸡以及养鸡的副产品销售收入。

（1）种蛋收入：是指种鸡群生产的合格种蛋的收入。

（2）鲜蛋收入：是指商品蛋鸡群生产的合格鲜蛋；种鸡群生产的不合格种蛋（如无精蛋、畸形蛋等），以及破损蛋、砂壳蛋等都是鲜蛋的收入。

（3）雏鸡收入：是指种蛋孵化为雏鸡出售的收入。

（4）育肥鸡收入：是指商品土鸡育肥后出售的收入。

（5）副产品收入：是指出售鸡粪和饲养期间淘汰鸡或期末淘汰鸡群的收入。

（二）养鸡成本的核算方法

养鸡成本的核算方法分为单群核算和混群核算两种。

1. 单群核算方法

按鸡群的不同类别设置生产成本明细账，分群核算生产成本，如鸡群分为产蛋鸡群、育成鸡群、雏鸡群。如果育成鸡群与雏鸡群不能分开，则进行合并核算。

（1）雏鸡成本

雏鸡成本(元/只) = [全部的孵化费用 – 副产品(破损蛋、无精蛋等)收入金额]/(成活一昼夜的雏鸡)雏鸡数量

（2）育雏鸡成本

育雏鸡成本(元/只) = [育雏期的饲养费用 – 副产品(粪便等)收入]/育雏期结束时存活的雏鸡只数

（3）育成期成本

育成期成本(元/只) = [雏期费用 + 育成期费用 – 副产品(粪便、淘汰鸡等)收入]/育成期结束时健康鸡只数

（4）鲜蛋成本

鲜蛋成本（元/kg）=［蛋鸡生产费用－蛋鸡残值－非鸡蛋（粪便、死淘鸡等）收入］/入舍母鸡总产蛋量

（5）种蛋成本

种蛋成本（元/个）=［种鸡生产费用－种鸡残值－非种蛋（鸡粪、商品蛋、淘汰鸡等）收入］/入舍种母鸡出售种蛋个数

（6）商品土鸡成本

商品土鸡成本（元/只）=［商品土鸡饲养费用－副产品（粪便、淘汰鸡等）收入］/出售商品土鸡只数

2. 混群核算方法

按不同鸡群设置生产成本明细账，归集饲养费用，计算饲养成本。该方法适用于资料不全的小型鸡场。

（1）种蛋成本

种蛋成本（元/个）=［期初存栏种鸡价值＋期内种鸡饲养费用－期内淘汰种鸡收入－期末存栏种鸡价值－非种蛋（商品蛋、鸡粪等）收入］/本期收集种蛋只数

（2）鲜蛋成本

鲜蛋成本（元/kg）=［购入蛋鸡价值＋期初存栏蛋鸡价值＋期内蛋鸡饲养费用－期内淘汰蛋鸡收入－期末蛋鸡存栏价值－鸡粪收入］/本期产蛋总量

（3）商品土鸡成本

商品土鸡成本（元/只）=（购入鸡的价值＋期初存栏鸡价值＋本期饲养费用－期内淘汰土鸡的收入－期末存栏土鸡的价值－鸡粪收入）/出售的商品土鸡只数

（三）养鸡盈利的核算

盈利又称税前利润，是对鸡场的盈利进行观察、记录、计量、计算、分析和比较等工作的总称。盈利是鸡场在一定时期内

货币表现的最终经营成果，是考核鸡场生产经营好坏的一个重要经济指标。

1. 养鸡盈利的核算公式

盈利＝销售产品收入－饲养成本＋税金＝利润＋税金

2. 衡量盈利效果的经济指标

（1）销售收入利润率：表明产品销售利润在产品销售收入中所占的比重。比重越大，经营效果越好。

销售收入利润率＝产品销售利润/产品销售收入×100%

（2）销售成本利润率：它是反映生产消耗的经济指标，在禽产品价格、税金不变的情况下，产品成本愈低，销售利润愈多，其产值愈高。

销售成本利润率＝产品销售利润/产品销售成本×100%

3. 产值利润率

它说明实现百元产值可获得多少利润，用以分析生产增长和利润增长的比例关系。

产值利润率＝利润总额/总产值×100%

4. 资金利润率

把利润和占用资金联系起来，反映资金占用效果，具有较大的综合性。

资金利润率＝利润总额/流动资金和固定资金的平均占用额×100%

（四）养鸡盈亏临界线的核算

养鸡的目的是以最低的成本取得最高的经济效益。核算养鸡盈亏临界线，是为了对当前养鸡效益有一个正确的分析与判断，以决策鸡群是继续饲养还是出栏销售的重要依据。

1. 临界产蛋率

即最低产蛋临界线，是指产蛋鸡群能够盈利的最低产蛋率。例如，当市场上土鸡蛋价格为 12.0 元/kg；配合饲料价格为 2.0 元/kg 时，如果每只蛋鸡平均每天消耗饲料 100g，平均每个蛋重 45g，其计算步骤如下：

（1）计算市场蛋料价格比：$12.0/2.0 \approx 6/1$

即每投入 1.0 元饲料费用，可获得 6.0 元土鸡蛋收入。

（2）计算 1kg 蛋需要的土鸡蛋个数：

$$1\,000 \div 45 \approx 22.2(\text{个})$$

（3）计算 1 个土鸡蛋与多少克饲料的价值相等：

$$6\,000 \div 22.2 \approx 270(\text{g})$$

即 1 个土鸡蛋等于 270g 饲料的价值，或者计算 1 个土鸡蛋的价值：

$$12.0 \div 22.2 \approx 0.54(\text{元})$$

（4）计算鸡蛋与消耗饲料价值相等的产蛋率：

$$100 \div 270 \times 100\% \approx 37.0\%$$

或者按 100g 饲料（0.2 元）与 1 个鸡蛋的价值计算产蛋率：

$$0.2 \div 0.54 \times 100\% \approx 37.0\%$$

（5）计算临界产蛋率：如果蛋鸡场的饲料费用约占生产总费用的 80%，则：

$$临界产蛋率 = 37.0\% \div 80\% \times 100\% \approx 46.3\%$$

即土鸡产蛋率高于 46.3% 则可盈利，低于 46.3% 则亏损。从而以此决定是否继续饲养，还是淘汰母鸡群。

2. 肉鸡生产临界线

即在肉用土鸡出栏之前，对其生产状况进行全面分析，找出最佳的上市时间，以便获得最高的饲养效益。

（1）肉鸡保本价格：又称盈亏临界价格，即能保住饲养成本的肉用鸡出售价格。

公式：

保本价格＝本批肉鸡饲料费用÷饲料费用占总成本的比率÷出售总体重

公式中"出售总体重"可先抽样称重，估算出每只鸡的平均体重，然后乘以实际存栏鸡数。如本批肉用土鸡1 000只，平均个体重2.5kg，总体重量为2 500kg。饲料费用35 000元；饲料费用占总成本的80％，计算保本价格：

保本价格＝35 000÷80％÷2 500＝17.5（元/kg）

即本批肉用土鸡的保本价格为每1kg 17.5元。如果当前市场价格大于17.5元/kg，出售则可盈利；相反就会亏损，需要继续饲养或采取其他对策。

（2）上市肉鸡的保本体重：是指在活鸡价格已确定，为实现不亏损而必须达到的肉鸡出售体重。公式：

上市肉鸡保本体重＝（平均料价×平均耗料量÷饲料成本占总成本的比率）÷活鸡售价

公式中的"平均料价"是指先算出饲料总费用，再除以总耗料量的所得值。如本批肉用土鸡1 000只，消耗饲料17 500kg，饲料价格2.0元；饲料费用占总成本的80％，活鸡销售价格17.5元/kg，计算保本体重：

肉鸡保本体重＝（2.0×17 500÷80％）÷17.5＝2.5（kg）

即本批肉用土鸡的保本体重为2.5kg。如果鸡群的平均体重达不到2.5kg，出售则亏损，必须继续饲养。

（3）肉鸡保本日增重：是指在活鸡价格已确定，为实现不亏损而必须达到的肉鸡日增重。公式：

肉鸡保本日增重＝（当日耗料量×饲料价格÷当日饲料费用占日成本的比率）÷活鸡价格

如本批肉用土鸡1 000只，当日消耗饲料量150kg，饲料价格2.0元；饲料费用占总成本的80％，活鸡销售价格17.5元/kg，计算保本日增重：

肉鸡保本日增重 = (150×2.0÷80%)÷17.5≈21.4(g)

即本批肉用土鸡的保本日增重为21.4g。当鸡群平均日增重呈增加趋势时，继续饲养可获得更多利润。当鸡群日消耗饲料量增加，而平均日增重不增加时，则养鸡利润下滑，要及时出栏。

（五）土鸡养殖场效益分析示例

1. 养鸡成本估算

（1）山林租金：承租山林地100亩，每亩租金100元/年，共计10 000元/年。

（2）鸡舍建造费：以平均每亩山林地放养土鸡50只计算，可养5 000只。按每平米养5～10只鸡计算，最少需要建造鸡舍500m²。以最低造价50元/m²计算，共计25 000元。按使用年限5年折算，大约每年分摊5 000元。

（3）养鸡设备折旧费：包括除鸡笼和饲料加工设备以外的所有设备，如供暖设备、通风设备、喂料设备、产蛋设备、光照设备等，共计20 000元。5年折旧，大约每年分摊4 000元。

（4）鸡苗购买费：按鸡苗成活率98%计算，饲养5 000只土鸡需要购入5 100只鸡苗。按每只土鸡苗2.50元计算，共计12 750元。

（5）饲料成本费：购入鸡苗5 100只，死亡淘汰100只，半数公鸡（2 500只）留种公鸡10%，计250只。即留种公母鸡共计2 750只，育肥公鸡2 250只。

①公鸡饲养5个月左右，平均体重3kg，平均增重1kg耗料3.0kg。按小鸡商品饲料价格2.40元/kg计算，育肥公鸡饲料费用：

2 250×3×3×2.40 = 48 600(元)

②青年鸡饲养24周以上，平均耗料6kg/只。按育成鸡商品饲料价格2.0元/kg计算，青年鸡饲料费用：

$2\ 750 \times 6 \times 2.0 = 33\ 000$(元)

③种母鸡第二年春节开始产蛋，饲养210天（包括上年的1个月），平均每天耗料85g，每1kg饲料2.20元。计算上半年饲料费用：

$2\ 750 \times (210 \times 85) \div 1\ 000 \times 2.20 \approx 107\ 993$(元)

（6）第二批肉用土鸡（公母混合）2 500只，饲养5个月左右，平均体重2.5kg，平均增重1kg耗料3.0kg。按小鸡商品饲料价格2.40元/kg计算，育肥土鸡饲料费用：

$2\ 500 \times 2.5 \times 3 \times 2.40 = 45\ 000$(元)

（7）药品疫苗费：平均1年1.0元/只，计算2批（即1年约饲养5 000只）育肥土鸡和种鸡的费用：

$(5\ 000 + 2\ 750) \times 1.0 = 7\ 750$(元)

（8）其他费用：平均1年电费0.1元、垫料0.2元、供暖费0.3元，共计每只鸡0.6元。计算2批（按1年约饲养5 000只）育肥土鸡和种鸡的费用：

$(5\ 000 + 2\ 750) \times 0.6 = 4\ 650$(元)

即第一个生产年的成本估算：

$10\ 000 + 5\ 000 + 4\ 000 + 12\ 750 + 48\ 600 + 33\ 000 + 107\ 993 + 45\ 000 + 7\ 750 + 4\ 650 = 278\ 743$(元)

2. 养鸡毛收入估算

（1）第一批2 250只育肥公鸡饲养到春节前，平均体重3kg，市场价格12.0元/kg，计算收益：

$2\ 250 \times 3 \times 12 = 81\ 000$(元)

（2）第二批2 500只公母混合育肥鸡，平均体重2.5kg，市场价格10.0元/kg，计算收益：

$2\ 500 \times 2.5 \times 10 = 62\ 500$(元)

（3）种母鸡2 500只，第二年春节生产种蛋100枚/只，合格率95%。按种蛋出售1.20元/只，计算收益：

$2\ 500 \times 95 \times 1.20 = 285\ 000$(元)

生产商品蛋 5 枚/只，每 1kg 平均 20 枚，市场价格 12.0 元/kg，计算收益：

$2\,500 \times 5 \div 20 \times 12.0 = 7\,500$（元）

即第一个生产年的毛收入估算：

$81\,000 + 62\,500 + 285\,000 + 7\,500 = 436\,000$（元）

3. 计算第一个生产年的估算收益

$436\,000 - 278\,752 = 157\,248$（元）

以上估算收益还并非是纯收入，还应再减去人员工资、产品运输费用、非正常损耗等。

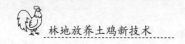

十五、放养土鸡致富成功案例

老齐养殖土鸡致富经历

九龙山位于"中国芝麻香白酒第一镇"的山东省潍坊市安邱景芝镇西南方向5公里。九龙山不高，过去盛产重晶石，现在早已弃采近30年。但是，九龙山仍然圆着淘金人的发家梦，山上设有无公害林果种植园、土鸡养殖场以及休闲度假村等多处园区。

老齐名叫齐延嘉，是九龙山土鸡养殖场的场长，现年56岁，景芝镇尧口村人。早年做过木工，并担任过多年的村干部。早在2003年，齐延嘉看到集市上的土鸡价格高，数量少，供不应求，就动了山坡放养土鸡的念头。起初，他从承包山坡地植树造林入手，占地100多亩，划分了绿化林区和果树园区，种植了阔叶树、针叶树、桃树、苹果树等。第二年春季，他抱着试试看的想法在林下放养了100多只土种鸡。每天除了早晨放鸡出窝，傍晚唤鸡回窝，撒些玉米，拌些糠菜喂鸡，然后关好鸡舍门窗，没有再做任何劳动投入和资金投入。喂到春节前，公鸡长到5kg以上，母鸡长到4kg左右。还没有来得及抓到集市上去卖，就被知情的宾馆老板出高价全部包了。一算账，每只鸡净赚30多元。老齐别提有多高兴了，他对这种自由放养模式总结了诸多好处，逢人就讲，赞不绝口。并且突发奇想，为自己未来的鸡场起了一个响亮的名字"九龙山野生态土鸡养殖场"。

尝到放养土鸡甜头的齐延嘉，2005年早春购进土鸡苗1 000只，分为两群各500只饲养在两个林区内。按照上年的养鸡经验，不打（防疫）针、不吃药、不喂全价料，自由自在山坡跑。饲养到两个月龄时，一天清早开门放鸡，发现饲养在果树园区的500只土鸡中有半数死在舍内，横竖躺了一地。没有死的鸡也是无精打采，冠、髯发紫，排黄绿色恶臭稀粪。有的病鸡嗉囊内充满液体及气体，呼吸困难，喉部发出"咯、咯"声。一看这种情形，齐延嘉站在鸡舍门口傻了眼，愣了半天才回过神来。他关好鸡舍门，开车请来了兽医师。

兽医师详细询问了饲养情况，根据症状诊断为最急性新城疫。然后为他详细讲授了土鸡饲养的基本要领，并告诫他：传统养鸡已经不适合现在的社会需求，只有把传统放养与现代科学饲养密切结合起来，才是生态养鸡的根本途径。

幸运的是，饲养在绿化林区的500只土鸡相隔较远，没有被感染。经紧急接种新城疫疫苗后得到抗体保护，化险为夷。

通过这次鸡群发病死亡的教训，老齐认识到了养鸡业的风险性和科学养鸡的重要性。为了来年扩大养鸡规模，他开始花大气力进行基础设施建设，聘请了畜牧兽医专家当顾问，合理布置养殖舍区，科学规划放养林区，根据山林、果园内杂草的生长情况和鸡的大小灵活调整放养密度，科学制定饲养管理制度和鸡病防疫规程。并同工作人员一起虚心学习养殖、种植技术。他多次南下、北上实地参观学习，求教土鸡饲养技术，开阔了眼界，增长了见识。

九龙山区无工业污染，农作物种植比较原始，饲料价格低廉。山上植物茂盛，泉水丰富。经过几年的艰苦努力，他在九龙山下建立了无公害饲料生产基地，把矿泉水引入鸡场，建起了沼气池，实现了鸡粪无害化处理。学会了自配土鸡全价饲料，充分利用各种饲料资源，降低了饲养成本。他总结的养鸡经验是：土鸡"洋"养，土鸡从粗放到精心饲养的养殖场从无到有，从小到大，现已发展为5 000只规模的土种鸡养殖场。每年为周边放养鸡户提供优质土种鸡苗10万余只，为当地市场提供优质肉用土鸡8万余只，提供优质土鸡蛋20余万枚。并利用鸡粪生产沼气，用沼液种菜、养花、培育树苗，终于走出了一条勤劳致富的新路子。

【成功案例2】

林地养殖土鸡圆了致富梦

在黄河入海口的淤积平原上，有一片方圆几十里的槐树林，每到春暖花开的时候，遍地铺满了花絮，槐花的芳香一阵阵随风飘过，沁人肺腑，令人陶醉。

在槐树林深处有一个不大的村庄，叫祝家屋子，据说是梁山祝家庄的后人，新中国成立初期迁民至此，圈地、搭建窝棚，并以老家村名而命名。村中有一位身体魁梧、皮肤黝黑的中年汉子，叫祝逵，外号"李鬼"，即"假李逵"的意思。其实乡亲们叫他"李鬼"并不是因为他相貌似李逵，做事鲁莽，而是因为他"鬼"点子多，爱赶潮流，学过工匠，养过蜜蜂，总想着千方百计发家致富。

2009年世界经济危机爆发，正当祝逵致富无路的时候，镇政府发出了《关于农民工回乡创业实施意见》的通知，政府免费提供技术培训，义务提供技术指导。这使祝逵想起了在外打工时，一次领着媳妇去游玩，看到的一个生态养鸡园里游客玩斗鸡、抓鸡、品尝土鸡肉的热闹场面。于是，就激起了槐树林里放养土鸡的决心。

在政府有关部门的帮助下，他承包了10亩林地的管理使用权，拿出所有的积蓄，并贷款建了一个小型养鸡场。首批进了1 000只土鸡，养了5个月，净赚了4 000元。下半年养了2 000只，春节前售出，净赚了近万元。从此，小两口吃住在鸡场里，没白天没黑夜地经营着养鸡事业。经过两年多的打拼，年饲养量已经达到6 000余只。不仅为当地城镇市场和油区市场提供了优质鸡肉，而且原本四壁光秃的家也有了很大的改变。他决定响应政府发展生态养殖的号召，从 2012 年开始按生态养鸡场的模式进行改造和扩建。顺应当地的旅游热潮，开展吃、住、玩多种经营。新的招牌都想好了，就叫"农家生态乐园"。

【成功案例 3】

他对土鸡情有独钟

老刘哪去了？自从那年被突如其来的海潮"荡产"之后，再也没有人见过他。

老刘回来了，承包了一处荒废多年的小农场，盖起了一排排养鸡舍，拉回来一车土种鸡。有人猜测老刘成了鸡贩子，专门由外地向东营市场倒运土鸡。也有人认为老刘回来是办养土鸡场的，要不然盖那一排排鸡舍做什么？但是，老刘拉回来的土鸡谁也没见过，羽毛像麻鸡，五爪、黑嘴、黑腿、黑皮肤，玫瑰冠，又像是乌鸡。

提到养鸡，老刘可算得上是当地养鸡第一人。

老刘名叫刘继承，1978 年改革开放的春风还没有把大地吹暖，他就已经开始行动起来了，养土鸡，搞孵化，成了当地第一个千元户。

"洋鸡"来了，土鸡被打入冷宫。他只好随波逐流，改养洋鸡，孵化洋鸡苗。那时养鸡的人很少，养高产鸡的人更少，他成了当地第一个万元户。虽然饲养洋鸡让他成为远近闻名的致富能手，但是土鸡就像他的初恋，始终念念不忘。

随着人们生活水平的提高，土鸡又飞回来了，而且身价倍增。老刘很快捕捉到了这一信息，他开始琢磨怎样实现已搁置多年的土鸡饲养计划。

首先拿出他的全部积蓄，在黄河入海处承包了百亩淤地，种上了速生杨树和牧草；第二年盖起了鸡舍，种植了治疗鸡病常用的中草药。并且下半年试养了第一批土鸡，探清了市场需求状况和价格行情，准备来年大干一场。

2003年春节一过，他就开始整理鸡舍，购进养鸡设备。5月份购进2 000余只土鸡种雏和所需饲料，有条不紊地拉开了土鸡饲养的序幕。经过5个多月的精心饲养，鸡群眼看到了产蛋的日龄。他开始整理孵化室，购进了孵化器。收获的季节就要到了，大家都按耐不住欢心的喜悦。

一天突然接到政府部门的通知，渤海湾特大风暴潮就要来了，所有人员立即撤到安全地带。每当回忆起那次风暴潮，经历过的人们都会不寒而栗。天上乌云翻滚，很快天就黑了，伸手不见五指，只有闪电的爆炸声把天空划破一道道口子。顷刻间狂风、暴雨、海浪横扫而至，房屋摧垮；塑料大棚像断了线的风筝飞向天空；碗口粗的树木连根拔起。殊不知是海浪冲上了天，还是天河在向大地倾泻，瞬间滩地变成一片汪洋。等大风扫过，海潮退后再到林地、鸡舍一看，一片狼藉。树东倒西歪，鸡舍倒塌，鸡和地里种的草、药材等已不见踪影。投入几十万元就这样打了水漂。真是"鸡飞蛋打"了。地被海水淹了，也不能再种了。无奈他当了"破烂大王"。

2005年，有了一些积蓄的老刘又动起了饲养土鸡的念头。他承包了一片河堤防护林，养了1 000只蛋用土鸡，目的是自家及亲朋好友吃个土鸡蛋、土鸡肉的方便。养到10月份快要产蛋时，禽流感又来了。因为距离城镇、水源太近，有关部门要求务必把鸡处理掉。他的土鸡饲养计划又落空了，他甚至怀疑是老天爷在与他处处作对。

老刘走了，这里让他伤透了心。他去了博山，和朋友合伙又当上了"破烂王"。3年后他又租地养上了土鸡，而且要养与别人不一样的保健鸡。乌骨鸡体型小，产肉少，药性味大，北方人不太喜欢。乌鸡与麻鸡杂交后体型大，产肉多，风味独特，而且仍具有乌鸡的特点。土鸡饲料中通过添加锌、硒和中草药，生产出了高锌蛋、高硒蛋、低胆固醇蛋，而且还是绿壳蛋。为了研究这些功效蛋，他花费了3年的时间。

他研发的土鸡蛋究竟好在哪里？有事实为证：其一，他的小孙子一直在吃高锌蛋，给他换成洋鸡蛋，放到嘴里立马吐出来；其二，他的功效蛋与市售土鸡蛋、洋鸡蛋一起拿到省级产品检验部门进行了测定比较，锌、硒含量显著高，胆固醇含量明显低。

　　老刘带着他的土鸡回来了，办起了一个独具特色的土鸡生态养殖基场，饲养了自己精心培育的五爪、凤冠、麻羽土鸡、生产具有滋补、保健功效的肉、蛋产品。由于鸡的肉、骨保持了乌骨鸡的特点，而土鸡蛋壳深绿、蛋黄色艳，并且风味鲜美、口感好、深受食客们青睐。为了满足市场需要、土鸡饲养规模很快由500只发展到5 000只。他筹划着要把土鸡饲养场办成于备花园、动物乐园为一体的生态园区。

附　录

附表一　无公害兽药、添加剂使用规范

（一）无公害土鸡饲养中允许使用的药物添加剂

附表 1 - 1　兽药饲料添加剂使用规范

品名	商品名	规格（%）	用量（g）	休药期（天）	其他注意事项
二硝托胺预混剂	痢特灵	0.25	每吨饲料添加本品 500	3	
马杜霉素铵预混剂	抗球王加福	1	每吨饲料添加本品 500	5	无球虫病时，含百万分之六以上马杜霉素铵盐的饲料对生长有明显的抑制作用，也不改善饲料报酬
尼卡巴嗪预混料	杀球宁	20	每吨饲料添加本品 100 ~ 125	4	高温季节慎用
尼卡巴嗪、乙氧酰胺苯甲酯预混剂	球净	尼卡巴嗪 25% + 乙氧酰胺苯甲酯 16%	每吨饲料添加本品 500	9	高温季节慎用
甲基盐霉素预混剂	禽铵	10	每吨饲料添加本品 600 ~ 800	5	禁止与泰妙菌素、竹桃霉素并用；防止与人眼接触
甲基盐霉素、尼卡巴嗪预混剂	锰铵	甲基盐霉素 8% + 尼卡巴嗪 8%	每吨饲料添加本品 310 ~ 560	5	禁止与泰妙菌素、竹桃霉素并用；高温季节慎用
拉沙洛西钠预混剂	球铵	15 45	每吨饲料添加本品 75 ~ 125（以有效成分计）	3	

（续表）

品名	商品名	规格（%）	用量（g）	休药期（天）	其他注意事项
氢溴酸常山酮预混剂	速丹	0.6	每吨饲料添加本品500	5	
盐酸氯苯胍预混剂		10	每吨饲料添加本品300~600	5	每1 000kg饲料中维生素B₁大于10g时明显颉颃
盐酸氯丙啉、乙氧酰胺苯甲酯预混剂	加强铵保乐	25%盐酸氯丙啉+1.6%乙氧酰胺苯甲酯	每吨饲料添加本品500	3	
盐酸氯丙啉、乙氧酰胺苯甲酯、磺胺喹恶啉预混剂	百球清	20%盐酸氯丙啉+1%乙氧酰胺苯甲酯+12%磺胺喹恶啉	每吨饲料添加本品500	7	每1 000kg饲料中维生素B₁大于10g时明显颉颃
氯羟吡啶预混剂		25	每吨饲料添加本品500	5	
海南霉素钠预混剂		1	每吨饲料添加本品500~750	7	
赛杜霉素钠预混剂	禽钠	5	每吨饲料添加本品500	5	
地克珠利预混剂		0.2 0.5	每吨饲料添加本品1（以有效成分计）		
莫能菌素钠预混剂	欲可胖	5 10 20	每吨饲料添加本品90~110（以有效成分计）	5	禁止与泰妙菌素、竹桃霉素并用；禁止与人的皮肤、眼睛接触
杆菌肽锌预混剂		10 15	每吨饲料添加本品4~40（以有效成分计）		
黄霉素预混剂		4 8	每吨饲料添加本品5（以有效成分计）		
维吉尼亚霉素预混剂	速大肥	50	每吨饲料添加本品10~40		

（续表）

品名	商品名	规格（%）	用量（g）	休药期（天）	其他注意事项
那西肽预混剂		0.25	每吨饲料添加本品1 000	3	
阿美拉霉素预混剂	效美素	10	每吨饲料添加本品50～100		
盐霉素钠预混剂	优素精赛可喜	5，6 10，12 45，50	每吨饲料添加本品50～70（以有效成分计）	5	禁止与泰妙菌素、竹桃霉素并用
硫酸黏杆菌素预混剂	抗敌素	2 4 10	每吨饲料添加本品2～20（以有效成分计）	7	
牛至油预混剂	诺必达	每1 000g含5-甲基-2-异丙基苯酚和2-甲基-5-异丙基苯酚25g	每吨饲料添加本品450（用于促生长）或50～500（用于治疗）		
杆菌肽锌、硫酸黏杆菌素预混剂	万能肥素	5%杆菌肽锌+1%硫酸黏杆菌素	每吨饲料添加本品2～20（以有效成分计）	7	
土霉素钙		5 10 20	每吨饲料添加本品10～50（以有效成分计）		
吉他霉素预混剂		22，11，55，95	每吨饲料添加本品（以有效成分计）5～11（促生长）或100～330（防治）连用5～7天	7	
金霉素（饲料级）预混剂		10 15	每吨饲料添加本品20～50（以有效成分计）	7	
恩拉霉素预混剂		4 8	每吨饲料添加本品1～10（以有效成分计）	7	
磺胺喹恶啉、二甲氧苄啶预混剂		20%磺胺喹恶啉+4%二甲氧苄啶	加本品500 每吨饲料添加本品500	10	连续用药不得超过5天

（续表）

品名	商品名	规格（%）	用量（g）	休药期（天）	其他注意事项
越霉素 A 预混剂	得利肥素	2 5 50	每吨饲料添加本品20～50（以有效成分计）	3	
潮霉素 B 预混剂	高效素	1.76	每吨饲料添加本品20～50（以有效成分计）	3	避免与人的皮肤、眼睛接触
地美硝唑预混剂		20	每吨饲料添加本品400～2 500	3	连续用药不得超过10天
磷酸泰乐菌素预混剂		2，8 10，20	每吨饲料添加本品20～50（以有效成分计）	5	
盐酸林可霉素预混剂	可肥素	0.88 11	每吨饲料添加本品2.2～4.4（以有效成分计）	5	
环丙氨嗪预混剂	蝇得净	1	每吨饲料添加本品500		
氟苯咪唑预混剂	氟苯诺	5 50	每吨饲料添加本品30（以有效成分计）	14	
复方磺胺嘧啶预混剂	立可灵	12.5 磺胺嘧啶＋2.5 甲氧苄啶	每千克体重每日添加本品0.17～0.2（以有效成分计）		
硫酸新霉素预混剂	新肥素	15.4	每吨饲料添加本品500～100	5	
磺胺氯吡嗪钠可溶性淀粉	三字球虫粉	30	吨饲料添加本品0.6（以有效成分计）	1	

　　注：表中所列出的商品名是由产品供应商提供的，并不表示对该产品的认可。如果其他等效产品具有相同的效果，也可使用这一规范。

241

（二）无公害土鸡饲养中允许使用的治疗药物

附表 1－2　国家对出口肉食允许使用药物名录

药物名称 Name	用药剂量和方法 （毫克/千克） Dose and Method	屠宰前停药期 （天） Date of Withdraw	最大残留限量 MRLs （微克/千克）	其他 Others
青霉素	5 000IU/羽，2～4 次/日，饮水	14	ND	忌与氯丙嗪盐、四环素类、磺胺类药物
庆大霉素	肌肉注射：5 000 单位/羽/次；饮水：2 万～4 万单位/升	14	肌肉：100 肝：300	
卡那霉素	拌料：15～30 毫克/千克 肌肉注射：10～30 毫克/千克； 饮水：30～120 毫克/千克，2～3 次/日	14（注射）	肌肉：100 肝：300	
丁胺卡那霉素	饮水：10～15 毫克/千克，2～3 次/日	14	肌肉：100 肝：300	
新霉素	饮水：15～20 毫克/千克，2～3 次/日	14	肌肉/肝：250	
土霉素	拌料：100～140 毫克/千克	30	肌肉：100 肝：300 肾：600	
金霉素	拌料：20～50 毫克/千克	30	肌肉：100 肝：300 肾：600	
四环素	拌料：100～500 毫克/千克	30	肌肉：100 肝：300 肾：600	
盐霉素	拌料：60～70 毫克/千克	7	肌肉：600 肝：180	禁止与泰妙菌素、竹桃霉素并用
莫能菌素	拌料：90～110 毫克/千克	7	可食用组织：50	

（续表）

药物名称 Name	用药剂量和方法 （毫克/千克） Dose and Method	屠宰前停药期 （天） Date of Withdraw	最大残留限量 MRLs （微克/千克）	其他 Others
黏杆菌素	拌料：2～20毫克/千克	14	肌肉/肝/肾：150	
阿莫西林	5 000IU/羽，2～4次/日饮水	14	肌肉/肝/肾：50	
氨苄西林	5 000IU/羽，2～4次/日饮水	14	肌肉/肝/肾：50	
诺氟沙星（氟哌酸）	饮水：15～20毫克/千克/日	10	肌肉：100 肝：200 肾：300	
恩诺沙星	饮水：500～1 000毫克/千克，2～3次/日	10	肌肉：100 肝：200 肾：300	
红霉素	饮水：150～250毫克/千克，2～3次/日	7	肌肉：100	
氢溴酸常山酮	拌料：3毫克/千克	5	肌肉：100 肝：130	
拉沙洛菌素	拌料：75～125毫克/千克	5	皮+脂：300	
林可霉素	拌料：2.2～4.4毫克/千克；饮水：15～20毫克/千克，2～3次/日	7	肌肉：100 肝：500 肾：1 500	
壮观霉素	饮水：130毫克/千克，2～3次/日	7	可食组织：100	
安普霉素	饮水：250～500毫克/千克，2～3次/日	7	未定	
达氟沙星	饮水：500～1 000毫克/千克，2～3次/日	10	肌肉：200 肝/肾：400	
越霉素	拌料：5～10毫克/千克	5	可食用组织：2 000	
脱氧土霉素（强力霉素）	饮水：每日10～20毫克/千克	7	肌肉：100 肝：300 肾：600	

243

（续表）

药物名称 Name	用药剂量和方法 （毫克/千克） Dose and Method	屠宰前停药期 （天） Date of Withdraw	最大残留限量 MRLs （微克/千克）	其他 Others
乙氧酰胺苯甲脂	拌料：8 毫克/千克	7	肌肉：500 肝/肾：1 500	
潮霉素 B （高效素）	拌料：8～12 毫克/千克	7	可食用组织：ND	
马杜霉素	拌料：5 毫克/千克	7	肌肉：240 肝：720	饲料添加 6 毫克/千克以上，会引起中毒
新生霉素	拌料：200～350 毫克/千克	14	可食用组织：1 000	
赛杜霉素钠 （禽旺）	拌料：25 毫克/千克	7	肌肉：369 肝：1 108	
复方磺胺嘧啶	拌料：磺胺嘧啶200 毫克/千克＋甲氧苄啶40 毫克/千克	21	肌肉/肝/肾：50	
磺胺二甲嘧啶	拌料：200 毫克/千克	21	肌肉/肝/肾：100	
磺胺-2，6 二甲氧嘧啶	拌料：125 毫克/千克	21	肌肉/肝/肾：100	

注：本表是国家质量监督检验检疫局（2002 年第 37 号）和对外贸易合作部（2002 年 4 月 19 日）发布的国家对出口肉禽允许使用药物名录。

（三）农业部第 193 号公告发布的食品动物禁用的兽药及其化合物清单

附表 1-3　食品动物禁用的兽药及其他化合物清单

序号	兽药及其他化合物名称	禁止用途	禁用动物
1	β-兴奋剂类：克仑特罗 Clenbuterol、沙丁胺醇 Salbutamol、西马特罗 Cimaterol 及其盐、酯及制剂	所有用途	所有食品动物
2	性激素类：己烯雌酚 Diethylstilbestrol 及其盐、酯及制剂	所有用途	所有食品动物

序号	兽药及其他化合物名称	禁止用途	禁用动物
3	具有雌激素样作用的物质：玉米赤霉醇 Zeranol、去甲雄三烯醇酮 Trenbolone、醋酸甲孕酮 Mengestrol，Acetate 及制剂	所有用途	所有食品动物
4	氯霉素 Chloramphenicol 及其盐、酯（包括：琥珀氯霉素 Chloramphenicol Succinate）及制剂	所有用途	所有食品动物
5	氨苯砜 Dapsone 及制剂	所有用途	所有食品动物
6	硝基呋喃类：呋喃唑酮 Furazolidone、呋喃它酮 Furaltadone、呋喃苯烯酸钠 Nifurstyrenate sodium 及制剂	所有用途	所有食品动物
7	硝基化合物：硝基酚钠 Sodium nitrophenolate、硝呋烯腙 Nitrovin 及制剂	所有用途	所有食品动物
8	催眠、镇静类：安眠酮 Methaqualone 及制剂	所有用途	所有食品动物
9	林丹（丙体六六六）Lindane	杀虫剂	所有食品动物
10	毒杀芬（氯化烯）Camahechlor	杀虫剂、清塘剂	所有食品动物
11	呋喃丹（克百威）Carbofuran	杀虫剂	所有食品动物
12	杀虫脒（克死螨）Chlordimeform	杀虫剂	所有食品动物
13	双甲脒 Amitraz	杀虫剂	水生食品动物
14	酒石酸锑钾 Antimonypotassiumtartrate	杀虫剂	所有食品动物
15	锥虫胂胺 Tryparsamide	杀虫剂	所有食品动物
16	孔雀石绿 Malachitegreen	抗菌、杀虫剂	所有食品动物
17	五氯酚酸钠 Pentachlorophenolsodium	杀螺剂	所有食品动物
18	各种汞制剂包括：氯化亚汞（甘汞）Calomel，硝酸亚汞 Mercurous nitrate、醋酸汞 Mercurous acetate、吡啶基醋酸汞 Pyridyl mercurous acetate	杀虫剂	所有食品动物

（续表）

序号	兽药及其他化合物名称	禁止用途	禁用动物
19	性激素类：甲基睾丸酮 Methyltestosterone、丙酸睾酮 Testosterone Propionate、苯丙酸诺龙 Nandrolone Phenylpropionate、苯甲酸雌二醇 Estradiol Benzoate 及其盐、酯及制剂	促生长	所有食品动物
20	催眠、镇静类：氯丙嗪 Chlorpromazine、地西泮（安定）Diazepam 及其盐、酯及制剂	促生长	所有食品动物
21	硝基咪唑类：甲硝唑 Metronidazole、地美硝唑 Dimetronidazole 及其盐、酯及制剂	促生长	所有食品动物

注：食品动物是指各种供人食用或其产品供人食用的动物。

附表二　中国鸡的饲养标准

（一）中国蛋鸡的饲养标准

附表 2-1　生长鸡的饲养标准

营养水平	周　龄		
	0~6	7~14	15~20
代谢能（MJ/kg）	11.92	11.72	11.30
粗蛋白质（%）	18.00	16.00	12.00
蛋白能量比（g/MJ）	263.59	238.49	184.10
钙（%）	0.80	0.70	0.60
总磷（%）	0.70	0.60	0.50
有效磷（%）	0.40	0.35	0.30
食盐（%）	0.37	0.37	0.37
蛋氨酸（%）	0.30	0.27	0.20
蛋氨酸+胱氨酸（%）	0.60	0.53	0.40
赖氨酸（%）	0.85	0.64	0.45
色氨酸（%）	0.17	0.15	0.11
精氨酸（%）	1.00	0.89	0.67

（续表）

营养水平	周　龄		
	0～6	7～14	15～20
亮氨酸（%）	1.00	0.89	0.67
异亮氨酸（%）	0.60	0.53	0.40
苯丙氨酸（%）	0.54	0.48	0.36
苯丙＋酪氨酸（%）	1.00	0.89	0.67
苏氨酸（%）	0.68	0.61	0.37
缬氨酸（%）	0.62	0.55	0.41
组氨酸（%）	0.26	0.23	0.17
甘氨酸＋丝氨酸（%）	0.70	0.62	0.47

附表 2－2　蛋用鸡及轻型种母鸡产蛋期的饲养标准

营养水平	产蛋鸡及种母鸡的产蛋率（%）		
	＞80	65～80	＜65
代谢能（MJ/kg）	11.51	11.51	11.51
粗蛋白质（%）	16.50	15.00	14.00
蛋白能量比（g/MJ）	251.04	225.94	213.38
钙（%）	3.50	3.40	3.20
总磷（%）	0.60	0.60	0.60
有效磷（%）	0.33	0.32	0.30
食盐（%）	0.37	0.37	0.37
蛋氨酸（%）	0.36	0.33	0.31
蛋氨酸＋胱氨酸（%）	0.63	0.57	0.53
赖氨酸（%）	0.73	0.66	0.62
色氨酸（%）	0.16	0.14	0.14
精氨酸（%）	0.77	0.70	0.66
亮氨酸（%）	0.83	0.76	0.70
异亮氨酸（%）	0.57	0.52	0.48
苯丙氨酸（%）	0.46	0.41	0.39
苯丙＋酪氨酸（%）	0.91	0.83	0.77
苏氨酸（%）	0.51	0.47	0.43
缬氨酸（%）	0.63	0.57	0.53
组氨酸（%）	0.18	0.17	0.15
甘氨酸＋丝氨酸（%）	0.57	0.52	0.48

（二）中国肉鸡的饲养标准

附表2-3　黄羽肉鸡种鸡营养需要

营养指标	0~6周龄	7~18周龄	19周龄至开产	产蛋期
代谢能（MJ/kg）	12.12	11.70	11.50	11.50
粗蛋白质（%）	20.00	15.00	16.00	16.00
蛋白能量比（g/MJ）	16.50	12.82	13.91	13.91
赖氨酸能量比（g/MJ）	0.74	0.56	0.70	0.70
赖氨酸（%）	0.90	0.75	0.80	0.80
蛋氨酸（%）	0.38	0.29	0.37	0.40
蛋氨酸+胱氨酸（%）	0.69	0.61	0.69	0.80
苏氨酸（%）	0.58	0.52	0.55	0.56
钙（%）	0.90	0.90	2.00	3.00
总磷（%）	0.65	0.61	0.63	0.65
植酸磷（%）	0.40	0.36	0.38	0.41
钠（%）	0.16	0.16	0.16	0.16
氯（%）	0.16	0.16	0.16	0.16

（三）中国地方肉鸡的饲养标准

附表2-4　苏禽96种用黄鸡的营养需要

项目	营养成分	育雏期（0~6周龄）	育成期（7~20周龄）	产蛋期（21周龄以上）
营养成分	代谢能（MJ/kg）	12.35	11.47	11.64
	粗蛋白质（%）	19~20	15.5~16.5	16~17
	钙（%）	1.0	0.9	3.2
	有效磷（%）	0.45	0.38	0.4
	粗纤维（%）	3	5	5
	蛋氨酸（%）	0.42	0.34	0.45
	蛋+胱氨酸（%）	0.72	0.64	0.75
	赖氨酸（%）	1.05	0.9	0.98

（续表）

项目	营养成分	育雏期 （0～6周龄）	育成期 （7～20周龄）	产蛋期 （21周龄以上）
微量元素	锰（mg/kg）	55	55	85
	锌（mg/kg）	60	60	80
	铁（mg/kg）	70	65	100
	碘（mg/kg）	0.4	0.4	0.4
	铜（mg/kg）	4.0	4.0	8.0
	硒（mg/kg）	0.2	0.2	0.3
维生素	维生素 A（IU/kg）	9 000	6 000	10 000
	维生素 D_3（IU/kg）	2 600	1 500	2 600
	维生素 E（IU/kg）	16	12	20
	维生素 K（IU/kg）	2	1.5	2
	维生素 B_1（IU/kg）	2	2	2
	维生素 B_2（IU/kg）	6	4	8
	维生素 B_6（IU/kg）	2	2	4.5
	泛酸（IU/kg）	9	8	12
	烟酸（IU/kg）	30	28	38
	生物素（IU/kg）	0.1	0.08	0.12
	维生素 B_{12}（IU/kg）	0.01	0.01	0.012
	叶酸（IU/kg）	0.6	0.5	0.9
	胆碱（IU/kg）	1 200	800	1 300

附表 2-5　苏禽 96 肉用黄鸡的营养需要

营养成分	前期 （0～3周龄）	中期 （4～5周龄）	后期 （6周龄以上）
代谢能（MJ/kg）	11.97	12.35	12.77
粗蛋白质（%）	20～22	17.5～19.5	16～18
钙（%）	1.0	0.95	0.85
有效磷（%）	0.5	0.45	0.42
蛋氨酸（%）	0.39	0.37	0.29
赖氨酸（%）	1.13	1.0	0.98

附表 2-6　麻鸡种鸡营养需要（推荐标准）

项目	单位	0~6 周龄	7~20 周龄	21~42 周龄	42 周龄以后
代谢能	MJ/kg	11.92	11.09	11.09	10.88
粗蛋白	%	18.5	15.0	16.6	16.0
亚油酸	%	1.3	1.0	1.5	1.3
钙	%	1.0	0.8	3.2	3.0
有效磷	%	0.45	0.40	0.45	0.45
蛋氨酸	%	0.35	0.30	0.38	0.40
赖氨酸	%	0.95	0.85	0.90	0.90
蛋+胱	%	0.75	0.65	0.70	0.70
精氨酸	%	1.0	0.8	0.9	0.9
色氨酸	%	0.20	0.16	0.18	0.17
亮氨酸	%	1.4	0.8	1.5	1.2
维生素 A	IU/kg	8 800	8 800	8 800	8 800
维生素 D_3	IU/kg	2 000	2 000	2 500	2 500
维生素 E	mg/kg	12.5	7.5	12.5	12.5
维生素 K	mg/kg	2.2	1.2	2.5	2.5
维生素 B_1	mg/kg	1.0	1.0	1.5	1.5
维生素 B_2	mg/kg	4	4	8	8
维生素 B_6	mg/kg	3	2	4	4
维生素 B_{12}	mg/kg	0.01	0.01	0.012	0.012
泛酸	mg/kg	8.0	7.5	15.0	12.0
烟酸	mg/kg	30	30	40	40
叶酸	mg/kg	0.6	0.3	0.6	0.6
锰	mg/kg	100	80	100	100
铜	mg/kg	5	5	8	8
铁	mg/kg	25	25	50	50
硒	mg/kg	0.3	0.3	0.3	0.3
碘	mg/kg	0.5	0.5	0.5	0.5

附表2-7　肉用麻鸡营养需要（推荐标准）

项目	单位	0~21日龄	22~42日龄	43日龄至出售
代谢能	MJ/kg	12.13	12.13	12.34
粗蛋白	%	20	18	17
钙	%	1	0.9	0.85
有效磷	%	0.45	0.4	0.4
赖氨酸	%	1.10	0.95	0.80
蛋+胱	%	0.88	0.75	0.64

附表三　家禽常用饲料成分及营养价值表

附表3-1　饲料描述及主要营养成分

饲料名称	饲料描述	干物质 (%)	代谢能 (MJ/kg)	粗蛋白质 (%)	粗脂肪 (%)	粗纤维 (%)	钙 (%)	总磷 (%)	有效率 (%)
	1.能量饲料								
玉米	1级，成熟，高蛋白质	86.0	13.31	9.4	3.1	1.2	0.02	0.27	0.12
玉米	2级，成熟	86.0	13.56	8.7	3.6	1.6	0.02	0.27	0.12
玉米	3级，成熟	86.0	13.47	7.8	3.5	1.6	0.02	0.27	0.12
高粱	1级，成熟	86.0	12.30	9.0	3.4	1.4	0.13	0.36	0.17
小麦	2级，混合，成熟	87.0	12.72	13.9	1.7	1.9	0.17	0.41	0.13
大麦（裸）	2级，裸大麦，成熟	87.0	11.21	13.0	2.1	2.0	0.04	0.39	0.21
大麦（皮）	1级，皮大麦，成熟	87.0	11.30	11.0	1.7	4.8	0.09	0.33	0.17
黑麦	籽粒，进口	88.0	11.26	11.0	1.5	2.2	0.05	0.30	0.11
稻谷	2级，成熟	86.0	11.00	7.8	1.6	8.2	0.03	0.36	0.20
糙米	成熟，未去米糠	87.0	14.06	8.8	2.0	0.7	0.03	0.35	0.15
碎米	加工精米后的副产品	88.0	14.23	10.4	2.2	1.1	0.06	0.35	0.15
粟（谷子）	合格，带壳，成熟	86.5	11.88	9.7	2.3	6.8	0.12	0.30	0.11
木薯干	合格，晒干	87.0	12.38	2.5	0.7	2.5	0.27	0.09	—
甘薯干	合格，晒干	87.0	9.79	4.0	0.8	2.8	0.19	0.02	—
次粉	1级，黑面，黄面，下面	88.0	12.76	15.4	2.2	1.5	0.08	0.48	0.14
次粉	2级，黑面，黄面，下面	87.0	12.51	13.6	2.1	2.8	0.08	0.48	0.14

（续表）

饲料名称	饲料描述	干物质（%）	代谢能（MJ/kg）	粗蛋白质（%）	粗脂肪（%）	粗纤维（%）	钙（%）	总磷（%）	有效率（%）
玉米蛋白饲料	去淀粉后含皮残渣	88.0	8.45	19.3	7.5	7.8	0.15	0.70	—
玉米胚芽饼	湿磨后的胚芽,机榨	90.0	9.37	16.7	9.6	6.3	0.04	1.45	—
玉米胚芽粕	湿磨后的胚芽,浸提	90.0	8.66	20.8	2.0	6.5	0.06	1.23	—
植物油			36.82						
动物油			32.22						
2. 植物性蛋白质饲料									
大豆	2级,熟化	87.0	13.55	35.5	17.3	4.3	0.27	0.48	0.30
大豆饼	2级,机榨	87.0	10.54	40.9	5.7	4.7	0.30	0.49	0.24
大豆粕	1级,浸提	87.0	9.83	46.8	1.0	3.9	0.31	0.61	0.17
大豆粕	2级,浸提	87.0	9.62	43.0	1.9	5.1	0.32	0.61	0.17
棉籽饼	2级,机榨	88.0	9.04	36.3	7.4	12.5	0.21	0.83	0.28
棉籽粕	2级,浸提	88.0	8.41	42.5	0.7	10.1	0.24	0.97	0.33
菜籽饼	2级,机榨	88.0	8.16	35.7	7.4	11.4	0.59	0.96	0.33
菜籽粕	2级,浸提	88.0	7.41	38.6	1.4	11.8	0.65	1.02	0.35
花生仁饼	2级,机榨	88.0	11.63	44.7	7.2	5.9	0.25	0.53	0.31
花生仁粕	2级,浸提	88.0	10.88	47.8	1.4	6.2	0.27	0.56	0.33
向日葵仁饼	3级,含壳35%	88.0	6.65	29.0	2.9	20.4	0.24	0.87	0.13
向日葵仁粕	2级,含壳16%	88.0	9.71	36.5	1.0	10.5	0.27	1.13	0.17
向日葵仁粕	2级,含壳24%	88.0	8.49	33.6	1.0	14.8	0.26	1.03	0.16
亚麻仁饼	2级,机榨	88.0	9.79	32.2	7.8	7.8	0.39	0.88	0.38
亚麻仁粕	2级,浸提	88.0	7.95	34.8	1.8	8.2	0.42	0.95	0.42
芝麻饼	机榨	92.0	8.95	39.2	10.3	7.2	2.24	1.19	—
玉米蛋白粉	去淀粉后的面筋部分	90.1	16.23	63.5	5.4	1.0	0.07	0.44	0.17
玉米蛋白粉	去淀粉后的面筋部分	91.2	14.26	51.3	7.8	2.1	0.06	0.42	0.16
玉米蛋白粉	去淀粉后的面筋部分	89.9	13.30	44.3	6.0	1.6			
玉米DDCM	酒精糟及可溶物,脱水	90.0	9.20	28.3	13.7	7.1	0.20	0.74	0.74
蚕豆蛋白粉	去皮制粉丝的浆液脱水	88.0	14.53	66.3	4.7	4.1		0.59	—
麦芽根	大麦芽副产品,干燥	89.7	5.90	28.3	1.4	12.5	0.22	0.73	—
啤酒糟	大麦酒副产品	88.0	9.92	24.3	5.3	13.4	0.32	0.42	0.14

（续表）

饲料名称	饲料描述	干物质（%）	代谢能（MJ/kg）	粗蛋白质（%）	粗脂肪（%）	粗纤维（%）	钙（%）	总磷（%）	有效率（%）
	3. 动物性蛋白质饲料								
鱼粉	7 样品平均值	90.0	12.38	64.5	5.6	0.5	3.81	2.83	2.83
鱼粉	8 样品平均值	90.0	12.18	62.5	4.0	0.5	3.96	3.05	3.05
鱼粉	海鱼,脱脂,12 样平均	90.0	11.80	60.2	4.9	0.5	4.04	2.90	2.90
鱼粉	海鱼,脱脂,11 样平均	90.0	12.13	53.5	10.0	0.8	5.88	3.20	3.20
血粉	鲜猪血,喷雾干燥	88.0	10.29	82.8	0.4	0.0	0.29	0.31	0.31
羽毛粉	纯净羽毛,水解	88.0	11.42	77.9	2.2	0.7	0.20	0.68	0.68
肉骨粉	下脚料,带骨干燥粉碎	93.0	9.96	45.0	8.5	2.5	11.0	5.90	5.90
啤酒酵母粉	发酵,干燥	91.7	10.54	52.4	0.4	0.6	0.16	1.02	—
	4. 糠麸类饲料								
小麦麸	1 级,传统制粉工艺	87.0	6.82	15.7	3.9	8.9	0.11	0.92	0.24
米糠	2 级,新鲜,不脱脂	87.0	11.21	12.8	16.5	5.7	0.07	1.43	0.10
米糠饼	1 级,机榨	88.0	10.17	14.7	9.0	7.4	0.14	1.69	0.22
米糠粕	1 级,浸提	87.0	8.28	15.1	2.0	7.5	0.15	1.82	0.24
	5. 牧草叶粉类饲料								
甘薯叶粉	1 级,叶70%,茎30%	87.0	4.23	16.7	2.9	12.6	1.41	0.28	0.28
苜蓿草粉	1 级,头茬,盛花期,烘干	87.0	4.06	19.1	2.3	22.7	1.40	0.51	0.51
苜蓿草粉	2 级,头茬,盛花期,烘干	87.0	3.64	17.2	2.6	25.6	1.52	0.22	0.22
苜蓿草粉	3 级	87.0	3.51	14.3	2.1	21.6	1.34	0.19	0.19
	6. 富钙磷饲料								
骨粉(脱胶)							36.4	16.4	16.4
骨粉(蒸煮)							30.12	13.46	13.46
碳酸钙							40.0	—	
磷酸钙							27.91	14.38	—
磷酸氢钙							23.1	18.7	
石粉							35.0	—	
贝壳粉							33.4	0.14	—
蛋壳粉							37.0	0.15	—

附表 3 - 2　饲料的氨基酸含量

饲料名称	干物质（%）	粗蛋白质（%）	赖氨酸（%）	蛋氨酸（%）	胱氨酸（%）	蛋+胱氨酸（%）	苏氨酸（%）	异亮氨酸（%）	亮氨酸（%）	精氨酸（%）
1. 能量饲料										
玉米	86.0	9.4	0.26	0.19	0.22	0.41	0.31	0.26	1.03	0.38
玉米	86.0	8.7	0.24	0.18	0.20	0.38	0.30	0.25	0.93	0.39
玉米	86.0	7.8	0.23	0.15	0.15	0.30	0.29	0.24	0.93	0.37
高粱	86.0	9.0	0.18	0.17	0.12	0.29	0.26	0.35	1.08	0.33
小麦	87.0	13.9	0.30	0.25	0.24	0.49	0.33	0.44	0.80	0.58
大麦（裸）	87.0	13.0	0.44	0.14	0.25	0.39	0.43	0.43	0.87	0.64
大麦（皮）	87.0	11.0	0.42	0.18	0.18	0.36	0.41	0.52	0.91	0.65
黑麦	88.0	11.0	0.37	0.17	0.25	0.34	0.40	0.64	0.50
稻谷	86.0	7.8	0.29	0.19	0.16	0.35	0.25	0.32	0.58	0.57
糙米	87.0	8.8	0.32	0.20	0.14	0.34	0.28	0.30	0.61	0.64
碎米	88.0	10.4	0.42	0.22	0.17	0.39	0.38	0.39	0.74	0.78
粟（谷子）	86.5	9.7	0.15	0.25	0.20	0.45	0.35	0.36	1.15	0.30
木薯干	87.0	2.5	0.13	0.05	0.04	0.09	0.10	0.11	0.15	0.40
甘薯干	87.0	4.0	0.16	0.06	0.08	0.14	0.18	0.17	0.26	0.16
次粉	88.0	15.4	0.59	0.23	0.37	0.60	0.50	0.55	1.06	0.86
次粉	87.0	13.6	0.52	0.16	0.33	0.49	0.50	0.48	0.98	0.85
玉米蛋白饲料	88.0	19.3	0.63	0.29	0.33	0.62	0.68	0.62	1.82	0.77
玉米胚芽饼	90.0	16.7	0.70	0.31	0.47	0.78	0.64	0.53	1.25	1.16
玉米胚芽粕	90.0	20.8	0.75	0.21	0.28	0.49	0.68	0.77	1.54	1.51
2. 植物性蛋白质饲料										
大豆	87.0	35.5	2.22	0.48	0.55	1.03	1.38	1.44	2.53	2.59
大豆饼	87.0	40.9	2.38	0.59	0.61	1.20	1.41	1.53	2.69	2.47
大豆粕	87.0	46.8	2.81	0.56	0.60	1.16	1.89	2.00	3.66	3.59
大豆粕	87.0	43.0	2.45	0.64	0.66	1.30	1.88	1.76	3.20	3.12
棉籽饼	88.0	36.3	1.40	0.41	0.70	1.11	1.14	1.16	2.07	3.94
棉籽粕	88.0	42.5	1.59	0.45	0.82	1.27	1.31	1.30	2.35	4.30
菜籽饼	88.0	35.7	1.33	0.60	0.82	1.42	1.40	1.24	2.26	1.82
菜籽粕	88.0	38.6	1.30	0.63	0.87	1.50	1.49	1.29	2.34	1.83
花生仁饼	88.0	44.7	1.32	0.39	0.38	0.77	1.05	1.18	2.36	4.60

（续表）

饲料名称	干物质（%）	粗蛋白质（%）	赖氨酸（%）	蛋氨酸（%）	胱氨酸（%）	蛋+胱氨酸（%）	苏氨酸（%）	异亮氨酸（%）	亮氨酸（%）	精氨酸（%）
花生仁粕	88.0	47.8	1.40	0.41	0.40	0.81	1.11	1.25	2.50	4.88
向日葵仁饼	88.0	29.0	0.96	0.59	0.43	1.02	0.98	1.19	1.76	2.44
向日葵仁粕	88.0	36.5	1.22	0.72	0.62	1.34	1.25	1.51	2.25	3.17
向日葵仁粕	88.0	33.6	1.13	0.69	0.59	1.28	1.14	1.39	2.07	2.89
亚麻仁饼	88.0	32.2	0.72	0.46	0.48	0.94	1.00	1.15	1.62	2.35
亚麻仁粕	88.0	34.8	1.16	0.55	0.55	1.10	1.10	1.33	1.85	3.59
芝麻饼	92.0	39.2	0.82	0.82	0.75	1.57	1.29	1.42	2.52	2.38
玉米蛋白粉	90.1	63.5	0.97	1.42	0.96	2.38	2.08	2.85	11.59	1.90
玉米蛋白粉	91.2	51.3	0.92	1.14	0.76	1.90	1.59	1.75	7.87	1.48
玉米蛋白粉	89.9	44.3	0.71	1.04	0.65	1.69	1.38	1.63	7.08	1.31
玉米 DDCM	90.0	28.3	0.59	0.59	0.39	0.98	0.92	0.98	2.63	0.98
蚕豆蛋白粉	88.0	66.3	4.44	0.60	0.57	1.17	2.31	2.90	5.88	5.96
麦芽根	89.7	28.3	1.30	0.37	0.26	0.63	0.96	1.08	1.58	1.22
啤酒糟	88.0	24.3	0.72	0.52	0.35	0.87	0.81	1.18	1.08	0.98
3. 动物性蛋白质饲料										
鱼粉	90.0	64.5	5.22	1.71	0.58	2.29	2.87	2.68	4.99	3.91
鱼粉	90.0	62.5	5.12	1.66	0.55	2.21	2.78	2.79	5.06	3.86
鱼粉	90.0	60.2	4.72	1.64	0.52	2.16	2.57	2.68	4.80	3.57
鱼粉	90.0	53.5	3.87	1.39	0.49	1.88	2.51	2.30	4.30	3.24
血粉	88.0	82.8	6.67	0.74	0.98	1.72	2.86	0.75	8.38	2.99
羽毛粉	88.0	77.9	1.65	0.59	2.93	3.52	3.51	4.21	6.78	5.30
肉骨粉	93.0	45.0	2.20	0.53	0.26	0.79	1.58	1.70	2.90	2.70
啤酒酵母粉	91.7	52.4	3.38	0.83	0.50	1.33	2.33	2.85	4.76	2.67
4. 糠麸类饲料										
小麦麸	87.0	15.7	0.58	0.13	0.26	0.39	0.43	0.46	0.81	0.97
米糠	87.0	12.8	0.74	0.25	0.19	0.44	0.48	0.63	1.00	1.06
米糠饼	88.0	14.7	0.66	0.26	0.30	0.56	0.53	0.72	1.06	1.19
米糠粕	87.0	15.1	0.72	0.28	0.32	0.60	0.57	0.78	1.30	1.28

（续表）

饲料名称	干物质（%）	粗蛋白质（%）	赖氨酸（%）	蛋氨酸（%）	胱氨酸（%）	蛋+胱氨酸（%）	苏氨酸（%）	异亮氨酸（%）	亮氨酸（%）	精氨酸（%）
5. 牧草叶粉类饲料										
甘薯叶粉	87.0	16.7	0.61	0.17	0.29	0.46	0.67	0.53	0.97	0.76
苜蓿草粉	87.0	19.1	0.82	0.21	0.22	0.43	0.74	0.68	1.20	0.78
苜蓿草粉	87.0	17.2	0.81	0.20	0.16	0.36	0.69	0.66	1.10	0.74
苜蓿草粉	87.0	14.3	0.60	0.18	0.15	0.33	0.45	0.58	1.00	0.61
6. 氨基酸添加剂										
赖氨酸制剂			98							
蛋氨酸制剂				98						

注：同种饲料因等级不同而营养含量有所差异。

参考文献

［1］赵昌廷.对"ZnO、ZnSO₄强制换羽"的探讨［J］.中国家禽，1990（1）.

［2］赵昌廷等.生态制剂治疗雏鸡药物毒性腹泻［J］.中国微生态学杂志，1993（2）.

［3］赵昌廷.甲醛处理及保存温度对卵黄抗体效价的影响［J］.中国畜禽传染病，1993（6）.

［4］赵昌廷.性未成熟早促产，初产母鸡患痛风［J］.禽业科技，1993（4）.

［5］赵昌廷.典型饲料配方的适时调整技术［J］.饲料研究，1994（8）.

［6］赵昌廷.卵黄抗体液临床应用五不宜［J］.畜牧与兽医，1994（1）.

［7］赵昌廷.鸡腹泻症的药物防治［J］.中国畜禽传染病，1994（2）.

［8］赵昌廷.蛋鸡初产期瘫痪症病因及防治［J］.中国兽医杂志，1995（12）.

［9］赵昌廷.饲料配方原料增减比例表的设计与使用［J］.山东家禽，1996（1）.

［10］赵昌廷.实用畜禽饲料配方手册［M］.北京：中国农业大学出版社，1996.

［11］赵昌廷.鸡病防治中错误用药方法及其危害［J］.禽业科技，1997（5）.

［12］黎寿丰，丁余荣等.优质黄鸡养殖新技术［M］.北京：中国农业出版社，1999.

［13］甘孟侯.中国禽病学［M］.北京：中国农业出版社，1999.

［14］赵昌廷.肉仔鸡大肠杆菌病的中西医辨证施治［J］.中兽医学杂志，2002（2）.

［15］赵昌廷.二日龄雏鸡爆发霉菌性肺炎的诊治［J］.山东家禽，2003（3）.

［16］中国饲料数据库（14 版）.中国常用饲料成分及营养价值表.山东饲料，2004（4）.

［17］赵昌廷.怎样降低减蛋症对产蛋鸡的危害［J］.中国禽业导报，2005（5）.